建筑工程概预算

主　编：肖玉锋

参　编：邓　海　　毛新林　　马富强

梁大伟　　刘　义　　刘彦林

孙兴雷　　马立棉　　杨晓方

金盾出版社

内容简介

本书依据最新国家定额统一标准及工程量清单计价规范编写。书中内容主要包括基础知识、建筑工程定额及其计价、工程量清单计价、工程项目设计概算及其编制、工程项目施工图预算及其编制、建筑面积计算、土石方工程工程量相关规定及计算、桩基及脚手架工程工程量相关规定及计算、砌筑工程工程量相关规定及计算、混凝土及钢筋混凝土工程工程量相关规定及计算、门窗及木结构工程工程量相关规定及计算。

本书以经验和实例引导读者理解专业知识，特色鲜明、通俗易懂，是造价从业人员及相关工程项目管理人员理想的参考用书。

图书在版编目(CIP)数据

建筑工程概预算/肖玉锋主编．—北京：金盾出版社，2015.11(2019.10 重印)
ISBN 978-7-5186-0482-1

Ⅰ.①建…　Ⅱ.①肖…　Ⅲ.①建筑概算定额②建筑预算定额　Ⅳ.①TU723.3

中国版本图书馆 CIP 数据核字(2015)第 194245 号

金盾出版社出版、总发行

北京太平路 5 号(地铁万寿路站往南)
邮政编码：100036　电话：68214039　83219215
传真：68276683　网址：www.jdcbs.cn
北京军迪印刷有限责任公司印刷、装订
各地新华书店经销

开本：787×1092 1/16　印张：20.5　字数：498 千字
2019 年 10 月第 1 版第 3 次印刷
印数：6 001～9 000 册　定价：66.00 元

前　　言

　　工程造价的确定是规范建设市场秩序,提高投资效益的关键环节。工程造价是指进行一项工程建设所需要消耗货币资金数额的总和,即一个建设项目有计划地进行固定资产再生产和形成最低流动资金的一次性费用的总和。包括建筑安装工程费、设备及工器具购置费、工程建设其他费、预备费、建设期贷款利息、国家及本市规定应当计入工程造价的其他费用。工程造价活动包括编制投资估算、设计概算、施工图预算、工程量清单、最高投标限价(即招标控制价)或工程标底、投标报价;确定工程合同价;进行工程计量、工程价款调整与支付、工程索赔、工程结算、竣工决算、工程造价鉴定等。

　　我国的经济体制已从计划经济转向了市场经济,建设工程造价模式也渐渐由清单计价模式替代了原来的定额计价模式,比如,工程项目的决策和设计阶段仍然沿用估算、概算、预算控制,沿用定额计价方式,但编制主体不再确定,工程发承包阶段实行工程量清单计价,即要素价格自主确定,招标人也可委托工程造价咨询企业编制工程量清单,国有资金投资为主的项目必须编制招标控制价,投标人自主确定投标报价。

　　项目造价中的概算是在技术设计阶段,由于设计内容与初步设计的差异,设计单位对投资进行的具体核算,对初步设计概算进行修正形成的经济文件为概算书,概算不仅是设计文件的重要组成部分,也是确定和控制建设工程项目全部投资的文件,是编制固定资产计划、实行建设项目投资包干、项目实施全过程造价控制的经济合理性依据;施工图预算则是指拟建工程在开工之前,根据已批准并经会审后的施工图纸、施工组织设计、现行工程预算定额、工程量计算规则、材料和设备的预备单价、各项取费标准,预先计算工程建设费用的经济文件。它是企业内部下达施工任务单、限额领料、实行经济核算的依据,也是企业加强施工计划管理、编制作业计划的依据,同时也是实行计件工资、按劳分配的依据。

　　概预算是项目造价管理控制过程中非常重要的工作,对全国工程项目中的造价人员来讲,通用理论加实例性指导图书资料是非常需要的,在现今建设行业态势发展及《建设工程工程量清单计价规》(GB 50500—2013)的推行下,以满足我国建设事业造价管理初学者学习及相应培训需要为宗旨,我们请有经验的造价专业人士编写了这本《建筑工程概预算》,本书主要特色如下:

　　(1)采用现行规范和定额,本书采用《建设工程工程量清单计价规范》(GB 50500—2013)及现用定额作为编写依据。

　　(2)理论及实践相结合,将新清单计价进行了释义及举例说明,用示例来介绍概预算计算方法,去除浮华,精益求精,理论联系实际,针对性及实用性强。

　　(3)书的结构编排合理,图书以使用者角度切入内容,打破市场已有同类书的架构模式,合理且新颖,避免文过饰非和虚而不实的现象,具有较强的建设性及指导性意义。

　　本书在编写过程中得到了李朝红、张计锋、白建方、马富强、李志刚、张素景、徐树锋、孙丹、刘利丹、杨杰、赵洁、高海静、张庆芳、黄羚等相关人士的帮助及支持,在此表示衷心的感谢。

　　由于时间仓促,书中不妥之处望请读者批评指正。

编　者

目 录

第一章 基础知识

第一节 工程施工图识读基本知识

一、图及施工图基本概念

1. 图

图是用一定线条的形式来表示信息的一种技术文件。工程设计部门用图来表达设计师（员）对拟建项目的构思；生产部门用图指导加工与制造；施工部门用图编制施工作业计划、准备机具材料、组织施工；工程造价人员用图编制工程量清单或工程预算，确定造价；使用部门用图指导使用、维护和管理。因此，每一位工程技术人员和管理人员，学会工程图的绘制和识读，对于提高设计、制造、施工、管理水平，具有重要的技术和经济意义。

2. 施工图

建筑设计人员按照国家有关的方针政策、法规和标准规范，结合有关资料（如建设地点的水文、地质、气象、资源、交通运输条件等）以及建设项目委托人提出的具体要求，在经过批准的初步（或扩大初步）设计的基础上，运用制图学原理，采用国家统一规定的图例、符号、线型、数字、文字来表示拟建建筑物或构筑物以及建筑设备各部位之间的空间关系及其实际形状尺寸的图样，并用于拟建项目的施工建造和编制工程量清单计价或定额计价的一整套图纸，称为建筑工程施工图。建筑工程施工图一般需用的份数较多，因而，需要复制。由于复制出来的图纸多为蓝色，所以，习惯上又把建筑工程施工图称为蓝图。

二、建筑工程施工图的分类

建筑工程施工图按照不同的分类方法，可分为图 1-1 所示的几类。

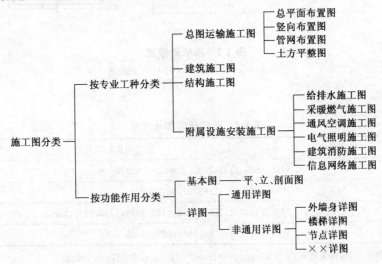

图 1-1　建筑工程施工图的分类

三、建筑工程施工图一般规定

施工图是建筑及建筑物附属设施安装工程的语言。在工业与民用建设工程中都离不开图纸,设计部门绘制图纸,施工部门按照图纸进行施工,所以,建筑工程师(员),绘制施工图时,必须按照国家规定的格式和要求绘制,不得各行其是。否则,建筑安装工人就无法按照它进行施工,造价师(员)也无法按照它进行造价核算和控制等。

1. 图面的组成及幅面尺寸

完整的图面由边框线、图框线、标题栏、会签栏等组成。由边框线所围成的图面,称为图纸的幅面。

图纸幅面共分五类:A0~A4(表 1-1)。其中尺寸代号的意义如图 1-2 所示,图纸的短边一般不得加长,长边可以加长,加长后图纸幅面尺寸见表 1-2。

表 1-1　图纸幅面及图框尺寸　　　　　　　　　　　　　　mm

尺寸代号 ＼ 幅面代号	A0	A1	A2	A3	A4
$b×l$	841×1189	594×841	420×594	297×420	210×297
c	10			5	
a	25				

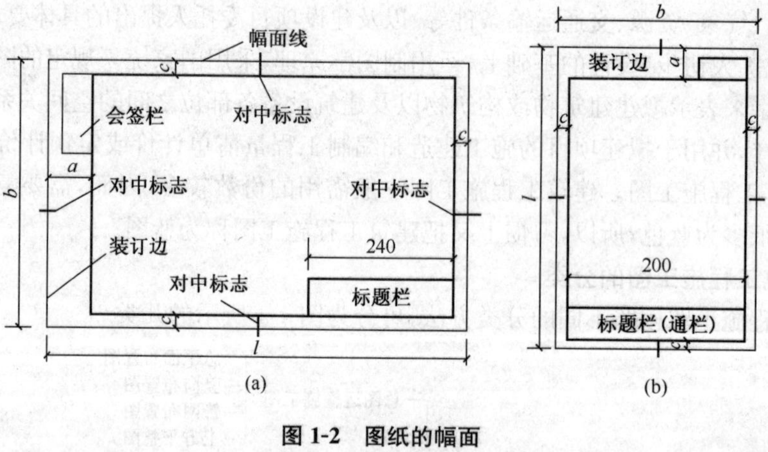

图 1-2　图纸的幅面

(a)A₀~A₃ 横式幅面　(b)A₄ 立式幅面

表 1-2　图样长边加长尺寸　　　　　　　　　　　　　　mm

幅面代号	长边尺寸	长边加长后的尺寸
A0	1189	1486,1635,1783,1932,2080,2230,2378
A1	841	1051,1261,1471,1682,1892,2102
A2	594	743,891,1041,1189,1338,1486,1635,1783,1932,2080
A3	420	630,841,1051,1261,1471,1682,1892

注:有特殊需要的图纸,可采用 $b×l$ 为 841mm×891mm 与 1189mm×1261mm 的幅面。

2. 标题栏与会签栏

标题栏又称图标或图签栏，是用以标注图纸名称、工程名称、项目名称、图号、张次、设计阶段、更改和有关人员签署等内容的栏目。标题栏的方位一般是在图纸的下方或右下方，但其尺寸大小必须符合 GB/T 50001—2010《房屋建筑制图统一标准》的规定。标题栏中的文字方向应为看图方向，即图中的说明、符号均应以标题栏的文字方向为准。《房屋建筑制图统一标准》规定的标题栏规格为 240mm×30(40)mm 和 200 mm×30(40) mm，但实际使用中，各设计单位一般都结合各自的特点做了变通。某设计单位的图纸标题栏见表 1-3。

表 1-3　某设计单位图纸标题栏格式

××工业部第××设计院				××市磁性材料厂	年　西安
职责	签字	日期		设计项目	2 号住宅楼
制图				设计阶段	施工图
设计					
校核					
审核					
审定				比例　　　第　张	共　张

会签栏是指供各有关工种专业人员对某一专业（如建筑或结构专业）所设计施工图的布置等方面涉及本专业（如给排水、暖通、电气等）设计时的相关问题（如位置、标高、走向等）而进行会审时签名使用的栏目。会签栏的位置一般设在图面的左上方或左下方，其规格为 100mm×20mm。某设计单位的会签栏格式见表 1-4。

表 1-4　某设计单位图纸会签栏格式

职责	签字	日期		专业	总图	建筑	结构	电气	……
描图			会签	姓名					
校描				日期					

3. 图线

设计人员绘图所采用的各种线条称为图线。为了使图面整洁、清晰、主次分明，建筑工程施工图常用图线有 6 种类型 14 个规格（表 1-5）。

表 1-5　常用图线规格

名称		线　　型	线宽	用　　途
实线	粗	——————	b	主要可见轮廓线
	中	——————	$0.5b$	可见轮廓线
	细	——————	$0.25b$	可见轮廓线、图例线
虚线	粗	— — — —	b	见各有关专业制图标准
	中	— — — —	$0.5b$	不可见轮廓线
	细	— — — —	$0.25b$	不可见轮廓线、图例线

续表 1-5

名称		线　型	线宽	用　途
单点长画线	粗		b	见各有关专业制图标准
	中		0.5b	见各有关专业制图标准
	细		0.25b	中心线、对称线、轴线等
双点长画线	粗		b	见各有关专业制图标准
	中		0.5b	见各有关专业制图标准
	细		0.25b	假想轮廓线、成型前原始轮廓线
折断线	细		0.25b	断开界线
波浪线	细		0.25b	断开界线

表 1-5 中的各种图线均有粗、中、细之分。图线的宽度 b，一般宜从 2.0mm，1.4mm，1.0mm，0.7mm，0.5mm，0.35mm 系列中选取。这 6 种图线宽度是按 $\sqrt{2}$ 的倍数递增的，应用时，应根据图样的复杂程度和比例大小选用基本线宽。在建筑施工图中，对于每种图线的选用应符合表 1-6 的规定。

表 1-6　线宽比与线宽组
mm

线宽比	线宽组					
b	2.0	1.4	1.0	0.7	0.5	0.35
0.5b	1.0	0.7	0.5	0.35	0.25	0.18
0.25b	0.5	0.35	0.25	0.18		

注：①需要微缩的图线，不宜采用 0.18mm 及更细的线宽。
　　②同一张图纸内，各不同线宽中的细线，可统一采用较细的线宽组的细线。

4. 比例

图纸上所画物体图形的大小与物体实际大小的比值称为比例。例如，图上某一物体的长度为 1mm，与之相对应的长度为 100mm，则此图的比例为 1：100。比例的大小，是指比值的大小，如 1：50＞1：100。比例的第一个数字表示图形的尺寸，第二个数字表示实物对图纸的倍数，如 1：50 表示所画物体的图形比实际物体缩小了 50 倍。比例的符号为"："，比例的标注以阿拉伯数字表示，如 1：1，1：2，1：50 等。某一张图中所有图形同用一个比例时，其比值分别标写在各自图名的右侧。

建筑工程施工图中所使用的比例，一般是根据图样的用途与被绘对象的繁简程度而确定的。建筑工程施工图常用比例如下。

总平面图：1：500，1：1000，1：2000，1：5000。

基本图纸：1：50，1：100，1：150，1：200，1：300。

详细：1：2，1：5，1：10，1：20，1：50。

5. 标高

建筑工程施工图中建筑物各部分的高度和被安装物体的高度均用标高来表示。表示方法采用符号"▽＿＿＿"或"△＿＿＿"。总平面图中室外地坪标高以"▲"符号表示。

标高有绝对标高和相对标高之分。绝对标高又称为海拔标高，是以青岛市的黄海平面作为零点而确定的高度尺寸。相对标高是选定建筑物某一参考面或参考点作为零点而确定的高度尺寸。建筑工程施工图均采用相对标高。它一般采用室内地面或楼层平面作为零点而计算高度。标高的标注方法为"±0.000",读作"正负零点零零零",标高数值以 m 为单位,标注到小数点后第三位。在总平面图中可注写到小数点后第二位。建筑工程施工图中常见的标高标注方法见图 1-3。

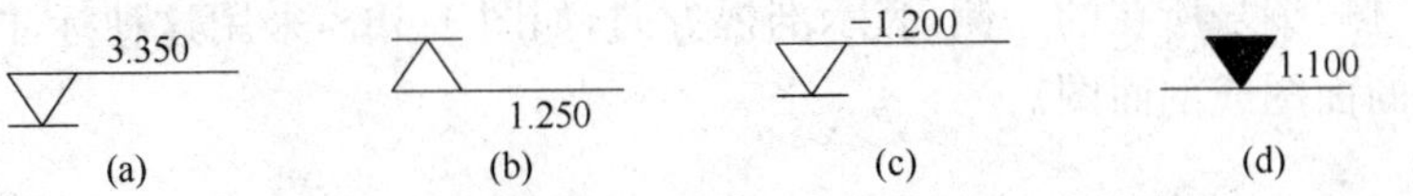

3.350　(a)　　1.250　(b)　　−1.200　(c)　　▼1.100　(d)

图 1-3　标高的标注方法

标高符号的尖端指在表示高度的地方,横线上的数字表示该处的高度。如果标高符号的尖端下面有一引出线,则用于立面图或剖面图。尖端向下的表示该处的上皮高度;尖端向上的则表示该处下皮的高度。如图 1-3a,1-3b,1-3c,1-3d 分别表示该处上、下皮高度为 3.350m,1.250m,−1.200m 及 1.100m。比相对标高±0.000 高的部位,其数字前面的正号"+"应省略不写;比"±0.000"低的部位,在其数字前面必须加写负号"−"。如图 1-3c 表示该处比相对标高"±0.000"低 1.200m。

6. 定位轴线

标明建筑物承重构件的位置所画的图线,称为定位轴线。施工图中的定位轴线是施工放线、设备安装定位的重要依据。定位轴线编号的基本原则是:在水平方向,用阿拉伯数字从左至右顺序编写;在垂直方向采用大写拉丁字母由下至上的顺序编写(I,O,Z 不得用作轴线编号);数字和字母分别用细点画线引出。轴线标注式样如图 1-4 所示。

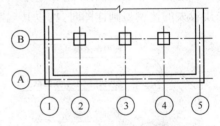

图 1-4　定位轴线及编号

对于一些与主要承重构件相联系的次要构件,施工图中常采用附加轴线表示其位置,其编号用分数表示。图 1-5a 中分母表示前一轴线的编号,分子表示附加轴线的编号。

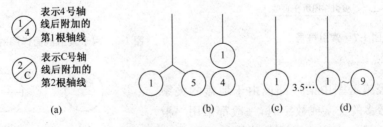

表示4号轴线后附加的第1根轴线　1/4

表示C号轴线后附加的第2根轴线　2/C

(a)　　(b)　　(c)　　(d)

图 1-5　定位轴线编号的不同标注

若一个详图适用于几根定位轴线时,应同时注明各有关轴线的编号。如图 1-5b 所示表示详图适用于两根轴线;图 1-5c 表示详图适用于两根或三根以上轴线;图 1-5d 表示详图适用于 3 根以上连续编号的轴线。

四、建筑工程施工图常用符号

1. 剖切符号

剖切符号由剖切位置线及剖视方向线组成。剖切线有两种画法:一种是用两根粗实线画在视图中需要剖切的部位,并用阿拉伯数字(也有用罗马数字)编号,按顺序由左至右、由上至下连续编排,注写在剖视方向线的端部,如图 1-6a。采用这种标注方法,剖切后画出来的图样,称作剖面图。另一种画法是用两根剖切位置线(粗实线)并采用阿拉伯数字编号注写在粗线的一侧,编号所在的一侧,表示剖视方向,如图 1-6b。采用这种标注方法绘制出来的图样,称作断面图或剖面图。

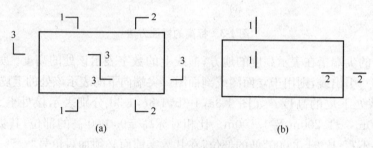

图 1-6 剖切符号

(a)剖面图剖切符号 (b)断面图剖切符号

2. 索引符号与详图符号

在建筑平、立、剖面图中,由于绘图比例较小,对于某一局部或构件无法表达清楚,如需采用较大的比例另画详图时,均以其规定符号——索引符号表示(图 1-7~图 1-9)。

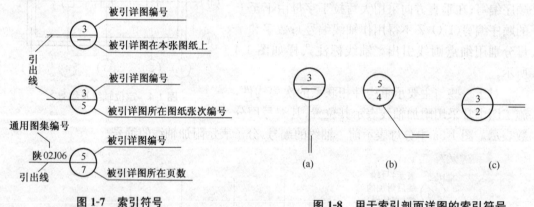

图 1-7 索引符号

图 1-8 用于索引剖面详图的索引符号

3. 引出线

建筑工程施工图中某一部位由于地盘的关系而无法标注较多的文字或数字时,一般都采用一根细实线从需要标注文字或数字的位置绘至图纸中空隙较大的位置,而绘出的这条细实线就称作引出线。根据所需引出内容多少的不同,引出线的种类及标注形式见表 1-7。

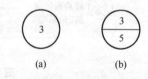

图 1-9 详图符号

(a)被索引详图在同一张图纸内的详图符号
(b)被索引详图不在同一张图纸内的详图符号

表 1-7　引出线的种类

序号	名称	线　型	说　明
1	引出线	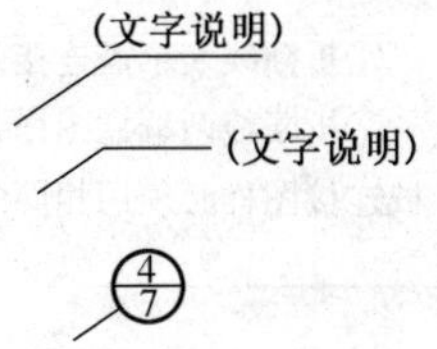 （文字说明） （文字说明） 4/7	
2	共用引出线	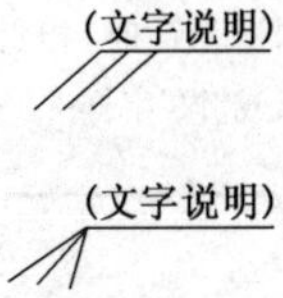 （文字说明） （文字说明）	同时引出几个相同部分的引出线
3	多层构造引出线	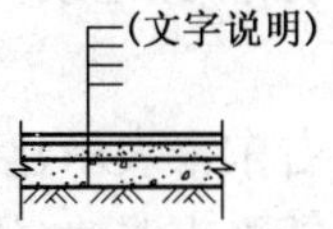 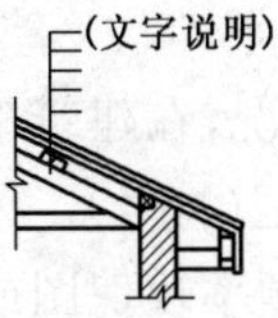 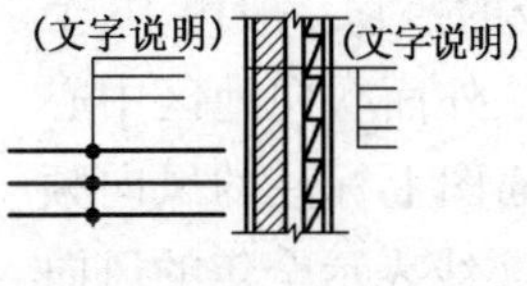 （文字说明） （文字说明） （文字说明）（文字说明）	多层构造或多层管道共用引出线,应通过被引出的各层,文字说明顺序应由上至下,并应与被说明的层次相互一致;如层次为横向排列,则由上至下的说明顺序应与由左至右的层次相互一致

4. 其他符号

（1）对称符号

当一个物体左右两侧完全一样时,在施工图中对其可以只画一半,并在它的左侧或右侧画上对称符号即可。在视图时通过阅视对称符号,就可以知道未画出的部分与已绘出的完全一样。对称符号由对称线和两端的两对平行线组成,见表1-8。

表 1-8　其他符号表

名　称	图　形	说　明
对称符号		平行线的长度为 6～10mm,平行线的间距为 2～3mm,平行线在对称线两侧的长度相等

续表 1-8

名　称	图　形	说　明
连接符号	 A A A A	①折断线表示需连接的部位 ②折断线两端靠图样一侧的大写拉丁字母表示连接编号,两个被连接图样必须用相同的字母编号
指北针		圆的直径为 24mm,指北针尾部的宽度为 3mm,需用较大直径绘制指北针时,指针尾部宽度宜为直径的 1/8。指针头部应注"北"或"N"字样

（2）连接符号

建筑工程施工图中需要连接的部位或构件采用连接符号表示（注意：是连接,不是焊接）。

（3）指北针

建筑工程平面图一般按上北下南左西右东来表示建筑物、构筑物的位置和朝向,但在总平面图和建筑物首层的平面图中都用指北针来表明建（构）筑物的位置和朝向。指北针圆圈内黑色针尖所指向的方向,表示正北方向,用"北"字或"N"表示。

（4）风向频率标记符号

为表明工程所在地一年四季的风向情况,在建筑平面图（特别是总平面图）上需标明风向频率标记（符号）。风向频率标记形似一朵玫瑰花,故又称为风向频率玫瑰图或风频玫瑰图。它是根据某一地区多年平均统计的各个方向刮风次数的百分值,按一定比例绘制而成的。它一般用 16 个方位表示,图上所示的风的吹向是指从外面吹向地区中心的。图 1-10 是某地区××工程总平面图上标注的风向频率标记（符号）,其箭头表示正北方向,实线表示全年的风向频率,虚线表示夏季（6～8 月）的风向频率。由此风向频率玫瑰图可知,该工程所在地区常年以西北风为主,而夏季以南风为主,西北风次之。

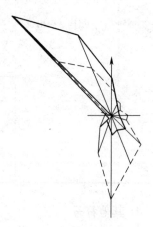

图 1-10　风向频率标记符号

5. 尺寸标注

施工图中除了画出表示建筑物形状的图形外,还应完整、清晰地标注反映建筑物各部分大小的尺寸,以便进行施工和计算它们的实物工程量,以确定其工程价值（造价）。

建筑工程施工图上的尺寸,包括尺寸界线、尺寸线、尺寸起止符号和尺寸数字四个方面内容见图 1-11。尺寸界线和尺寸线均以细实线绘制。尺寸起止符号一般用中粗斜短线绘制,其倾斜方向与尺寸界线成顺时针方向 45°角,长度为 2～3mm。

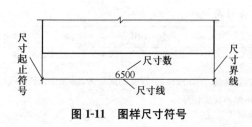

图 1-11　图样尺寸符号

五、建筑工程施工图的组成和特点

1. 建筑工程施工图的组成

建筑工程施工图的组成如图 1-12。

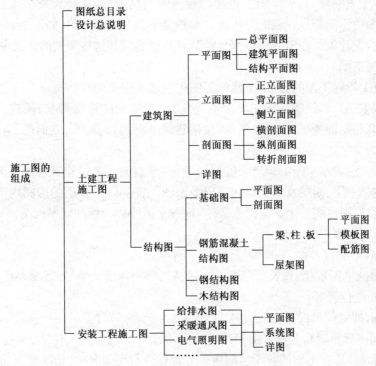

图 1-12　建筑工程施工图组成框图

2. 建筑施工图的内容

（1）图纸目录

图纸目录主要说明该工程由哪些图纸组成,各张图纸的名称、张次和图号等,其目的是为了便于查阅有关图纸。目前,图纸目录国家尚无统一规定格式,由各设计单位自行规定,但其主要内容应包括下列几方面:

1）设计单位、工程名称、项目名称。

2）工程编号,由设计单位编写,为便于存档和日后使用查找。

3）图纸名称、图号、张数等。

（2）设计说明

设计说明没有固定的内容,它是根据每一工程的具体情况而定,就一般情况而言,要说明工程的概貌和设计的总要求、设计依据、相对标高与绝对标高的关系、钢筋等级、砂浆与混凝土的强度等级、施工要求及注意事项等。

（3）总平面图

总平面图是总平面布置图的简称,它是一个建设项目总体布局的图纸。它的内容包括厂区（庭院）道路、围墙、大门的位置及标高,地面坡度和排水流向,常年风向频率和风速,拟建建筑物的位置和朝向,原有建（构）筑物的位置,规划中的建（构）筑物的预留位置等。

总平面图表示的范围比较大,所以绘制时多用较小的比例,如 1∶500,1∶1000,1∶

2000等。总平面图中的坐标、标高、距离等均以 m 为单位,并至少取至小数点后两位,不足时以 0 补齐,如 55.80m。详图以 mm 为单位,如不以 mm 为单位时,设计人员在图纸的右下方或左上方一般都有文字说明。

与其他专业图一样,总平面图中也使用较多的图例符号,造价人员必须熟悉它们的含义,才能知道图中不同符号代表的是什么。在较复杂的总平面图中,如果用到一些国标中没有规定的图例,设计人员在图中一般都另绘制有自创图例和这些图例的含义说明。

(4)土建施工图

根据建筑工程施工图的分类,土建施工图包括建筑施工图和结构施工图。

1)建筑施工图。建筑施工图主要表明建筑物、构筑物的轮廓形状、构造、尺寸、门窗位置、室内外标高和装饰情况、施工要求等,包括建筑平面图、剖面图、立面图、节点大样图(详图)等。

①平面图。沿着水平面绘画出来的图样,称为平面图。多层建筑物的平面图一般包括首(底)层、二层、三层、四层及以上层和顶层平面图。首层以上各层的房间内部布置等情况如果完全相同时,则可用一个平面图来表示,这一平面图称为标准层平面图。建筑平面施工图一般包括下列内容:

a. 工程名称、项目名称、工程编号、图样比例等。

b. 建筑物的平面形状、总长(宽)度、入口位置、门窗宽度及编号,墙壁厚度及长(宽)度,走道、楼梯的布置位置等。

c. 轴线网,即定位轴线和轴线编号。

d. 各房间内部布置和名称。由于建筑物和用途不同,如厂房、住宅、学校等,故对房间的布置就不同,所以,在平面图各个房间内一般都标注有房间名称,如卧室、起居室、泵房、教室、教师休息室等。

e. 首层建筑平面图还有室内地沟和室外散水坡、台阶、花台、指北针以及剖面图的剖切位置和剖切编号等。

②立面图。每幢房屋建筑都有东、西、南、北四个朝向。表示各个朝向外墙面情况的图就称为立面图。立面图通常表明下列内容:

a. 建筑物的总高度,室外地坪面、室内地坪面、窗台、檐口、屋面、勒脚等的标高。

b. 门、窗、通风洞口的位置和砌筑标高。

c. 外墙面、挑檐、勒脚的装饰材料及色泽等。

d. 其他。如水落管、阳台、雨篷、踏步(台阶)、腰线等。

③剖面图。设想如同切西瓜一样把房子从顶部到底部垂直方向地切开,将所看到的构造情况描绘出来的图样,就称为剖面图。剖面图一般表明下列基本内容:

a. 室内、外地坪标高,各楼层标高和层高,楼地面的构造和用料。

b. 门、窗安装高度和内墙面的装饰情况,吊顶构造(构造复杂的吊顶一般另绘制详图)和采用材料以及施工做法。

c. 圈梁、门窗过梁的位置和标高尺寸。

d. 其他。剖面图是平面图、立面图某些不足的补充图,凡是从平、立面图上了解不到的问题,通过阅读剖面图后基本都可以得到解决。

多层或高层建筑物剖面图的左侧或右侧,应标注出室内外地面、各层楼面、楼梯平台、檐口、女儿墙顶面等处的标高。其高度尺寸一般标注有三道线,最外面的一道叫总高尺寸线,它的标注方法有下列三种情况:坡屋面为室外地坪到檐口底面;平屋面为室外地坪到檐口板上表面;有女儿墙时为室外地坪到女儿墙压顶梁上表面。中间的一道称为层高尺寸线,主要表明各楼层的建筑高度。最里边的一道为详细尺寸线,主要表明门窗洞口及中间墙的尺寸等。

④建筑详图。表明建筑物某一部位或某一构件、配件详细尺寸和材料做法的图样就称为详图。

建筑详图根据其适用范围的不同,分为通用(标准)详图和非通用详图两种。建筑详图的特点是,比例大、尺寸标注齐全、所用材料表示明显、文字说明详细清楚等。所以无论建筑施工还是工程量清单编制或建筑概预算编制,详图是施工图不可缺少的组成部分。

2)结构施工图。表明拟建工程承重结构的基础、墙、梁、柱、屋架、楼层板和屋盖等构件的材料、形状、大小、结构造型、结构布置等情况的图样,统称结构施工图。如基础平面图、梁柱平面布置图、楼层板平面布置图和结构详图等,都属于结构图。

结构施工图是施工放线、土(石)方开挖、模板制作、钢筋配制、混凝土浇筑,编制施工组织设计和工程量清单与概预算的重要依据。

①基础图。表示建筑物相对标高±0.000以下承受上部房屋全部荷载的构件图样称为基础图。基础底下的土层称为地基,地基不是建筑物的组成部分,而是基础下面承受建筑物全部荷载的土层。从基础底面至室内地坪±0.000处的高度,称为基础的埋置深度。如果是条形基础,埋入地下的部分称作基础墙,其底部放大(加宽)部分,称作大放脚;如果是独立基础,则自室内地坪±0.000以下部分称作基础柱;如果是钢筋混凝土大范围的浇筑,则为满堂基础等。基础的平面布置及地面以下的构造情况,以基础平面图和基础剖(截)面详图表示。通过阅读详图可以了解到下列内容:

a. 基础底面的标高。

b. 基础垫层的宽度和厚度(高度)。

c. 基础大放脚的宽度、层数和每层的砖皮数。

d. 防潮层敷设的高度和所用材料。

e. 基础墙的厚度和高度(埋深)。

f. 基础圈梁的宽度、高度和配筋情况,如钢筋的等级、直径、根数、间距等。

g. 基础垫层、基础、基础墙、基础梁等构件所用材料和材料强度等级等。

②楼层(屋盖)平面。楼层(屋盖)结构图主要是表明建筑物各楼层(屋盖)结构的梁、板等结构的组合和布置以及构造等情况的施工图。楼层(屋盖)结构图主要以平面图为主并辅以局部剖(截)面图和详图所组成。通过阅读楼层(屋盖)结构平面图可以了解到下列基本内容:

a. 板的长度、宽度与厚度。

b. 板的制作性质(预制或现浇),如为预制时所采用的标准板号及规格。

c. 板与梁的关系,即有梁板或平板。

d. 板的钢筋配制及所有钢筋的规格、型号。

e. 梁的根数、编号及断面尺寸。

f. 挑檐的构造形式(通过阅视详图)。

　　g. 板、梁、柱、墙相互之间的关系等。

　　③钢筋混凝土构件图。用钢筋和混凝土一起浇捣成的梁、柱、板、屋架、基础等结构件，称为钢筋混凝土构件。钢筋混凝土构件，根据制作方法的不同可以分为预制和现浇两种；根据构件受力情况的不同，又可分为预应力和非预应力两种。

　　各种钢筋混凝土构件，一般都是以详图表示，称作结构构件详图。钢筋混凝土结构构件详图一般包括模板图、配筋图、配筋表及预埋件详图。配筋图又分为立面图、断面图和钢筋详图。主要用来表明构件内部钢筋的级别、尺寸、数量和配置，它是钢筋下料以及绑扎钢筋骨架的施工依据。模板图主要用来表明构件外形尺寸以及预埋件、预留孔的大小及位置，它是模板制作安装的依据。

3. 建筑施工图的特点

　　(1)图样均为缩小比例

　　建筑施工图的特点之一是体积庞大、结构复杂、形态多样，因此，一座几十层或占地面积几万平方米的庞大的建筑物，欲在几张或几十张纸面上绘画出来，设计人员就要按照一定的比例，将一座庞大的房屋或其他建筑物采用缩小的办法绘制在一定尺寸的纸面上，使建筑施工人员一看就知道某一建筑物的实态有多大，以满足施工等各方面的需要。同时，施工图中采用正投影表示不清楚的内容均采用国家统一规定的图例、符号、代号表示，如门的代号为M，窗为C，梁为L等。

　　(2)采用构件标准化

　　建筑施工图中的许多构件、标准配件，都可采用国家规定的统一标准，有利于实现工程建设的标准化、机械化和加快建设进度。

　　(3)图线区分明确

　　建筑工程施工图的线型依据表达内容的不同而有明显的区分，例如基础平面图中的条形基础用中实线表示，地槽用细实线表示；配筋图中的钢筋用粗实线表示，构件的轮廓线用细实线表示；轴线、中心线用细点画线表示等。

　　(4)文字说明简洁清晰

　　建筑工程施工图中的文字说明是指导施工和编制工程量清单或概预算文件的重要依据之一，因此，它的文字说明一般都很简洁清晰、词语严谨，无模棱两可的现象。

六、建筑工程施工图的识读

　　一幢建筑物的施工图纸都是由土建图和安装图两部分组成，而土建图又是由建筑图、结构图和详图等图纸组成的。各种图纸之间是相互配合、紧密联系、互相补充的建筑施工的无声语言。因此，识读建筑工程施工图时，应按照一定的步骤和方法进行，才能获得比较好的识读效果。

1. 识读施工图的步骤

　　1)阅读图纸目录。

　　2)阅读设计说明。

　　3)识读基本图。

　　4)识读详图。

2. 识读施工图的方法

　　识读施工图不是通过阅读某一张或某一种图纸就可以达到建造师指导施工和造价师

(员)编制工程量清单或编制预算计算工程量的目的,最有效的方法是有联系地、综合地识图。也就是说,基本图、详图结合起来识读,建筑图、结构图结合起来识读,平面图、立面图、剖面图结合起来识读。总的来说,对建筑施工图的识读方法可以用图 1-13 表示。

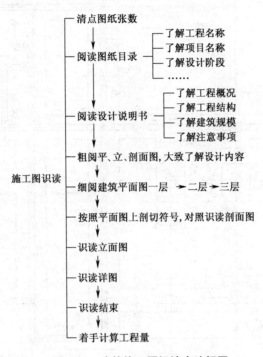

图 1-13 建筑施工图识读方法框图

七、某工程施工图识读范例

1. 条形基础施工图

(1)条形基础平面图

图 1-14 所示为某办公楼的条形基础平面图。从图中可以看出,除了ⓒ轴与②轴、ⓒ轴与③轴相交处柱的基础是独立基础外,该房屋的其余基础均为墙下条形基础。图中定位轴线两侧的粗线是基础墙轮廓线,中粗线是基础底边线。以①轴线为例,图中注出了基础底宽的尺寸 1360mm,墙厚 240mm,左右墙边到轴线的定位尺寸 120mm,基底左右边线到墙边线的定位尺寸 560mm。图中沿墙身轴线画的粗点画线表示基础圈梁 JQL 和基础梁 JL 的位置,构造柱在图中涂黑表示。另外,在⑥轴线上接近ⓔ轴线处,标有一条粗实线,表示此处有预留洞口,供地下管道通过,洞口尺寸为 400mm×300mm,洞底标高为 −1.150m。

基础平面图上需用剖切线标出基础断面图的位置,凡基础断面有变化的地方,都要画出它的断面图。图中用 1—1、2—2 等剖切符号标明了断面图的位置,编号数字注写的一侧为剖视方向。

(2)条形基础详图

图 1-15 是图 1 14 中条形基础 1—1 和 2—2 断面的详图,该基础详图适用于断面形状和配筋形式类似的条形基础。由于 1—1 和 2—2 断面的结构形式完全一致,仅尺寸和配筋有所不同,因此,只需用一个通用断面图,再附上表中所列出的基础底面宽度 B 和基础受力

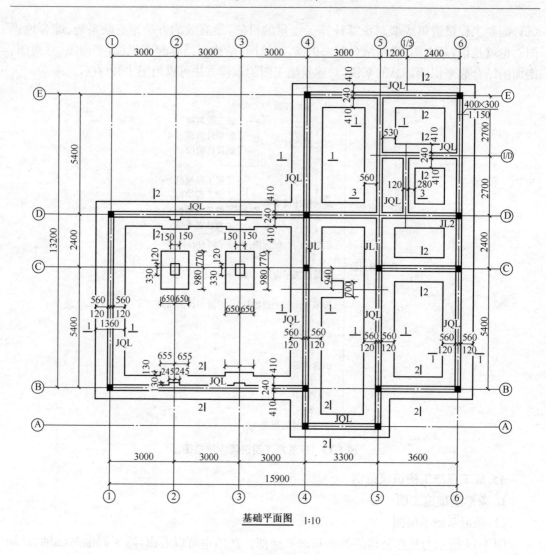

图 1-14 条形基础平面图

筋,就能把各个条形基础的形状、大小、构造和配筋表达清楚了。例如对于 1—1 基础断面,查表可知基础底面宽度为 1360mm,基础内配置的①号钢筋为Φ10@200,分布筋两个断面相同,均为 2Φ6,分别设在①号钢筋的左右两端;1—1 基础断面基础圈梁内配置的纵向受力钢筋上皮为②号钢筋 4Φ12,与 2—2 断面相同;下皮在图中直接标出,为 4Φ12;箍筋也标在图中,为四支Φ8@200 箍筋。当遇到较大门洞或洞口时,基础梁取代基础圈梁,不同之处在于钢筋②,改为 4Φ20 (JL1)。从图中还可以看出钢筋混凝土基础的断面形状,基础的下面铺有一层 100mm 厚的素混凝土垫层,基础的上面是大放脚,每边放出 65mm,高 120mm。图中标出室内地面标高±0.000,室外地面标高-0.450。此外还注出防潮层的做法和位置,离室内地面为 30mm,防潮层做法为 60mm 厚钢筋混凝土,内配纵向钢筋 3Φ8 和横向分布筋Φ4@300。另根据垫层底面标高还可以得出基础埋置深度为 1.5m。

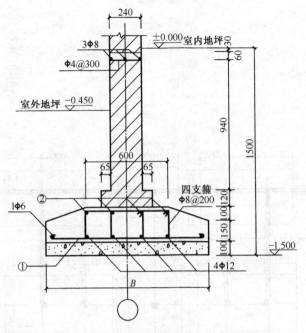

基础钢筋选用表

类别		基础宽度（B）/mm	钢筋①	钢筋②
基础	J1(1-1剖面)	1360	Φ10@200	4Φ12
	J2(2-2剖面)	1020	Φ10@250	4Φ12
	序号	梁长/mm	—	钢筋②
基础梁	JL1	2400	—	4Φ20
	JL2	2000	—	4Φ18

图 1-15 钢筋混凝土条形基础详图

2. 独立基础施工图

图 1-16 所示为某住宅的独立基础平面布置图，比例为 1∶100。从基础平面图上可以看到：

1）横向定位轴线和纵向定位轴线的总尺寸和基础轴线间的尺寸。横向定位轴线的总尺寸为 57000mm，纵向定位轴线的总尺寸为 10700mm。基础轴线间尺寸各有不同，可从图中读出。

2）柱子基础的编号和布置。从图中的编号可以看出，柱子基础共有 J-1～J-7 七种类型，J-4 和 J-5 基础上各有 2 根柱子，其余基础为独立柱子基础。柱子均涂黑表示。Ⓐ轴上两端的柱基为 J-7，中间间隔布置 J-2 和 J-3；Ⓑ轴上两端的柱基为 J-1，中间间隔布置 J-4 和 J-2；Ⓒ轴上两端的柱基为 J-1；Ⓓ轴上两端的柱基为 J-6，中间间隔布置 J-5 和 J-3。

3）柱子基础的布置及平面尺寸，与轴线的关系。以位于②轴和Ⓑ轴相交处的 J-1 为例，J-1 的平面总尺寸为 2600mm×2600mm，在平面图上的定位尺寸分别为：左、右边线距离②轴分别为 1750mm 和 850mm，上、下边线距Ⓑ轴均为 1300mm。阅读其他基础的平面布置尺寸，可知基础中心位置与定位轴线均不重合。

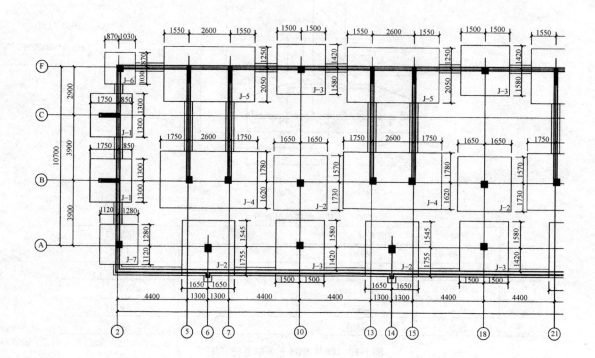

图 1-16　独立基

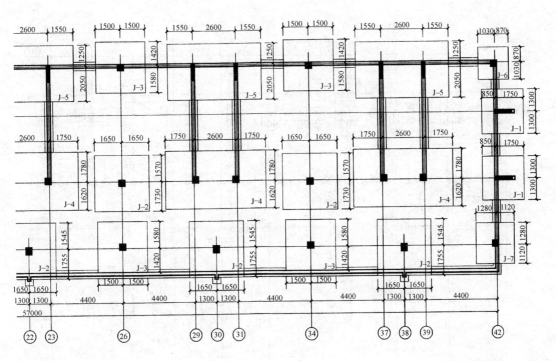

基础平面布置图 1:100

注：砖墙下条基均为1-1.未注明者轴线居中

础平面图

3. 桩、承台平面布置图

图 1-17 为某小区住宅楼桩基础的桩、承台平面布置图。

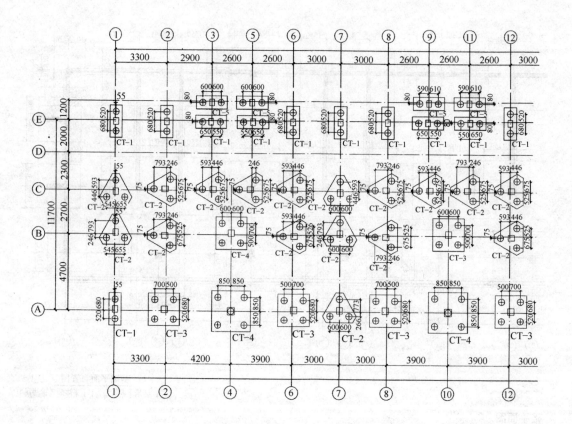

图 1-17　桩及承台

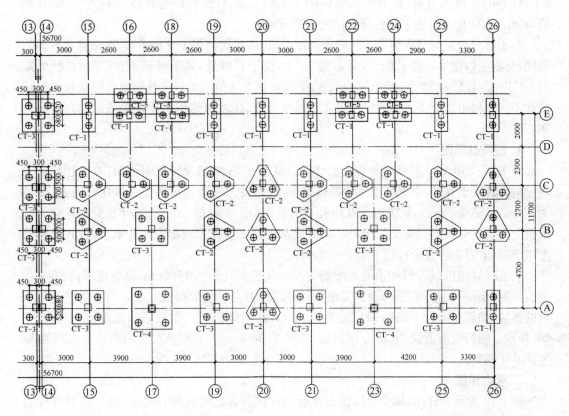

桩及承台平面布置图 1:100

平面布置平面图

　　对于较复杂的工程,为突出表示桩的定位,可单独绘制桩位图和承台布置图。如能表达清楚,也可在一张图纸上绘制桩和承台定位图。从图中可以识读到以下内容:

　　1)图1-17的比例为1:100,经对照,其轴线编号及间距尺寸与建筑平面图一致。

　　2)了解桩的平面布置情况。图中带细实线十字的圆即是桩身截面,细实线十字的中心即是桩身的中心。为了明确桩身的位置,图中标注了桩中心和定位轴线之间的尺寸。由于左右对称,图中只标注了轴线⑩以左部分的桩的定位尺寸。以位于①轴和Ⓐ轴相交处CT-1中的2根桩为例,桩的中心纵向距①轴线55mm,横向距Ⓐ轴线分别为520mm和680mm。这些尺寸是施工时桩身定位的重要依据。

　　3)了解承台的类型和编号。从图中可以看出,该建筑使用了5种承台,并按承台种类的不同,分别予以编号。如CT-1,数量为18个,位于Ⓔ轴处,属于两桩承台,平面形状为矩形。CT-2,数量为34个,属于三桩承台,平面形状为切角三角形。其他承台的数量和形状在此不一一列出。至于承台的定位尺寸及承台与桩、柱之间的相对位置关系需结合承台详图阅读。

4. 桩基础详图

　　图1-18为图1-17桩基础桩顶处的详图。从图1-18中的设计说明可知,本工程基础采用预应力混凝土管桩,根据岩土工程勘察报告,桩的持力层选择第八层强风化花岗岩,桩径为400mm,壁厚95mm,桩尖进入花岗岩不小于1.0m,实际桩长约11m,单桩竖向承载力特征值为400kN。桩身混凝土等级≥C80,并要求桩顶主筋若无截断应伸入承台内,其锚固长度＞35d(d为主筋直径),且不小于500mm。

　　从桩顶详图可以看到桩顶处的配筋情况。从桩顶开始的1500mm高度范围内,布置4根直径为16mm的插筋,顶部设置2根Φ6十字筋,并与插筋焊接在一起。为加强桩身与承台的连接,插筋在承台中的锚固长度为600mm,并向外扩展。在插筋的顶部,箍筋采用1Φ6环箍。插筋底部设置2mm厚圆钢板,直径为200mm。桩顶处在桩芯内填注C30混凝土并灌注饱满。

5. 承台详图

　　图1-19为承台详图,从中可以读出承台、桩、柱三者之间的相对关系,这一点对承台的定位十分重要。下面以承台CT-2和CT-3(CT-3′)为例,说明承台详图的识读方法。

　　1)CT-2。与独立基础类似,承台详图由平面图和垂直剖面图组成。从平面图可以看到,CT-2是一个三桩承台,平面形状近似于一个三角形,但在角部做了60°切角。柱的尺寸是400mm×350mm,图中标注的是柱子的中心位置,还可看到柱中心到承台边的定位尺寸,再参照柱子定位图,就可以确定承台相对于定位轴线的位置。图中还注明了桩中心和柱中心的尺寸,因此,承台详图可以明确定位承台、桩和柱之间的相对关系。

　　CT-2平面图中用局部剖视的方法表达了配筋情况,结合垂直剖面图,可以识读钢筋的配置情况。可以看到,沿着3根桩的中心线,在承台下部每边布置5根直径20mm的HRB335级钢筋,钢筋之间的间距为130mm。在承台剖面图中,画出了承台配筋的立面情况以及柱子钢筋锚固在承台中的情况。柱子承台范围内的箍筋按构造要求布置,为2道Φ8箍筋。根据图1-18设计说明知,箍筋间距取200mm。柱子纵筋锚于承台中的长度要求≥35d,且水平段长取200mm。

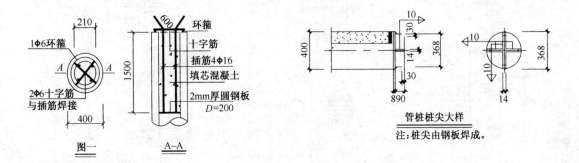

管桩桩尖大样
注:桩尖由钢板焊成。

预应力混凝土管桩基础说明:

1)本工程的基础设计根据××建筑设计院提供的"岩土工程勘察报告"完成。

2)本工程采用预应力混凝土管桩,桩身混凝土等级≥C80(PHC A类桩)。单桩竖向承载力特征值为400kN,桩径为400mm,壁厚95mm。

3)桩的持力层选择"岩土工程勘察报告"中的第8层强风化花岗岩。

4)预应力管桩的分节长度应根据施工条件和运输条件而定,接头不宜超过4个。

5)预应力管桩的桩顶主筋若无截断应伸入承台内,其锚固长度>35d(d 为主筋直径),且不小于500mm。

6)沉桩施工采用静力压桩。施工时的终压控制条件以终压值控制为主,静压桩机最大加载量为≥800kN(满载、卸载、再满载,反复3次)。视地质情况可增加复压次数。

7)本工程设计桩长根据工程地质勘探报告,要求桩尖进入花岗岩不小于1.0m(以标贯数不小于50击界定),由现地面算起,实际桩长约11m,如桩长小于8.5m,应通知设计人员另行处理。

8)送桩时应保证桩锤、送桩器及桩头在同一垂直线上,以免由此引起桩身倾斜。

9)沉桩施工要求

①桩插入时,垂直度偏差不得超过0.5%,压桩完成后不超过1%。

②压桩顺序如下:

a. 对于密集桩群,自中间向两个方向或向四周对称施压。

b. 当一侧毗邻建筑物时,由毗邻建筑物向另一方施压。

c. 根据基础的设计标高,宜先深后浅。

d. 根据桩的规格,宜先大后小、先长后短。

③压桩完成以后,桩头高于地面的部分应小心保护,严禁施工机械碰撞。如妨碍桩机行走,应及时用专用截桩器截除。送桩留下的桩孔,应立即用砂或石渣回填。

10)柱子纵筋锚于承台中的长度要求≥35d,且水平段长取200mm,柱子承台范围内的箍筋间距取200mm。

11)与承台连接处的管桩桩顶构造如图一所示,填芯混凝土采用的强度等级为C30,并应灌注饱满。

12)除上述说明以外,其他要求按静压桩有关规定执行。

图1-18 桩顶详图和设计说明

此外,从剖面图还可看到,承台的底面标高为-1.800m,承台的高度为550mm,因此,承台顶标高为-1.250m。承台下方还设置100mm厚的素混凝土垫层,部分桩顶伸入到承台内部,和承台锚固在了一起。桩顶详图可参看图1-18。

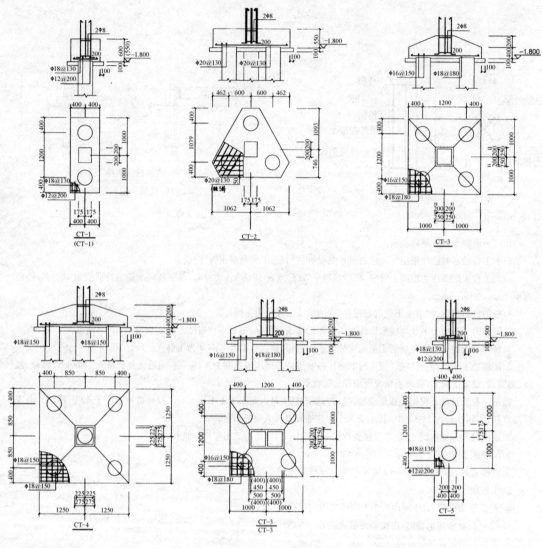

图 1-19　承台详图

2)CT－3（CT－3′）。CT－3 分为单柱和双柱两个详图,除柱子不同之外,两个详图的各部分尺寸和配筋完全相同,因此,通用 CT－3 表示。在双柱详图中,又因为 CT－3 和 CT－3′断面形式一致,仅个别情况有所差异,因此,通过一个通用配筋图来表达,CT－3′的数据与 CT－3 不同之处在图中用括号标出。由平面图知,CT－3（CT－3′）是一个四桩承台,形状为正方形,边长为 2000mm。在承台底部沿着承台两个边的方向,纵向均匀布置 Φ18 钢筋,间距 180mm,横向均匀布置 Φ16 钢筋,间距 150mm。承台剖面为锥形,底板高 400mm,锥形斜坡高 200mm。柱子在承台范围内的配筋、承台底面标高、桩顶伸入承台内的构造与 CT－2 相同。

八、识读土建施工图应注意的问题

1)注意由大到小、由粗到细,循序看图。

2)注意平、立、剖面图互相对照,综合看图。

3）注意由整体到局部系统地去看图。

4）注意索引标志和详图标志。

5）注意图例、符号和代号。

6）注意计量单位和要求。

7）注意附注或说明。

8）结合实物看图。

9）发现图中有不明白或错误时，应及时询问设计人员，切忌想当然地去判断和在图面上乱勾滥画，保持图面整洁无损。

土建施工图是计算工程量和指导施工的依据，为了便于表达设计内容和图面的整洁、简明、清晰，施工图中采用了一系列统一规定的图例、符号、代号，熟悉与牢记这些图例、符号和代号，有助于提高识图能力和看图速度。

第二节 工程项目总投资费用组成

一、工程项目总投资费用简介

1. 建设投资

它由设备及工器具购置费、建筑安装工程费、工程建设其他费用、预备费（包括基本预备费和涨价预备费）和建设期利息组成。

其中，设备及工器具购置费，是指按照建设工程设计文件要求，建设单位（或其委托单位）购置或自制达到固定资产标准的设备和新、扩建项目配置的首套工器具及生产家具所需的费用。设备及工器具购置费由设备原价、工器具原价和运杂费（包括设备成套公司服务费）组成。在生产性建设工程项目中，设备及工器具投资主要表现为其他部门创造的价值向建设工程项目中的转移，但这部分投资是建设工程投资中的积极部分，它占项目投资比重的提高，意味着生产技术的进步和资本有机构成的提高。

2. 建筑安装工程费

它是指建设单位用于建筑和安装工程方面的投资，它由建筑工程费和安装工程费两部分组成。建筑工程费是指建设工程涉及范围内的建筑物，构筑物，场地平整，道路、室外管道铺设，大型土石方工程费用等。安装工程费是指主要生产、辅助生产、公用工程等单项工程中需要安装的机械设备、电器设备、专用设备、仪器仪表等设备的安装及配件工程费，以及工艺、供热、供水等各种管道、配件、闸门和供电外线安装工程费用等。

3. 工程建设其他费用

它是指未纳入建设投资和建筑安装费的，根据设计文件要求和国家有关规定应由项目投资支付的，为保证工程建设顺利完成和交付使用后能够正常发挥效用而发生的一些费用。工程建设其他费用有三类：第一类是土地使用费，包括土地征用及迁移补偿费和土地使用权出让金；第二类是与项目建设有关的费用，包括建设管理费、勘察设计费、研究试验费等；第三类是与未来企业生产经营有关的费用，包括联合试运转费，生产准备费、办公和生活家具购置费等。

4. 铺底流动资金

它是指生产性建设工程项目为保证生产和经营正常进行，按规定应列入建设工程项目总投资的铺底流动资金,一般按流动资金的 30% 计算。

5. 建设投资可以分为静态投资部分和动态投资部分

1)静态投资部分由建筑安装工程费、设备及工器具购置费、工程建设其他费和基本预备费构成。

2)动态投资部分,是指在建设期内,因建设期利息和国家新批准的税费、汇率、利率变动以及建设期价格变动引起的建设投资增加额,包括涨价预备费、建设期利息等。

工程造价,一般是指一项工程预计开支或实际开支的全部固定资产投资费用,在这个意义上工程造价与建设投资的概念是一致的。

二、建设工程项目总投资组成

建设工程项目总投资组成见表 1-9。

表 1-9　建设工程项目总投资组成

费用项目名称			
建设工程项目总投资	建设投资	第一部分 工程费用	建筑安装工程费
			设备及工器具购置费
		第二部分 工程建设其他费用	土地使用费
			建设管理费
			可行性研究费
			研究试验费
			勘察设计费
			环境影响评价费
			劳动安全卫生评价费
			场地准备及临时设施费
			引进技术和进口设备其他费
			工程保险费
			特殊设备安全监督检验费
			市政公用设施建设及绿化补偿费
			联合试运转费
			生产准备费
			办公和生活家具购置费
		第三部分 预备费	基本预备费
			涨价预备费
		建设期利息	
	流动资产投资——铺底流动资金		

三、建筑安装工程费用组成

1. 按费用构成要素划分的建筑安装工程费用

按照费用构成要素划分,建筑安装工程费由人工费、材料(包含工程设备,下同)费、施工机具使用费、企业管理费、利润、规费和税金组成。其中人工费、材料费、施工机具使用费、企业管理费和利润包含在分部分项工程费、措施项目费、其他项目费中。具体如图 1-20 所示。

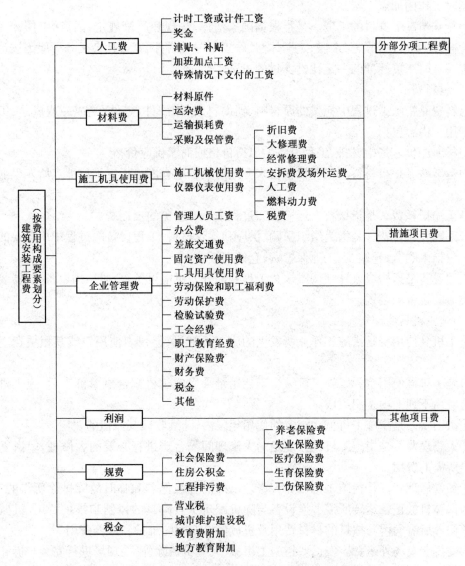

图 1-20 按费用构成要素划分的建筑安装工程费用项目组成

（1）人工费

人工费是指按工资总额构成规定，支付给从事建筑安装工程施工的生产工人和附属生产单位工人的各项费用。内容包括：

1）计时工资或计件工资。是指按计时工资标准和工作时间或对已做工作按计件单价支付给个人的劳动报酬。

2）奖金。是指对超额劳动和增收节支支付给个人的劳动报酬。如节约奖、劳动竞赛奖等。

3）津贴补贴。是指为了补偿职工特殊或额外的劳动消耗和因其他特殊原因支付给个人的津贴，以及为了保证职工工资水平不受物价影响支付给个人的物价补贴。如流动施工津贴、特殊地区施工津贴、高温（寒）作业临时津贴、高空津贴等。

4)加班加点工资。是指按规定支付的在法定节假日工作的加班工资和在法定日工作时间外延时工作的加点工资。

5)特殊情况下支付的工资。是指根据国家法律、法规和政策规定,因病、工伤、产假、计划生育假、婚丧假、事假、探亲假、定期休假、停工学习、执行国家或社会义务等原因按计时工资标准或计时工资标准的一定比例支付的工资。

(2)材料费

材料费是指施工过程中耗费的原材料、辅助材料、构配件、零件、半成品或成品、工程设备的费用。内容包括:

1)材料原价。是指材料、工程设备的出厂价格或商家供应价格。

2)运杂费。是指材料。工程设备自来源地运至工地仓库或指定堆放地点所发生的全部费用。

3)运输损耗费。是指材料在运输装卸过程中不可避免的损耗费。

4)采购及保管费。是指为组织采购、供应和保管材料、工程设备的过程中所需要的各项费用。包括采购费、仓储费、工地保管费、仓储损耗费。

工程设备是指构成或计划构成永久工程一部分的机电设备、金属结构设备、仪器装置及其他类似的设备和装置。

(3)施工机具使用费

施工机具使用费是指施工作业所发生的施工机械、仪器仪表使用费或其租赁费。内容包括:

1)施工机械使用费。以施工机械台班耗用量乘以施工机械台班单价表示,施工机械台班单价应由下列七项费用组成:

①折旧费。是指施工机械在规定的使用年限内,陆续收回其原值的费用。

②大修理费。是指施工机械按规定的大修理间隔台班进行必要的大修理,以恢复其正常功能所需的费用。

③经常修理费。是指施工机械除大修理以外的各级保养和临时故障排除所需的费用。包括为保障机械正常运转所需替换设备与随机配备工具附具的摊销和维护费用,机械运转中日常保养所需润滑与擦拭的材料费用及机械停滞期间的维护和保养费用等。

④安拆费及场外运费。安拆费指施工机械(大型机械除外)在现场进行安装与拆卸所需的人工、材料、机械和试运转费用以及机械辅助设施的折旧、搭设、拆除等费用;场外运费指施工机械整体或分体自停放地点运至施工现场或由一施工地点运至另一施工地点的运输、装卸、辅助材料及架线等费用。

⑤人工费。是指机上司机(司炉)和其他操作人员的人工费。

⑥燃料动力费。是指施工机械在运转作业中所消耗的各种燃料及水、电等产生的费用。

⑦税费。是指施工机械按照国家规定应缴纳的车船使用税、保险费及年检费等。

2)仪器仪表使用费。是指工程施工所需使用的仪器仪表的摊销及维修费用。

(4)企业管理费

企业管理费是指建筑安装企业组织施工生产和经营管理所需的费用。内容包括:

1)管理人员工资。是指按规定支付给管理人员的计时工资、奖金、津贴补贴、加班加点工资及特殊情况下支付的工资等。

2)办公费。是指企业管理办公用的文具、纸张、账表、印刷、邮电、书报、办公软件、现场监控、会议、水电、烧水和集体取暖降温(包括现场临时宿舍取暖降温)等费用。

3)差旅交通费。是指职工因公出差调动工作的差旅费、住勤补助费,市内交通费和误餐补助费,职工探亲路费,劳动力招募费,职工退休、退职一次性路费,工伤人员就医路费,工地转移费以及管理部门使用的交通工具的油料、燃料等费用。

4)固定资产使用费。是指管理和试验部门及附属生产单位使用的属于固定资产的房屋、设备、仪器等的折旧、大修、维修或租赁费。

5)工具用具使用费。是指企业施工生产和管理使用的不属于固定资产的工具、器具、家具、交通工具和检验、试验、测绘、消防用具等的购置、维修和摊销费。

6)劳动保险和职工福利费。是指由企业支付的职工退职金、按规定支付给离休干部的经费,集体福利费、夏季防暑降温费、冬季取暖补贴、上下班交通补贴等。

7)劳动保护费。是企业按规定发放的劳动保护用品的支出。如工作服、手套、防暑降温饮料以及在有碍身体健康的环境中施工的保健费用等。

8)检验试验费。是指施工企业按照有关标准规定,对建筑以及材料、构件和建筑安装物进行一般鉴定、检查所发生的费用,包括自设试验室进行试验所耗用的材料等费用。不包括新结构、新材料的试验费,对构件做破坏性试验及其他特殊要求检验试验的费用和发包人委托检测机构进行检测的费用,对此类检测发生的费用,由发包人在工程建设其他费用中列支。但对施工企业提供的具有合格证明的材料进行检测其结果不合格的,该检测费用由施工企业支付。

9)工会经费。是指企业按《工会法》规定的全部职工工资总额比例计提的工会经费。

10)职工教育经费。是指按职工工资总额的规定比例计提,企业为职工进行专业技术和职业技能培训,专业技术人员继续教育、职工职业技能鉴定、职业资格认定以及根据需要对职工进行各类文化教育所发生的费用。

11)财产保险费。是指施工管理用财产、车辆等的保险费用。

12)财务费。是指企业为施工生产筹集资金或提供预付款担保、履约担保、职工工资支付担保等所发生的各种费用。

13)税金。是指企业按规定缴纳的房产税、车船使用税、土地使用税、印花税等。

14)其他。包括技术转让费、技术开发费、投标费、业务招待费、绿化费、广告费、公证费、法律顾问费、审计费、咨询费、保险费等。

(5)利润

利润是指施工企业完成所承包工程获得的盈利。

(6)规费

规费是指按国家法律、法规规定,由省级政府和省级有关权力部门规定必须缴纳或计取的费用。包括:

1)社会保险费。

①养老保险费。是指企业按照规定标准为职工缴纳的基本养老保险费。

②失业保险费。是指企业按照规定标准为职工缴纳的失业保险费。

③医疗保险费。是指企业按照规定标准为职工缴纳的基本医疗保险费。

④生育保险费。是指企业按照规定标准为职工缴纳的生育保险费。

⑤工伤保险费。是指企业按照规定标准为职工缴纳的工伤保险费。

2)住房公积金。是指企业按规定标准为职工缴纳的住房公积金。

3)工程排污费。是指按规定缴纳的施工现场工程排污费。

其他应列而未列入的规费,按实际发生计取。

(7)税金

税金是指国家税法规定的应计入建筑安装工程造价内的营业税、城市维护建设税、教育费附加以及地方教育费附加。

2. 按造价形成划分的建筑安装工程费用

建筑安装工程费按照工程造价形成由分部分项工程费、措施项目费、其他项目费、规费、税金组成,分部分项工程费、措施项目费、其他项目费包含人工费、材料费、施工机具使用费、企业管理费和利润,如图 1-21 所示。

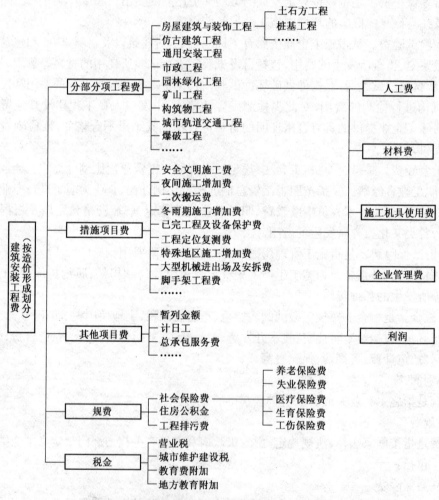

图 1-21　按造价形成划分的建筑安装工程费用项目组成

(1)分部分项工程费

分部分项工程费是指各专业工程的分部分项工程应予列支的各项费用。

1)专业工程。是指按现行国家计量规范划分的房屋建筑与装饰工程、仿古建筑工程、通用安装工程、市政工程、园林绿化工程、矿山工程、构筑物工程、城市轨道交通工程、爆破工程等各类工程。

2)分部分项工程。指按现行国家计量规范对各专业工程划分的项目。如房屋建筑与装饰工程划分的土石方工程、地基处理与桩基工程、砌筑工程、钢筋及钢筋混凝土工程等。

各类专业工程的分部分项工程划分见现行国家或行业计量规范。

(2)措施项目费

措施项目费是指为完成建设工程施工,发生于该工程施工前和施工过程中的技术、生活、安全、环境保护等方面的费用。内容包括:

1)安全文明施工费。

①环境保护费。是指施工现场为达到环保部门要求所需要的各项费用。

②文明施工费。是指施工现场文明施工所需要的各项费用。

③安全施工费。是指施工现场安全施工所需要的各项费用。

④临时设施费。是指施工企业为进行建设工程施工所必须搭设的生活和生产用的临时建筑物、构筑物和其他临时设施费用。包括临时设施的搭设、维修、拆除、清理费或摊销费等。

2)夜间施工增加费。是指因夜间施工所发生的夜班补助费、夜间施工降效、夜间施工照明设备摊销及照明用电等费用。

3)二次搬运费。是指因施工场地条件限制而发生的材料、构配件、半成品等一次运输不能到达堆放地点,必须进行二次或多次搬运所发生的费用。

4)冬雨期施工增加费。是指在冬期或雨期施工需增加的临时设施、防滑、排除雨雪,人工及施工机械效率降低等费用。

5)已完工程及设备保护费。是指竣工验收前,对已完工程及设备采取的必要保护措施所发生的费用。

6)工程定位复测费。是指工程施工过程中进行全部施工测量放线和复测工作的费用。

7)特殊地区施工增加费。是指工程在沙漠或其边缘地区、高海拔、高寒、原始森林等特殊地区施工增加的费用。

8)大型机械设备进出场及安拆费。是指机械整体或分体自停放场地运至施工现场或由一个施工地点运至另一个施工地点,所发生的机械进出场运输及转移费用及机械在施工现场进行安装、拆卸所需的人工费、材料费、机械费、试运转费和安装所需的辅助设施的费用。

9)脚手架工程费。是指施工需要的各种脚手架搭、拆、运输费用以及脚手架购置费的摊销(或租赁)费用。

措施项目及其包含的内容详见各类专业工程的现行国家或行业计量规范。

(3)其他项目费

1)暂列金额。是指发包人在工程量清单中暂定并包括在工程合同价款中的一笔款项。用于施工合同签订时尚未确定或者不可预见的所需材料、工程设备、服务的采购,施工中可能发生的工程变更、合同约定调整因素出现时的工程价款调整以及发生的索赔、现场签证确认等的费用。

2)计日工。是指在施工过程中,承包人完成发包人提出的施工图纸以外的零星项目或工作所需的费用。

3)总承包服务费。是指总承包人为配合、协调发包人进行的专业工程发包,对发包人自行采购的材料、工程设备等进行保管以及施工现场管理、竣工资料汇总整理等服务所需的费用。

(4)规费

定义与按费用构成要素划分相同。

(5)税金

定义同与按费用构成要素划分相同。

3. 建筑安装工程费用计算方法

(1)各费用构成要素计算方法

1)人工费。

$$人工费=\sum(工日消耗量\times日工资单价)$$

注:公式主要适用于施工企业投标报价时自主确定人工费,也是工程造价管理机构编制计价定额确定定额人工单价或发布人工成本信息的参考依据。

$$日工资单价=\frac{生产工人平均月工资(计时、计件)+平均月(奖金+津贴补贴+特殊情况下支付的工资)}{年平均每月法定工作日}$$

$$人工费=\sum(工程工日消耗量\times日工资单价)$$

注:公式适用于工程造价管理机构编制计价定额时确定定额人工费,是施工企业投标报价的参考依据。

日工资单价是指施工企业平均技术熟练程度的生产工人在每工作日(国家法定工作时间内)按规定从事施工作业应得的日工资总额。

工程造价管理机构确定日工资单价应根据工程项目的技术要求,通过市场调查,参考实物工程量人工单价综合分析确定,最低日工资单价不得低于工程所在地人力资源和社会保障部门所发布的最低工资标准的:普工1.3倍;一般技工2倍;高级技工3倍。

工程计价定额不可只列一个综合工日单价,应根据工程项目技术要求和工种差别适当划分多种日人工单价,确保各分部工程人工费的合理构成。

2)材料设备费。

①材料费。

$$材料费=\sum(材料消耗量\times材料单价)$$

$$材料单价=[(材料原价+运杂费)\times[1+运输损耗率(\%)]]\times[1+采购保管费率(\%)]$$

②工程设备费。

$$工程设备费=\sum(工程设备量\times工程设备单价)$$

$$工程设备单价=(设备原价+运杂费)\times[1+采购保管费率(\%)]$$

3)施工机具使用费。

①施工机械使用费。

$$施工机械使用费=\sum(施工机械台班消耗量\times机械台班单价)$$

机械台班单价=台班折旧费+台班大修费+台班经常修理费+台班安拆费及场外运费+

台班人工费＋台班燃料动力费＋台班车船税费

②折旧费计算公式为：

$$台班折旧费＝\frac{机械预算价格×（1－残值率）}{耐用总台班数}$$

$$耐用总台班数＝折旧年限×年工作台班$$

③大修理费计算公式为：

$$台班大修理费＝\frac{一次大修理费×大修次数}{耐用总台班数}$$

注：工程造价管理机构在确定计价定额中的施工机械使用费时，应根据《建筑施工机械台班费用计算规则》结合市场调查编制施工机械台班单价。施工企业可以参考工程造价管理机构发布的台班单价，自主确定施工机械使用费的报价，如租赁施工机械，公式为：

$$施工机械使用费＝\sum（施工机械台班消耗量×机械台班租赁单价）$$

仪器仪表使用费：

$$仪器仪表使用费＝工程使用的仪器仪表摊销费＋维修费$$

4）企业管理费费率。

①以分部分项工程费为计算基础：

$$企业管理费费率（\%）＝\frac{生产工人年平均管理费}{年有效施工天数×人工单价}×人工费占分部分项工程费比例（\%）$$

②以人工费和机械费合计为计算基础：

$$企业管理费费率（\%）＝\frac{生产工人年平均管理费}{年有效施工天数×（人工单价＋每一工日机械使用费）}×100\%$$

③以人工费为计算基础：

$$企业管理费费率（\%）＝\frac{生产工人年平均管理费}{年有效施工天数×人工单价}×100\%$$

上述公式是工程造价管理机构编制计价定额确定企业管理费的参考依据。

工程造价管理机构在确定计价定额中企业管理费时，应以定额人工费或（定额人工费＋定额机械费）作为计算基数，其费率根据历年工程造价积累的资料，辅以调查数据确定，列入分部分项工程和措施项目中。

5）利润。施工企业根据企业自身需求并结合建筑市场实际自主确定，列入报价中。

工程造价管理机构在确定计价定额中利润时，应以定额人工费或定额人工费与定额机械费之和作为计算基数，其费率根据历年工程造价积累的资料，并结合建筑市场实际确定，以单位（单项）工程测算，利润在税前建筑安装工程费的比重可按不低于5％且不高于7％均费率计算。利润应列入分部分项工程和措施项目中。

6）规费。

①社会保险费和住房公积金。社会保险费和住房公积金应以定额人工费为计算基础，根据工程所在地省、自治区、直辖市或行业建设主管部门规定费率计算。

$$社会保险费和住房公积金＝\sum（工程定额人工费×社会保险费率和住房公积金费率）$$

式中：社会保险费率和住房公积金费率可按每万元发承包价的生产工人人工费、管理人员工资含量与工程所在地规定的缴纳标准综合分析取定。

②工程排污费。工程排污费等其他应列而未列入的规费应按工程所在地环境保护等部门规定的标准缴纳,按实计取列入。

7)税金。税金计算公式:税金＝税前造价×综合税率(%)

$$综合税率=\left[\frac{1}{1-a\times(1+b+c_1+c_2)}-1\right]\times100\%$$

式中,a 为营业税税率,b 为城市维护建筑税税率,c_1 为教育费附加费率,c_2 为地方教育附加费率。

①纳税地点在市区的企业:

$$综合税率(\%)=\left[\frac{1}{1-3\%-(3\%\times7\%)-(3\%\times3\%)-(3\%\times2\%)}-1\right]\times100\%$$
$$=3.48\%$$

②纳税地点在县城、镇的企业:

$$综合税率(\%)=\left[\frac{1}{1-3\%-(3\%\times5\%)-(3\%\times3\%)-(3\%\times2\%)}-1\right]\times100\%$$
$$=3.41\%$$

③纳税地点不在市区、县城、镇的企业:

$$综合税率(\%)=\left[\frac{1}{1-3\%-(3\%\times1\%)-(3\%\times3\%)-(3\%\times2\%)}-1\right]\times100\%$$
$$=3.28\%$$

实行营业税改增值税的,按纳税地点现行税率计算。规费和税金的计价方法见表1-10。

表 1-10　规费、税金项目计价表

工程名称:　　　　　　　　　　标段:

序号	项目名称	计　算　基　础	计算基数	金额(元)
1	规费	定额人工费		
1.1	社会保障费	定额人工费		
(1)	养老保险费	定额人工费		
(2)	失业保险费	定额人工费		
(3)	医疗保险费	定额人工费		
(4)	工伤保险费	定额人工费		
(5)	生育保险费	定额人工费		
1.2	住房公积金	定额人工费		
1.3	工程排污费	按工程所在地环境保护部门的收取标准,按实计入		
2	税金	分部分项工程费＋措施项目费＋其他项目费＋规费－按规定不计税的工程设备金额		
合计				

(2)建筑安装工程计价公式

1)分部分项工程费。

$$分部分项工程费＝\sum（分部分项工程量×综合单价）$$

式中：综合单价包括人工费、材料费、施工机具使用费、企业管理费和利润以及一定范围的风险费用（下同）。

2）措施项目费。国家计量规范规定应予计量的措施项目，其计算公式为：

$$措施项目费＝\sum（措施项目工程量×综合单价）$$

国家计量规范规定不宜计量的措施项目计算方法如下：

①安全文明施工费。

安全文明施工费＝计算基数×安全文明施工费费率（%）

计算基数应为定额基价（定额分部分项工程费＋定额中可以计量的措施项目费）、定额人工费或（定额人工费＋定额机械费），其费率由工程造价管理机构根据各专业工程的特点综合确定。

②夜间施工增加费。

夜间施工增加费＝计算基数×夜间施工增加费费率（%）

③二次搬运费。

二次搬运费＝计算基数×二次搬运费费率（%）

④冬雨期施工增加费。

冬雨期施工增加费＝计算基数×冬雨期施工增加费费率（%）

已完工程及设备保护费：

已完工程及设备保护费＝计算基数×已完工程及设备保护费费率（%）

3）其他项目费。暂列金额由发包人根据工程特点，按有关计价规定估算，施工过程中由发包人掌握使用、扣除合同价款调整后如有余额，归发包人。

计日工由发包人和承包人按施工过程中的签证计价。

总承包服务费由发包人在招标控制价中根据总包服务范围和有关计价规定编制，承包人投标时自主报价，施工过程中按签约合同价执行。

4）规费和税金。发包人和承包人均应按照省、自治区、直辖市或行业建设主管部门发布的标准计算规费和税金，不得作为竞争性费用。

4. 建筑安装工程计价程序

发包人工程招标控制价计价程序见表1-11，承包人工程投标报价计价程序见表1-12，竣工结算计价程序见表1-13。

表 1-11　发包人工程招标控制价计价程序

工程名称：　　　　　　　　　　　　标段：

序号	内　　容	计算方法	金额(元)
1	分部分项工程费	按计价规定计算	
1.1			
1.2			
1.3			
⋮			

续表 1-11

序号	内　　容	计算方法	金额(元)
2	措施项目费	按计价规定计算	
2.1	其中:安全文明施工费	按规定标准计算	
3	其他项目费		
3.1	其中:暂列金额	按计价规定估算	
3.2	其中:专业工程暂估价	按计价规定估算	
3.3	其中:计日工	按计价规定估算	
3.4	其中:总承包服务费	按计价规定估算	
4	规费	按规定标准计算	
5	税金(扣除不列入计税范围的工程设备金额)	(1+2+3+4)×规定税率	

招标控制价合计＝1+2+3+4+5

表 1-12　承包人工程投标报价计价程序

工程名称:　　　　　　　　　　　　　　　标段:

序号	内　　容	计算方法	金额(元)
1	分部分项工程费	自主报价	
1.1			
1.2			
1.3			
⋮			
2	措施项目费	自主报价	
2.1	其中:安全文明施工费	按规定标准计算	
3	其他项目费		
3.1	其中:暂列金额	按招标文件提供金额计列	
3.2	其中:专业工程暂估价	按招标文件提供金额计列	
3.3	其中:计日工	自主报价	
3.4	其中:总承包服务费	自主报价	
4	规费	按规定标准计算	
5	税金(扣除不列入计税范围的工程设备金额)	(1+2+3+4)×规定税率	

投标报价合计＝1+2+3+4+5

表 1-13　竣工结算计价程序

工程名称:　　　　　　　　　　　　　　　标段:

序号	内　　容	计算方法	金额(元)
1	分部分项工程费	按合同约定计算	
1.1			
1.2			
1.3			

续表 1-13

序号	内　　容	计算方法	金额(元)
⋮			
2	措施项目费	按合同约定计算	
2.1	其中:安全文明施工费	按规定标准计算	
3	其他项目费		
3.1	其中:专业工程结算价	按合同约定计算	
3.2	其中:计日工	按计日工签证计算	
3.3	其中:总承包服务费	按合同约定计算	
3.4	索赔与现场签证	按发承包双方确认数额计算	
4	规费	按规定标准计算	
5	税金(扣除不列入计税范围的工程设备金额)	(1+2+3+4)×规定税率	

竣工结算总价合计=1+2+3+4+5

四、设备及工器具购置费的组成

设备及工器具购置费用是由设备购置费用和工具、器具及生产家具购置费用组成。在工业建设工程项目中,设备及工器具费用与资本的有机构成相联系,设备及工器具费用占投资费用的比例大小,意味着生产技术的进步和资本有机构成的程度。

1. 设备购置费

设备购置费是指为建设工程项目购置或自制的达到固定资产标准的设备、工具、器具的费用。固定资产标准,是指使用年限在一年以上,单位价值在国家或各主管部门规定的限额以上。例如,某年财政部规定,大、中、小型工业企业固定资产的限额标准分别为 3000 元、2000 元和 2000 元以上。新建项目和扩建项目的新建车间购置或自制的全部设备、工具、器具,不论是否达到固定资产标准,均计入设备及工器具购置费中。设备购置费包括设备原价和设备运杂费,即:

设备购置费=设备原价或进口设备抵岸价+设备运杂费

式中,设备原价是指国产标准设备、非标准设备的原价。设备运杂费是指设备原价中未包括的包装和包装材料费、运输费、装卸费、采购费及仓库保管费、供销部门手续费等。如果设备是由设备成套公司供应的,成套公司的服务费也应计入设备运杂费中。

(1)国产标准设备原价

国产标准设备是指按照主管部门颁布的标准图纸和技术要求,由设备生产厂批量生产的,符合国家质量检验标准的设备。国产标准设备原价一般指的是设备制造厂的交货价,即出厂价。如设备由设备成套公司供应,则以订货合同价为设备原价。有的设备有两种出厂价,即带有备件的出厂价和不带有备件的出厂价。在计算设备原价时,一般按带有备件的出厂价计算。

(2)国产非标准设备原价

非标准设备是指国家尚无定型标准,各设备生产厂不可能在工艺过程中采用批量生产,只能按一次订货,并根据具体的设备图纸制造的设备。非标准设备原价有多种不同的计算方法,如成本计算估价法、系列设备插入估价法、分部组合估价法、定额估价法等。但无论哪种方法都应该使非标准设备计价的准确度接近实际出厂价,并且计算方法要简便。

（3）进口设备抵岸价的构成及其计算

进口设备抵岸价是指抵达买方边境港口或边境车站,且交完关税以后的价格。

进口设备的交货方式可分为内陆交货类、目的地交货类、装运港交货类。

内陆交货类即卖方在出口国内陆的某个地点完成交货任务。在交货地点,卖方及时提交合同规定的货物和有关凭证,并承担交货前的一切费用和风险;买方按时接受货物,交付货款,承担接货后的一切费用和风险,并自行办理出口手续和装运出口。货物的所有权也在交货后由卖方转移给买方。

目的地交货类即卖方要在进口国的港口或内地交货,包括目的港船上交货价,目的港船边交货价(FOS)和目的港码头交货价(关税已付)及完税后交货价(进口国目的地的指定地点)。它们的特点是:买卖双方承担的责任、费用和风险是以目的地约定交货点为分界线,只有当卖方在交货点将货物置于买方控制下方算交货,方能向买方收取货款。这类交货价对卖方来说承担的风险较大,在国际贸易中卖方一般不愿意采用这类交货方式。

装运港交货类即卖方在出口国装运港完成交货任务。主要有装运港船上交货价(FOB),习惯称为离岸价;运费在内价(CFR);运费、保险费在内价(CIF),习惯称为到岸价。它们的特点主要是:卖方按照约定的时间在装运港交货,只要卖方把合同规定的货物装船后提供货运单据便完成交货任务,并可凭单据收回货款。

采用装运港船上交货价(FOB)时卖方的责任是:负责在合同规定的装运港口和规定的期限内,将货物装上买方指定的船只,并及时通知买方;负责货物装船前的一切费用和风险;负责办理出口手续;提供出口国政府或有关方面签发的证件;负责提供有关装运单据。买方的责任是:负责租船或订舱,支付运费,并将船期、船名通知卖方;承担货物装船后的一切费用和风险;负责办理保险及支付保险费,办理在目的港的进口和收货手续;接受卖方提供的有关装运单据,并按合同规定支付货款。

进口设备如果采用装运港船上交货价(FOB),其抵岸价构成为:

进口设备抵岸价＝货价＋国外运费＋国外运输保险费＋银行财务费＋外贸手续费＋
进口关税＋增值税＋消费税

进口设备的货价:一般可采用下列公式计算:

货价＝离岸价(FOB价)×人民币外汇牌价

国外运费:我国进口设备大部分采用海洋运输方式,小部分采用铁路运输方式,个别采用航空运输方式。

国外运费＝离岸价×运费率

或:

国外运费＝运量×单位运价

式中,运费率或单位运价参照有关部门或进出口公司的规定。计算进口设备抵岸价时,再将国外运费换算为人民币。

国外运输保险费:对外贸易货物运输保险是由保险人(保险公司)与被保险人(出口人或进口人)订立保险契约,在被保险人交付议定的保险费后,保险人根据保险契约的规定对货物在运输过程中发生的承保责任范围内的损失给予经济上的补偿。计算公式为:

$$国外运输保险费＝\frac{(离岸价＋国外运费)}{1－国外运输保险费率}×国外运输保险费率$$

计算进口设备抵岸价时,再将国外运输保险费换算为人民币。

银行财务费:一般指银行手续费,计算公式为:

$$银行财务费＝离岸价×人民币外汇牌价×银行财务费率$$

银行财务费率一般为0.4%～0.5%。

外贸手续费:是指按商务部规定的外贸手续费率计取的费用,外贸手续费率一般取1.5%。计算公式为:

$$外贸手续费＝进口设备到岸价×人民币外汇牌价×外贸手续费率$$

式中,进口设备到岸价(CIF)＝离岸价＋国外运费＋国外运输保险费

进口关税:关税是由海关对进出国境的货物和物品征收的一种税,属于流转性课税。计算公式为:

$$进口关税＝到岸价×人民币外汇牌价×进口关税率$$

增值税:增值税是我国政府对从事进口贸易的单位和个人,在进口商品报关进口后征收的税种。我国增值税条例规定,进口应税产品均按组成计税价格,依税率直接计算应纳税额,不扣除任何项目的金额或已纳税额。即:

$$进口产品增值税额＝组成计税价格×增值税率$$

组成计税价格＝到岸价×人民币外汇牌价＋进口关税＋消费税增值税基本税率为17%

消费税:对部分进口产品(如轿车等)征收。计算公式为:

$$消费税＝\frac{到岸价×人民币外汇牌价＋关税}{1－消费税率}×费税率$$

(4)设备运杂费

1)设备运杂费的构成。设备运杂费通常由下列各项构成:

国产标准设备由设备制造厂交货地点起至工地仓库(或施工组织设计指定的需要安装设备的堆放地点)止所发生的运费和装卸费。

进口设备则由我国到岸港口、边境车站起至工地仓库(或施工组织设计指定的需要安装设备的堆放地点)止所发生的运费和装卸费。

在设备出厂价格中没有包含设备包装和包装材料器具费;在设备出厂价或进口设备价格中如已包括了此项费用,则不应重复计算。

供销部门的手续费,按有关部门规定的统一费率计算。

建设单位(或工程承包公司)的采购与仓库保管费。它是指采购、验收、保管和收发设备所发生的各种费用,包括设备采购、保管和管理人员工资、工资附加费、办公费、差旅交通费、设备供应部门办公和仓库所占固定资产使用费、工具用具使用费、劳动保护费、检验试验费等。这些费用可按主管部门规定的采购保管费率计算。

2)设备运杂费的计算。设备运杂费按设备原价乘以设备运杂费率计算。其计算公式为:

$$设备运杂费＝设备原价×设备运杂费率$$

其中,设备运杂费率按各部门及省、市等的规定计取。

注意,通常沿海和交通便利的地区,设备运杂费率相对低一些;内地和交通不很便利的

地区就要相对高一些,边远省份则要更高一些。对于非标准设备来讲,应尽量就近委托设备制造厂,以大幅度降低设备运杂费。进口设备由于原价较高,国内运距较短,因而运杂费比率应适当降低。

2. 工具、器具及生产家具购置费

工器具及生产家具购置费是指新建项目或扩建项目初步设计规定所必须购置的不够固定资产标准的设备、仪器、工卡模具、器具、生产家具和备品备件的费用。其一般计算公式为:

$$工器具及生产家具购置费＝设备购置费×定额费率$$

五、工程建设其他费用组成

工程建设其他费用是指工程项目从筹建到竣工验收交付使用止的整个建设期间,除建筑安装工程费用、设备及工器具购置费以外的,为保证工程建设顺利完成和交付使用后能够正常发挥效用而发生的一些费用。

1. 土地使用费

土地使用费是指按照《中华人民共和国土地管理法》等规定,建设工程项目征用土地或租用土地应支付的费用。

(1)农用土地征用费

农用土地征用费由土地补偿费、安置补助费、土地投资补偿费、土地管理费、耕地占用税等组成,并按被征用土地的原用途给予补偿。

征用耕地的补偿费用包括土地补偿费、安置补助费以及地上附着物和青苗的补偿费。

1)征用耕地的土地补偿费,为该耕地被征用前三年平均年产值的6～10倍。

2)征用耕地的安置补助费,按照需要安置的农业人口数计算。需要安置的农业人口数,按照被征用的耕地数量除以征地前被征用单位平均每人占有耕地的数量计算。每一个需要安置的农业人口的安置补助费标准,为该耕地被征用前三年平均年产值的4～6倍。但是,每公顷被征用耕地的安置补助费,最高不得超过被征用前三年平均年产值的15倍。

征用其他土地的土地补偿费和安置补助费标准,由省、自治区、直辖市参照征用耕地的土地补偿费和安置补助费的标准规定。

3)征用土地上的附着物和青苗的补偿标准,由省、自治区、直辖市规定。

4)征用城市郊区的菜地,用地单位应当按照国家有关规定缴纳新菜地开发建设基金。

(2)取得国有土地使用费

取得国有土地使用费包括土地使用权出让金、城市建设配套费、房屋征收与补偿费等。

1)土地使用权出让金是指建设工程通过土地使用权出让方式,取得有限期的土地使用权,依照《中华人民共和国城镇国有土地使用权出让和转让暂行条例》规定,支付的费用。

2)城市建设配套费是指因进行城市公共设施的建设而分摊的费用。

3)房屋征收与补偿费。根据《国有土地上房屋征收与补偿条例》的规定,房屋征收对被征收人给予的补偿包括:

①被征收房屋价值的补偿。

②因征收房屋造成的搬迁、临时安置的补偿。

③因征收房屋造成的停产停业损失的补偿。

市、县级人民政府应当制定补助和奖励办法,对被征收人给予补助和奖励。对被征收房屋价值的补偿,不得低于房屋征收决定公告之日被征收房屋类似房地产的市场价格。被征收房屋的价值,由具有相应资质的房地产价格评估机构按照房屋征收评估办法评估确定。被征收人可以选择货币补偿,也可以选择房屋产权调换。被征收人选择房屋产权调换的,市、县级人民政府应当提供用于产权调换的房屋,并与被征收人计算、结清被征收房屋价值与用于产权调换房屋价值的差价。因旧城区改建征收个人住宅,被征收人选择在改建地段进行房屋产权调换的,作出房屋征收决定的市、县级人民政府应当提改建地段或者就近地段的房屋。因征收房屋造成搬迁的,房屋征收部门应当向被征收人支付搬迁费;选择房屋产权调换的,产权调换房屋交付前,房屋征收部门应当向被征收人支付临时安置费或者提供周转用房。对因征收房屋造成停产停业损失的补偿,根据房屋被征收前的效益、停产停业期限等因素确定。具体办法由省、自治区、直辖市制定。房屋征收部门与被征收人依照条例的规定,就补偿方式、补偿金额和支付期限、用于产权调换房屋的地点和面积、搬迁费、临时安置费或者周转用房、停产停业损失、搬迁期限、过渡方式和过渡期限等事项,订立补偿协议。实施房屋征收应当先补偿、后搬迁。作出房屋征收决定的市、县级人民政府对被征收人给予补偿后,被征收人应当在补偿协议约定或者补偿决定确定的搬迁期限内完成搬迁。

2. 与项目建设有关的其他费用

(1)建设管理费

建设管理费是指建设单位从项目筹建开始直至工程竣工验收合格或交付使用为止发生的项目建设管理费用。费用内容包括:

1)建设单位管理费。建设单位管理费是指建设单位发生的管理性质的开支。包括工作人员工资、工资性补贴、施工现场津贴、职工福利费、住房基金、基本养老保险费、基本医疗保险费、失业保险费、工伤保险费、办公费、差旅交通费、劳动保护费、工具用具使用费、固定资产使用费、必要的办公及生活用品购置费、必要的通信设备及交通工具购置费、零星固定资产购置费、招募生产工人费、技术图书资料费、业务招待费、设计审查费、工程招标费、合同契约公证费、法律顾问费、咨询费、完工清理费、竣工验收费、印花税和其他管理性质开支。如建设管理采用工程总承包方式,其总包管理费由建设单位与总包单位根据总包工作范围在合同中商定,从建设管理费中支出。

建设单位管理费以建设投资中的工程费用为基数乘以建设单位管理费费率计算:

$$建设单位管理费 = 工程费用 \times 建设单位管理费费率$$

工程费用是指建筑安装工程费用和设备及工器具购置费用之和。

2)工程监理费。工程监理费是指建设单位委托工程监理单位实施工程监理的费用。

由于工程监理是受建设单位委托的工程建设技术服务,属建设管理范畴。如采用监理,建设单位部分管理工作量转移至监理单位。监理费应根据委托的监理工作范围和监理深度在监理合同中商定或按当地或所属行业部门有关规定计算。

3)工程质量监督费。工程质量监督费是指工程质量监督检验部门检验工程质量而收取的费用。

(2)可行性研究费

可行性研究费是指在建设工程项目前期工作中,编制和评估项目建议书(预可行性研究报告)、可行性研究报告所需的费用。

可行性研究费依据前期研究委托合同计列,或参照《国家计委关于印发"建设工程项目前期工作咨询收费暂行规定"的通知》规定计算。编制预可行性研究报告参照编制项目建议书收费标准并可适当调增。

（3）研究试验费

研究试验费是指为本建设工程项目提供或验证设计数据、资料等进行必要的研究试验及按照设计规定在建设过程中必须进行试验、验证所需的费用。

研究试验费按照研究试验内容和要求进行编制。研究试验费不包括以下项目：

1）应由科技三项费用（即新产品试制费、中间试验费和重要科学研究补助费）开支的项目。

2）应在建筑安装费用中列支的施工企业对建筑材料、构件和建筑物进行一般鉴定、检查所发生的费用及技术革新的研究试验费。

3）应由勘察设计费或工程费用中开支的项目。

（4）勘察设计费

勘察设计费是指委托勘察设计单位进行工程水文地质勘查、工程设计所发生的各项费用。包括：

1）工程勘察费。

2）初步设计费（基础设计费）、施工图设计费（详细设计费）。

3）设计模型制作费。勘察设计费依据勘察设计委托合同计列，或参照国家计委、建设部《关于发布"工程勘察设计收费管理规定"的通知》（[2002]10号）规定计算。

（5）环境影响评价费

环境影响评价费是指按照《中华人民共和国环境保护法》《中华人民共和国环境影响评价法》等规定，为全面、详细评价建设工程项目对环境可能产生的污染或造成的重大影响所需的费用。包括编制环境影响报告书（含大纲）、环境影响报告表和评估环境影响报告书（含大纲）、评估环境影响报告表等所需的费用。

环境影响评价费依据环境影响评价委托合同计列，或按照国家计委、国家环境保护总局《关于规范环境影响咨询收费有关问题的通知》（[2002]125号）规定计算。

（6）劳动安全卫生评价费

劳动安全卫生评价费是指按照劳动部《建设工程项目（工程）劳动安全卫生监察规定》和《建设工程项目（工程）劳动安全卫生预评价管理办法》的规定，为预测和分析建设工程项目存在的职业危险、危害因素的种类和危险危害程度，并提出先进、科学、合理可行的劳动安全卫生技术和管理对策所需的费用。包括编制建设工程项目劳动安全卫生预评价大纲和劳动安全卫生预评价报告书以及为编制上述文件所进行的工程分析和环境现状调查等所需费用。

劳动安全卫生评价费依据劳动安全卫生预评价委托合同计列，或按照建设工程项目所在省（市、自治区）劳动行政部门规定的标准计算。

（7）场地准备及临时设施费

场地准备及临时设施费是指建设场地准备费和建设单位临时设施费。

1）场地准备费是指建设工程项目为达到工程开工条件所发生的场地平整和对建设场地遗留的有碍于施工建设的设施进行拆除清理的费用。

2）临时设施费是指为满足施工建设需要而供到场地界区的，未列入工程费用的临时水、电、路、信、气等其他工程费用和建设单位的现场临时建（构）筑物的搭设、维修、拆除、摊销或建设期间租赁费用，以及施工期间专用公路或桥梁的加固、养护、维修等费用。此项费用不包括已列入建筑安装工程费用中的施工单位临时设施费用。

场地准备及临时设施应尽量与永久性工程统一考虑。建设场地的大型土石方工程应进入工程费用中的总图运输费用中。

新建项目的场地准备和临时设施费应根据实际工程量估算，或按工程费用的比例计算。改扩建项目一般只计拆除清理费。

$$场地准备和临时设施费＝工程费用×费率＋拆除清理费$$

发生拆除清理费时可按新建同类工程造价或主材费、设备费的比例计算。凡可回收材料的拆除工程采用以料抵工方式冲抵拆除清理费。

(8)引进技术和进口设备其他费

引进技术及进口设备其他费用，包括出国人员费用、国外工程技术人员来华费用、技术引进费、分期或延期付款利息、担保费以及进口设备检验鉴定费。

1)出国人员费用。是指为引进技术和进口设备派出人员到国外培训和进行设计联络、设备检验等的差旅费、制装费、生活费等。这项费用根据设计规定的出国培训和工作的人数、时间及派往国家，按财政部、外交部规定的临时出国人员费用开支标准及中国民用航空公司现行国际航线票价等进行计算，其中使用外汇部分应计算银行财务费用。

2)国外工程技术人员来华费用。是指为安装进口设备、引进国外技术等聘用外国工程技术人员进行技术指导工作所发生的费用。包括技术服务费、外国技术人员的在华工资、生活补贴、差旅费、医药费、住宿费、交通费、宴请费、参观游览等招待费用。这项费用按每人每月费用指标计算。

3)技术引进费。是指为引进国外先进技术而支付的费用。包括专利费、专有技术费（技术保密费）、国外设计及技术资料费、计算机软件费等。这项费用根据合同或协议的价格计算。

4)分期或延期付款利息。是指利用出口信贷引进技术或进口设备采取分期或延期付款的办法所支付的利息。

5)担保费。是指国内金融机构为买方出具保函的担保费。这项费用按有关金融机构规定的担保率计算（一般可按承保金的 5‰ 计算）。

6)进口设备检验鉴定费用。是指进口设备按规定付给商品检验部门的进口设备检验鉴定费。这项费用按进口设备货价的 3‰～5‰ 计算。

(9)工程保险费

工程保险费是指建设工程项目在建设期间根据需要对建筑工程、安装工程、机器设备和人身安全进行投保而发生的保险费用。包括建筑安装工程一切险、进口设备财产保险和人身意外伤害险等。不包括已列入施工企业管理费中的施工管理用财产、车辆保险费。不投保的工程不计取此项费用。

不同的建设工程项目可根据工程特点选择投保险种，根据投保合同计列保险费用。编制投资估算和概算时可按工程费用的比例估算。

(10)特殊设备安全监督检验费

特殊设备安全监督检验费是指在施工现场组装的锅炉及压力容器、压力管道、消防设备、燃气设备、电梯等特殊设备和设施,由安全监察部门按照有关安全监察条例和实施细则以及设计技术要求进行安全检验,应由建设工程项目支付的,向安全监察部门缴纳的费用。

特殊设备安全监督检验费按照建设工程项目所在省(市、自治区)安全监察部门的规定标准计算。无具体规定的,在编制投资估算和概算时可按受检设备现场安装费的比例估算。

(11)市政公用设施建设及绿化补偿费

市政公用设施建设及绿化补偿费是指使用市政公用设施的建设工程项目,按照项目所在地省级人民政府有关规定建设或缴纳的市政公用设施建设配套费用,以及绿化工程补偿费用。该项费用按工程所在地人民政府规定标准计列;不发生或按规定免征项目不计取。

3. 与未来企业生产经营有关的其他费用

(1)联合试运转费

联合试运转费是指新建项目或新增加生产能力的项目,在交付生产前按照批准的设计文件所规定的工程质量标准和技术要求,进行整个生产线或装置的负荷联合试运转或局部联动试车所发生的费用净支出(试运转支出大于收入的差额部分费用)。试运转支出包括试运转所需原材料、燃料及动力消耗、低值易耗品、其他物料消耗、工具用具使用费、机械使用费、保险金、施工单位参加试运转人员工资以及专家指导费等;试运转收入包括试运转期间的产品销售收入和其他收入。

联合试运转费不包括应由设备安装工程费用开支的调试及试车费用,以及在试运转中暴露出来的因施工原因或设备缺陷等发生的处理费用。

不发生试运转或试运转收入大于(或等于)费用支出的工程,不列此项费用。

当联合试运转收入小于试运转支出时:

$$联合试运转费=联合试运转费用支出-联合试运转收入$$

试运行期按照以下规定确定:引进国外设备项目按建设合同中规定的试运行期执行;国内一般性建设工程项目试运行期原则上按照批准的设计文件所规定期限执行。个别行业的建设工程项目试运行期需要超过规定试运行期的,应报项目设计文件审批机关批准。试运行期一经确定,建设单位应严格按规定执行,不得擅自缩短或延长。

(2)生产准备费

生产准备费是指新建项目或新增生产能力的项目,为保证竣工交付使用进行必要的生产准备所发生的费用。费用内容包括:

1)生产职工培训费。自行培训、委托其他单位培训人员的工资、工资性补贴、职工福利费、差旅交通费、学习资料费、学费、劳动保护费。

2)生产单位提前进厂参加施工、设备安装、调试等以及熟悉工艺流程及设备性能等人员的工资、工资性补贴、职工福利费、差旅交通费、劳动保护费等。

新建项目按设计定员为基数计算,改扩建项目按新增设计定员为基数计算:

$$生产准备费=设计定员×生产准备费指标(元/人)$$

(3)办公和生活家具购置费

办公和生活家具购置费是指为保证新建、改建、扩建项目初期正常生产、使用和管理所必须购置的办公和生活家具、用具的费用。改、扩建项目所需的办公和生活用具购置费,应低于新建项目。其范围包括办公室、会议室、资料档案室、阅览室、文娱室、食堂、浴室、理发室和单身宿舍等。这项费用按照设计定员人数乘以综合指标计算。

一般建设工程项目很少发生或一些具有明显行业特征的工程建设其他费用项目,如移民安置费、水资源费、水土保持评价费、地震安全性评价费、地质灾害危险性评价费、河道占用补偿费、超限设备运输特殊措施费、航道维护费、植被恢复费、种质检测费、引种测试费等,具体项目发生时依据有关政策规定列入。

六、预备费及建设期利息

1. 预备费

按我国现行规定,预备费包括基本预备费和涨价预备费。

(1)基本预备费

基本预备费是指在项目实施中可能发生难以预料的支出,需要预先预留的费用,又称不可预见费。主要指设计变更及施工过程中可能增加工程量的费用。计算公式为:

基本预备费=(设备及工器具购置费+建筑安装工程费+工程建设其他费)×基本预备费率

(2)涨价预备费

涨价预备费是指建设工程项目在建设期内由于价格等变化引起投资增加,需要事先预留的费用。涨价预备费以建筑安装工程费、设备及工器具购置费之和为计算基数。计算公式为:

$$PC = \sum_{t=1}^{n} I_t \left[(1+f)^t - 1 \right]$$

式中　PC——涨价预备费;

$\qquad I_t$——第 t 年的建筑安装工程费、设备及工器具购置费之和;

$\qquad n$——建设期;

$\qquad f$——建设期价格上涨指数。

2. 建设期利息

建设期利息是指项目借款在建设期内发生并计入固定资产的利息。为了简化计算,在编制投资估算时,通常假定借款均在每年的年中支用,借款第一年按半年计息,其余各年份按全年计息。计算公式为:

各年应计利息=(年初借款本息累计+本年借款额/2)×年利率

【示例】 某新建项目,建设期为 3 年,共向银行贷款 1500 万元,贷款时间为:第一年 400 万元,第二年 500 万元,第三年 600 万元,年利率为 6%,计算建设期利息。

解:在建设期,各年利息计算如下:

第一年应计利息 $= \dfrac{1}{2} \times 400 \times 6\% = 12$ 万元

第二年应计利息 $= \left(400 + 12 + \dfrac{1}{2} \times 500 \right) \times 6\% = 39.72$ 万元

第三年应计利息 $= \left(400 + 12 + 500 + 39.72 + \dfrac{1}{2} \times 600 \right) \times 6\% = 75.10$ 万元

建设期利息总和为 75.10 万元。

第二章 建筑工程定额及其计价

第一节 建筑工程定额简介

一、建筑工程定额体系

所谓定额,就是进行生产经营活动时,在人力、物力、财力消耗方面所应遵守或达到的数量标准。在建筑生产中,为了完成建筑产品,必须消耗一定数量的劳动力、材料和机械台班以及相应的资金,在一定的生产条件下,用科学方法制定出的生产质量合格的单位建筑产品所需要的劳动力、材料和机械台班等的数量标准,就称为建筑工程定额。

1. 按适用范围分类

建筑工程定额按其适用范围可分为全国统一定额、行业统一定额、地区统一定额、企业定额和补充定额几种。

2. 按内容和用途分类

国家颁布的建筑工程定额根据其内容和用途可分为施工定额、预算定额、概算定额、概算指标和投资估算指标等几种。这几种定额的相互联系可参见表 2-1。

表 2-1 各种定额间关系比较

类别	施工定额	预算定额	概算定额	概算指标	投资估算指标
对象	工序	分项工程	扩大的分项工程	整个建筑物或构筑物	独立的单项工程或完整的工程项目
用途	编制施工预算	编制施工图预算	编制扩大初步设计概算	编制初步设计概算	编制投资估算
项目划分	最细	细	较粗	粗	很粗
定额水平	平均先进	平均	平均	平均	平均
定额性质	生产性定额	计价性定额			

3. 按生产要素分类

建筑工程定额按其生产要素分类,可分为劳动消耗定额、材料消耗定额和机械台班消耗定额。

4. 按费用的性质分类

建筑工程定额按其费用分类,可分为直接费定额、间接费定额等。

建筑工程定额分类如图 2-1 所示。

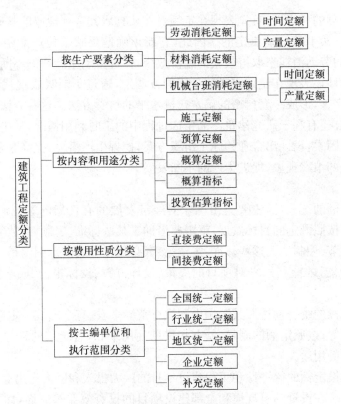

图 2-1　建筑工程定额分类

二、建筑工程定额的特点

1. 权威性

工程建设定额具有很大的权威,这种权威在一些情况下具有经济法规性质。权威性反映统一的意志和统一的要求,也反映信誉和信赖程度以及严肃性。

工程建设定额权威性的客观基础是定额的科学性。只有科学的定额才具有权威,但是在社会主义市场经济条件下,它必然涉及各有关方面的经济关系和利益关系。赋予工程建设定额以一定的权威性,就意味着在规定的范围内,对于定额的使用者和执行者来说,不论主观上愿意不愿意,都必须按定额的规定执行。

在当前市场不规范的情况下,赋予工程建设定额以权威性是十分重要的。但是在竞争机制引入工程建设的情况下,定额的水平必然会受市场供求状况的影响,从而在执行中可能产生定额水平的浮动。

应该指出的是,在社会主义市场经济条件下,对定额的权威性不应该绝对化。定额毕竟是主观对客观的反映,定额的科学性会受到人们认识的局限。与此相关,定额的权威性也就会受到削弱核心的挑战。更为重要的是,随着投资体制的改革和投资主体多元化格局的形成,随着企业经营机制的转换,它们都可以根据市场的变化和自身的情况,自主地调整自己的决策行为。因此,一些与经营决策有关的工程建设定额的权威性特征就弱化了。

2. 科学性

工程建设定额的科学性包括两重含义。一是指工程定额和生产力发展水平相适应;另一含义是指工程定额管理在理论、方法和手段上适应现代科学技术和信息社会发展的需要。

工程建设定额的科学性，首先表现在定额是在认真研究客观规律的基础上，自觉地遵守客观规律的要求，实事求是地制定的。因此，它能正确地反映单位产品生产所必需的劳动量，从而以最少的劳动消耗来取得最大的经济效果，促进劳动生产率的不断提高。

定额的科学性还表现在制定定额所采用的方法上，通过不断吸收现代科学技术的新成就，并加以不断完善，形成一套严密的确定定额水平的科学方法。这些方法不仅在实践中已经行之有效，而且还有利于研究建筑产品生产过程中的工时利用情况，从中找出影响劳动消耗的各种主客观因素，设计出合理的施工组织方案，挖掘生产潜力，提高企业管理水平，减少以至杜绝生产中的浪费现象，促进生产的不断发展。

3. 统一性

工程建设定额的统一性，主要是由国家对经济发展的有计划的宏观调控职能决定的。为了使国民经济按照既定的目标发展，就需要借助于某些标准、定额、参数等，对工程建设进行规划、组织、调节、控制。而这些标准、定额、参数必须在一定的范围内是一种统一的尺度，才能实现上述职能，才能利用它对项目的决策、设计方案、投标报价、成本控制进行比选和评价。

工程建设定额的统一性按照其影响力和执行范围来看，有全国统一定额，地区统一定额和行业统一定额等；按照定额的制定、颁布和贯彻使用来看，有统一的程序、统一的原则、统一的要求和统一的用途。

我国工程建设定额的统一性和工程建设本身的巨大投入和巨大产出有关。它对国民经济的影响不仅表现在投资的总规模和全部建设项目的投资效益等方面，而且往往还表现在具体建设项目的投资数额及其投资效益方面，因而，需要借助统一的工程建设定额进行社会监督。这一点和工业生产、农业生产中的工时定额、原材料定额是不同的。

4. 稳定性与时效性

工程建设定额中的任何一种都是一定时期技术发展和管理水平的反映，因而，在一段时间内都表现出稳定的状态。稳定的时间有长有短，一般在5～10年之间。保持定额的稳定性是维护定额权威性所必需的，更是有效贯彻定额所需要的。如果某种定额处于经常修改变动之中，那么它必然造成执行中的困难和混乱，使人们感到没有必要去认真对待它，很容易导致定额权威性的丧失。工程建设定额的不稳定也会给定额的编制工作带来极大的困难。

但是工程建设定额的稳定性是相对的。当生产力向前发展了，定额就会与已经发展了的生产力不相适应。这样，它原有的作用就会逐步减弱以至消失，需要重新编制或修订。

5. 系统性

工程建设定额是相对独立的系统。它是由多种定额结合而成的有机的整体。它的结构复杂，有鲜明的层次，有明确的目标。

工程建设定额的系统性是由工程建设的特点决定的。按照系统论的观点，工程建设是庞大的实体系统，工程建设定额是为这个实体系统服务的。因而，工程建设本身的多种类、多层次就决定了以它为服务对象的工程建设定额的多种类、多层次。从整个国民经济来看，进行固定资产生产和再生产的工程建设，是一个有多项工程集合体的整体。其中包括农林水利、轻纺、机械、煤炭、电力、石油、冶金、化工、建材工业、交通运输、邮电工程，以及商业物资、科学教育文化、卫生体育、社会福利和住宅工程等。这些工程的建设都有严格的项目划分,如建设项目、单项工程、单位工程、分部分项工程;在计划和实施过程中有严密的逻辑阶段,如规划、可行性研究、设计、施工、竣工交付使用,以及投入使用后的维修。与此相适应必然形成工程建设定额的多种类、多层次。

三、建筑工程定额计价的基本程序

我国在很长一段时间内采用单一的工程定额计价模式形成工程价格,即按预算定额规定的分部分项子目,逐项计算工程量,套用预算定额单价(或单位估价表)确定直接工程费,然后按规定的取费标准确定措施费、间接费、利润和税金,加上材料调差系数和适当的不可预见费,经汇总后即为工程预算或标底,而标底则是评标定标的主要依据。

定额计价模式的主要计价依据为国家、省、有关专业部门制定的各种定额,其性质为指导性。任何合同价款的取定,都有一个如何计算出合同总价款的计费程序问题,这个计算合同总价的计费程序,是合同计价原则的重要组成部分。

四、建筑工程定额的分类

1. 按生产要素内容分类

(1)人工定额

人工定额,也称劳动定额,是指在正常的施工技术和组织条件下,完成单位合格产品所必需的人工消耗量标准。

(2)材料消耗定额

材料消耗定额是指在合理和节约使用材料的条件下,生产单位合格产品所必须消耗的一定规格的材料、成品、半成品和水、电等资源的数量标准。

(3)施工机械台班使用定额

施工机械台班使用定额也称施工机械台班消耗定额,是指施工机械在正常施工条件下完成单位合格产品所必需的工作时间。它反映了合理地、均衡地组织劳动和使用机械时该机械在单位时间内的生产效率。

2. 按编制程序和用途分类

(1)施工定额

施工定额是以同一性质的施工过程——工序,作为研究对象,表示生产产品数量与时间消耗综合关系的定额。施工定额是施工企业(建筑安装企业)组织生产和加强管理在企业内部使用的一种定额,属于企业定额的性质。施工定额是建设工程定额中分项最细、定额子目最多的一种定额,也是建设工程定额中的基础性定额。施工定额由人工定额、材料消耗定额和施工机械台班使用定额所组成。

施工定额是施工企业进行施工组织、成本管理、经济核算和投标报价的重要依据。施工定额直接应用于施工项目的管理,用来编制施工作业计划、签发施工任务单、签发限额领料单,以及结算计件工资或计量奖励工资等。施工定额和施工生产结合紧密,施工定额的定额水平反映施工企业生产与组织的技术水平和管理水平。施工定额也是编制预算定额的基础。

(2)预算定额

预算定额是以建筑物或构筑物各个分部分项工程为对象编制的定额。预算定额是以施工定额为基础综合扩大编制的,同时也是编制概算定额的基础。其中的人工、材料和机械台班的消耗水平根据施工定额综合取定,定额项目的综合程度大于施工定额。预算定额是编制施工图预算的主要依据,是编制单位估价表、确定工程造价、控制建设工程投资的基础和依据。与施工定额不同,预算定额是社会性的,而施工定额则是企业性的。

(3)概算定额

概算定额是以扩大的分部分项工程为对象编制的。概算定额是编制扩大初步设计概算、确定建设项目投资额的依据。概算定额一般是在预算定额的基础上综合扩大而成的,每一综合分项概算定额都包含了数项预算定额。

(4)概算指标

概算指标是概算定额的扩大与合并,它是以整个建筑物和构筑物为对象,以更为扩大的计量单位来编制的。概算指标的设定和初步设计的深度相适应,一般是在概算定额和预算定额的基础上编制的,是设计单位编制设计概算或建设单位编制年度投资计划的依据,也可作为编制估算指标的基础。

(5)投资估算指标

投资估算指标通常是以独立的单项工程或完整的工程项目为对象编制确定的生产要素消耗的数量标准或项目费用标准,是根据已建工程或现有工程的价格数据和资料,经分析、归纳和整理编制而成的。投资估算指标是在项目建议书和可行性研究阶段编制投资估算、计算投资需要量时使用的一种指标,是合理确定建设工程项目投资的基础。

3. 按编制部门和适用范围分类

(1)国家定额

国家定额是指由国家建设行政主管部门组织,依据有关国家标准和规范,综合全国工程建设的技术与管理状况等编制和发布,在全国范围内使用的定额。

(2)行业定额

行业定额是指由行业建设行政主管部门组织,依据有关行业标准和规范,考虑行业工程建设特点等情况所编制和发布的,在本行业范围内使用的定额。

(3)地区定额

地区定额是指由地区建设行政主管部门组织,考虑地区工程建设特点和情况制定发布的,在本地区内使用的定额。

(4)企业定额

企业定额是指由施工企业自行组织,主要根据企业的自身情况,包括人员素质、机械装备程度、技术和管理水平等编制,在本企业内部使用的定额。

4. 按投资的费用性质分类

按照投资的费用性质,可将建设工程定额分为建筑工程定额、设备安装工程定额、建筑安装工程费用定额、工器具定额以及工程建设其他费用定额等。

(1)建筑工程定额

建筑工程定额是建筑工程的施工定额、预算定额、概算定额和概算指标的统称。建筑工程一般理解为房屋和构筑物工程。建筑工程定额在整个建设工程定额中占有突出的地位。

(2)设备安装工程定额

设备安装工程定额是设备安装工程的施工定额、预算定额、概算定额和概算指标的统称。设备安装工程一般是指对需要安装的设备进行定位、组合、校正、调试等工作的工程。在通用定额中有时把建筑工程定额和安装工程定额合二为一,称为建筑安装工程定额。建筑安装工程定额属于人、料、机费用定额,仅仅包括施工过程中人工、材料、机械台班消耗的数量标准。

(3)建筑安装工程费用定额

建筑安装工程费用定额一般包括措施费定额、企业管理费定额。

(4)工具、器具定额

工具、器具定额是为新建或扩建项目投产运转首次配置的工具、器具数量标准。工具和器具是指按照有关规定不够固定资产标准而起劳动手段作用的工具、器具和生产用家具。

5. 工程建设其他费用定额

工程建设其他费用定额是独立于建筑安装工程定额、设备和工器具购置之外的其他费用开支的标准。其他费用定额是按各项独立费用分别编制的,以便合理控制这些费用的开支。

第二节　预算定额及其编制

一、预算定额的构成

预算定额一般由总说明、分部说明、分节说明、建筑面积计算规则、工程量计算规则、分项工程消耗指标、分项工程基价、机械台班预算价格、材料预算价格、砂浆和混凝土配合比表、材料损耗率表等内容构成,如图 2-2 所示。

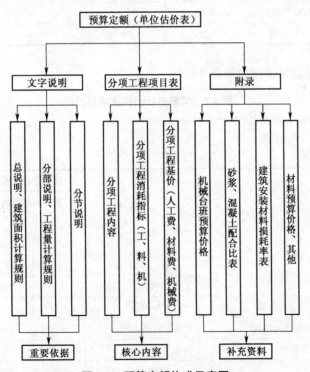

图 2-2　预算定额构成示意图

预算定额是由文字说明、分项工程项目表和附录三部分内容所构成。其中,分项工程项目表是预算定额的主体内容。例如,表 2-2 为某地区土建部分砌砖项目工程的定额项目表,它反映了砌砖工程某子目工程的预算价值(定额基价)以及人工、材料、机械台班消耗量指标。

需要强调的是,当分项工程项目中的材料项目栏中含有砂浆或混凝土半成品的用量时,其半成品的原材料用量要根据定额附录中的砂浆、混凝土配合比表的材料用量来计算。因此,当定额项目中的配合比与设计配合比不同时,附录半成品配合比表是定额换算的重要依据。

表2-2　某地区土建部分砌砖项目工程定额项目

工程内容:××××××

定 额 编 号				定-1	×××
定 额 单 位				10m³	×××
项　目		单　位	单价(元)	M5混合砂浆砌砖墙	×××
基价		元		1257.12	×××
其中	人工费	元		145.28	
	材料费	元		1023.24	×××
	机械费	元		88.60	
人工	合计用工	工日	8.18	17.76	×××
材料	标准砖	千块	140	5.26	
	M5混合砂浆	m³	127	2.24	
	水	m³	0.5	2.16	×××
	其他材料费	元		1.28	
机械	200L砂浆搅拌机	台班	15.92	0.475	
	2t内塔吊	台班	170.61	0.475	×××

填前夯(压)实及填前挖松见表2-3。

表2-3　填前夯(压)实及填前挖松

工程内容:填前夯(压)实:原地面平整,夯(压)实。

　　　　　填前挖松:将土挖松。

单位:1000m²

顺序号	项目	单位	代号	填前夯(压)实				填前挖松
				人工夯实	履带式拖拉机		12	
					功率/kW			
					75以内	120以内		
				1	2	3	4	5
1	人工	工日	1	32.9	2.8	2.8	2.8	6.2
2	75kW以内履带式拖拉机	台班	1063	—	0.17	—	—	—
3	120kW以内履带式拖拉机	台班	1065	—	—	0.12	—	—
4	12～15t光轮压路机	台班	1078	—	—	—	0.30	—
5	基价	元	1999	1619	227	229	261	305

注:①夯(压)实如需用水时,备水费用另行计算;

　　②填前挖松适用于地面横坡1:10～1:5;

　　③二级及二级以上等级公路的填前压实应采用压路机压实。

1)表名。位于表的最上端某分项工程的名称,内容为填前夯(压)实及填前挖松。

2)工程内容。位于表名的下方,说明本分项工程涉及的主要工作内容。

3)单位。位于表的右上方,指本工程项目的计量单位。

4)顺序号。位于表左第一列,按工、料、机顺序排列。

5)项目。位于表左第二列,指该工程项目涉及的工料机等名称。

6)表中单位。位于表左第三列,指工料机等对应的单位,如人工单位是工日。

7)代号。位于表左第四列,指工料机所对应的特定的计算机识别符,每种工料机只对应一个固定的代号。

8)子目名。指本项工程涉及的不同子目名称,如"人工夯实""填前挖松"。

9)子目号指不同子目对应的数字代码,如"人工夯实"对应的1。

10)消耗量。指完成本项目各个子目所消耗的工料机的具体数量,如完成1000m²"人工夯实"消耗人工32.9个工日。

11)基价。指本项目的工料机定额基价,是2007年北京基价。

12)附注。位于定额表下,是对定额表中内容的补充规定。

二、预算定额的编制

预算定额是在施工定额的基础上进行综合扩大编制而成的。预算定额中的人工、材料和施工机械台班的消耗水平根据施工定额综合取定,定额子目的综合程度大于施工定额,从而可以简化施工图预算的编制工作。预算定额是编制施工图预算的主要依据。

预算定额项目中人工、材料和施工机械台班消耗量指标,应根据编制预算定额的原则、依据,采用理论与实际相结合、图纸计算与施工现场测算相结合、编制定额人员与现场工作人员相结合等方法进行计算。

三、人工消耗量指标的确定

预算定额中人工消耗量水平和技工、普工比例,以人工定额为基础,通过有关图纸规定,计算定额人工的工日数。

1. 人工消耗指标的组成

(1)人工消耗指标的组成

预算定额中人工消耗量指标包括完成该分项工程必需的各种用工量。

1)基本用工。指完成分项工程的主要用工量。例如砌筑各种墙体工程的砌砖、调制砂浆以及运输砖和砂浆的用工量。

2)其他用工。是辅助基本用工消耗的工日。按其工作内容不同又分以下三类:

3)超运距用工。指超过人工定额规定的材料、半成品运距的用工。

4)辅助用工。指材料需在现场加工的用工,如筛砂子、淋石灰膏等增加的用工量。

5)人工幅度差用工。指人工定额中未包括的,而在一般正常施工情况下又不可避免的一些零星用工,其内容如下:

①各种专业工种之间的工序搭接及土建工程与安装工程的交叉、配合中不可避免的停歇时间;

②施工机械在场内单位工程之间变换位置及在施工过程中移动临时水电线路引起的临时停水、停电所发生的不可避免的间歇时间。

③施工过程中水电维修用工。

④隐蔽工程验收等工程质量检查影响的操作时间。

⑤现场内单位工程之间操作地点转移影响的操作时间。

⑥施工过程中工种之间交叉作业造成的不可避免的剔凿、修复、清理等用工。

⑦施工过程中不可避免的直接少量零星用工。

（2）人工消耗指标的计算

预算定额的各种用工量，应根据测算后综合取定的工程数量和人工定额进行计算。

1）综合取定工程量。预算定额是一项综合性定额，它是按组成分项工程内容的各工序综合而成的。

编制分项定额时，要按工序划分的要求测算、综合取定工程量，如砌墙工程除了主体砌墙外，还需综合砌筑门窗洞口、附墙烟囱、垃圾道、预留抗震柱孔等含量。综合取定工程量是指按照一个地区历年实际设计房屋的情况，选用多份设计图纸，进行测算取定数量。

2）计算人工消耗量。按照综合取定的工程量或单位工程量和劳动定额中的时间定额，计算出各种用工的工日数量。

基本用工的计算：

$$基本用工数量 = \sum (工序工程量 \times 时间定额)$$

超运距用工的计算：

$$超运距用工数量 = \sum (超运距材料数量 \times 时间定额)$$

其中，超运距＝预算定额规定的运距－劳动定额规定的运距。

辅助用工的计算：

$$辅助用工数量 = \sum (加工材料数量 \times 时间定额)$$

人工幅度差用工的计算：

$$人工幅度差用工数量 = \sum (基本用工 + 超运距用工 + 辅助用工) \times 人工幅度差系数$$

2. 材料耗用量指标的确定

材料耗用量指标是在节约和合理使用材料的条件下，生产单位合格产品所必须消耗的一定品种规格的材料、燃料、半成品或配件数量标准。材料耗用量指标是以材料消耗定额为基础，按预算定额的定额项目，综合材料消耗定额的相关内容，经汇总后确定。

3. 机械台班消耗指标的确定

预算定额中的施工机械消耗指标，是以台班为单位进行计算，每一台班为八小时工作制。预算定额的机械化水平，应以多数施工企业采用的和已推广的先进施工方法为标准。预算定额中的机械台班消耗量按合理的施工方法取定并考虑增加了机械幅度差。

（1）机械幅度差

机械幅度差是指在施工定额中未曾包括的，而机械在合理的施工组织条件下所必需的停歇时间，在编制预算定额时应予以考虑。其内容包括：

1）施工机械转移工作面及配套机械互相影响损失的时间。

2）在正常的施工情况下，机械施工中不可避免的工序间歇。

3）检查工程质量影响机械操作的时间。

4）临时水、电线路在施工中移动位置所发生的机械停歇时间。

5）工程结尾时，工作量不饱满所损失的时间。

由于垂直运输用的塔吊、卷扬机及砂浆、混凝土搅拌机是按小组配合,应以小组产量计算机械台班产量,不另增加机械幅度差。

(2)机械台班消耗指标的计算

小组产量计算法:按小组日产量大小来计算耗用机械台班多少,计算公式如下:

$$分项定额机械台班使用量=\frac{分项定额计量单位值}{小组产量}$$

台班产量计算法:按台班产量大小来计算定额内机械消耗量大小,计算公式如下:

$$定额台班用量=\frac{定额单位}{台班产量}×机械幅度差系数$$

【示例】 某工程250mm半圆球吸顶灯安装清单项目,可以直接套用与工程内容相对应的消耗量定额时,就可以采用该定额分析工料机消耗量。

当定额项目的工程内容与清单项目的工程内容不完全相同时,需要按清单项目的工程内容,分别套用不同的定额项目。

【示例】 某工程,M5水泥砂浆砌砖基础清单项目,还包含1∶2的水泥砂浆墙基防潮层附项工程量时,应分别套用1∶2的水泥砂浆墙基防潮层消耗量定额和M5水泥砂浆砌砖基础消耗量定额,计算其工料机消耗量。

【示例】 室内DN25焊接钢管螺纹连接清单项目包括主项焊接钢管安装,还包括附项:铁皮套管制作、安装,手工除锈,刷防锈漆项目时,就要分别套用相对应的消耗量定额和计算其工料机消耗量。

四、单位估价表的编制

在拟定的预算定额的基础上,有时还需要根据所在地区的工资、物价水平计算确定相应的人工、材料和施工机械台班的价格,即相应的人工工资价格、材料预算价格和施工机械台班价格,计算拟定预算定额中每一分项工程的单位预算价格,这一过程称为单位估价表的编制。

单位估价表是由分部分项工程单价构成的单价表,具体的表现形式可分为工料单价和综合单价等。

(1)工料单价单位估价表

工料单价是确定定额计量单位的分部分项工程的人工费、材料费和机械使用费的费用标准,即人、料、机费用单价,也称为定额基价。

分部分项工程的单价,是用定额规定的分部分项工程的人工、材料、施工机具的消耗量,分别乘以相应的人工价格、材料价格、机械台班价格,从而得到分部分项工程的人工费、材料费和机械费,并将三者汇总而成的。因此,单位估价表是以定额为基本依据,根据相应地区和市场的资源价格,既需要人工、材料和施工机具的消耗量,又需要人工、材料和施工机具价格,经汇总得到分部分项工程的单价。

由于生产要素价格,即人工价格、材料价格和机械台班价格是随地区的不同而不同,随市场的变化而变化。所以,单位估价表应是地区单位估价表,应按当地的资源价格来编制地区单位估价表。同时,单位估价表应是动态变化的,应随着市场价格的变化,及时不断地对单位估价表中的分部分项工程单价进行调整、修改和补充,使单位估价表能够正确反映市场的变化。

通常,单位估价表是以一个城市或一个地区为范围进行编制,在该地区范围内适用。因此单位估价表的编制依据如下:

1)全国统一或地区通用的概算定额、预算定额或基础定额,以确定人工、材料、机械台班的消耗量。

2)本地区或市场上的资源实际价格或市场价格,以确定人工、材料、机械台班价格。

单位估价表的编制公式为:

分部分项工程单价＝分部分项人工费＋分部分项材料费＋分部分项机械费

$$=\sum(人工定额消耗量\times 人工价格)+\sum(材料定额消耗量\times 材料价格)+\sum(机械台班定额消耗量\times 机械台班价格)$$

编制单位估价表时,在项目的划分、项目名称、项目编号、计量单位和工程量计算规则上应尽量与定额保持一致。

编制单位估价表,可以简化设计概算和施工图预算的编制。在编制概预算时,将各个分部分项工程的工程量分别乘以单位估价表中的相应单价后,即可计算得出分部分项工程的人、料、机费用,经累加汇总就可得到整个工程的人、料、机费用。

(2)综合单价单位估价表

编制单位估价表时,在汇集分部分项工程人工、材料、机械台班使用费,得到人、料、机费用单价以后,再按取定的企业管理费费用比率以及取定的利润率、规费和税率,计算出各项相应费用,汇总人、料、机费用、企业管理费、利润、规费和税金,就构成一定计量单位的分部分项工程的综合单价。综合单价分别乘以分部分项工程量,可得到分部分项工程的造价费用。

(3)企业单位估价表

作为施工企业,应依据本企业定额中的人工、材料、机械台班消耗量,按相应人工、材料、机械台班的市场价格,计算确定一定计量单位的分部分项工程的工料单价或综合单价,形成本企业的单位估价表。

五、预算定额的运用

工程预算定额的运用主要是直接套用定额和抽换定额两种形式,当工程中采用新结构、新材料、新设备等,没有相近的定额可以套用,应补充定额,并到当地定额站备案。下边通过介绍定额运用的步骤、定额运用应注意的要点,通过例题说明定额的直接套用、抽换和补充。

1. 运用预算定额的步骤

所谓运用预算定额,就是平时所说的"查定额",是根据编制概算、预算的具体条件和目的,查得需要的、正确的定额的过程。为了正确地运用定额,首先,必须反复学习定额、熟练地掌握定额;其次,必须收集并熟悉中央及地方交通主管部门有关定额运用方面的文件和规定。以此为前提,运用定额的基本步骤如下所示。

1)根据运用定额的目的。确定所用定额的种类(是概算定额、预算定额或估算指标)。

2)根据概(预)算项目表。依次按目、节、细目确定欲查定额的项目名称,再根据《公路工程预算定额》目录找到其所在页次,并找到所需定额表。但要注意核查定额的工作内容、作业方式是否与施工组织设计相符。

3)查到定额表后的工作步骤。

①看看表上"工程内容"与设计要求、施工组织要求是否有出入,若无出入,则可在表中找到相应的细目,并进一步确定子目(栏号)。

②检查定额表的计量单位与工程项目取定的计量单位是否一致、是否符合规定的工程量计算规则。

③看定额的总说明、章说明、节说明以及表下的注是否与所查子目的定额有关,若有关,则采取相应措施。

④根据设计图纸和施工组织设计检查一下,子目中有无需要抽换的定额,是否允许抽换,若需抽换,则进行具体抽换计算。

⑤依子目各序号确定各项定额值,可直接引用的就直接抄录,需计算的则在计算后抄录。

4)重新按上述步骤复核。

5)该项目的细目定额查完后,再查定该项目的另外细目的定额,依次完成后,再查另一项目的定额。

2. 预算定额运用的要点

1)正确选择子目,不重不漏;已知工程项目,查找章、节、表号及栏号时要特别注意,栏号可能有两个,如增运问题。

2)认真核对工作内容,防止漏列、重列;例如在混凝土施工中是否有模板制作工作,基础开挖是否有抽水工作。

3)计量单位要表与项目一致,特别是在抽换、增量计算时更应注意。

4)详细阅读说明和注(见定额的说明示例)。

5)图纸要求与定额子目或序号要一致,否则要抽换。

6)施工方法要依施工组织设计而定,如人工拌和、浇捣。

7)多实践、多练习,熟能生巧。

3. 预算定额的直接套用

如设计要求、工作内容及确定的工程项目完全与相应定额的工程项目符合,可直接套用定额,套用时应注意以下几点。

1)根据施工图、设计说明和做法说明,选择定额项目。

2)要从工程内容、技术特征和施工方法上仔细核对,才能较准确地确定相对应的定额项目。

3)分项工程的名称和计量单位要与预算定额相一致。

【示例】 某工程采用 $2.0m^3$ 挖掘机装土方,75kW 推土机清理余土。土方工程量为 $10150m^3$,其中机械施工达不到,需由人工完成的工作量为 $150m^3$,土质为普通土。计算工、料、机用量。

解:查有关资料,人工操作部分按相应定额乘以 1.15 的系数,故计算如下:

机械完成部分的工、料、机用量:工程量=10150−150=10000m^3。

查预算定额表(见表2-4)。人工:10000/1000×4.5=45 工日。

75kW 履带推土机:10000/1000×0.25=2.5 台班。

$2.0m^3$ 以内挖掘机:10000/1000×1.15=11.5 台班。

人工完成部分的工、料、机用量:工程量=150m^3,查预算定额表(见表2-5),人工:150/

$1000 \times 181.1 \times 1.15 = 31.24$ 工日。

　　合计用人工:$45 + 31.24 = 76.24$ 工日。

　　合计用机械:75kW 履带式推土机 2.5 台班,2.0m³ 以内挖掘机 11.5 台班。

表 2-4　挖掘机挖装土、石方

工程内容:安设挖掘机,开辟工作面,挖土或爆破后石方,装车,移位,清理工作面。

1000m³ 天然密实方

顺序号	项目	单位	代号	挖装土方								
				斗容量/m³								
				0.6 以内			1.0 以内			2.0 以内		
				松土	普通土	硬土	松土	普通土	硬土	松土	普通土	硬土
				1	2	3	4	5	6	7	8	9
1	人工	工日	1	4.0	4.5	5.0	4.0	4.5	5.0	4.0	4.5	5.0
2	75kW 以内履带式推土机	台班	1003	0.62	0.72	0.83	0.40	0.46	0.53	0.22	0.25	0.28
3	0.6m³ 以内履带式单斗挖掘机	台班	1027	2.88	3.37	3.88	—	—	—	—	—	—
4	1.0m³ 以内履带式单斗挖掘机	台班	1035	—	—	—	1.85	2.15	2.46	—	—	—
5	2.0m³ 以内履带式单斗挖掘机	台班	1037	—	—	—	—	—	—	1.01	1.15	1.29
6	基价	元	1999	2017	2348	2695	1970	2279	2602	1751	1991	2231

表 2-5　人工挖运土方

工程内容:(1)挖松;(2)装土;(3)运送;(4)卸除;(5)空回。

1000m³ 天然密实方

顺序号	项目	单位	代号	第一个 20m 挖运			每增运 10m	
				松土	普通土	硬土	人工挑抬	手推车
				1	2	3	4	5
1	人工	工日	1	122.6	181.1	258.5	18.2	7.3
2	基价	元	1999	6032	8910	12718	895	359

　　注:①当采用人工挖、装,机动翻斗车运输时,其挖、装所需的人工按第一个 20m 挖运定额减去 30.0 工日计算。

　　②当采用人工挖、装、卸,手扶拖拉机运输时,其挖、装、卸所需的人工按第一个 20m 挖运定额计算。

　　③如遇升降坡时,除按水平距离计算运距外,并按规定增加运距。

【示例】　某桥桥栏杆扶手木模预制,C25 混凝土实体 30m³,光圆钢筋 0.10t,计算人工、32.5 级水泥、机械的消耗量。

　　解:预制桥栏扶手:查预算定额表 2-6 人工 $30/10 \times 87 = 261$ 工日,32.5 级水泥,$30/10 \times 4.343 = 13.029$t。

　　小型机具使用费:$30/10 \times 12.9 = 38.7$ 元。

　　预制桥栏扶手钢筋:查预算定额表 2-6 人工,$0.1/1 \times 6.1 = 0.61$ 工日。

　　小型机具使用费:$0.1/1 \times 13.8 = 1.38$ 元。

　　安装桥栏扶手:查预算定额表 2-7 人工,$30/10 \times 19.2 = 57.6$ 工日,32.5 级水泥,$30/10 \times 0.251 = 0.753$t。

　　合计用人工:$261 + 0.61 + 57.6 = 319.21$ 工日。

合计用 32.5 级水泥:13.029＋0.753＝13.782t。

合计用机械(型机具使用费):38.7＋1.38＝40.08 元。

表 2-6　预制小型构件

工程内容:1)木模制作、安装、拆除、修理、涂脱模剂、堆放;2)组合钢模板组拼拆及安装、拆除、修理、涂脱模剂、堆放;
3)钢筋除锈、制作、电焊、绑扎;4)混凝土浇筑、捣固及养生。

10m³ 实体及 1t 钢筋

顺序号	项　目	单位	代号	混凝土					
				桥涵缘(帽)石		漫水桥标志		栏杆柱及栏杆扶手	
				木模	钢模	木模	钢模	木模	钢模
				10m³					
				1	2	3	4	5	6
1	人工	工日	1	50.2	46.7	71.9	67.5	87.0	81.6
2	C15 水泥混凝土	m³	17	(10.10)	(10.10)	—	—	—	—
3	C20 水泥混凝土	m³	18	—	—	—	—	(10.10)	(10.10)
4	C25 水泥混凝土	m³	19	—	—	(10.10)	(10.10)	—	—
5	原木	m³	101	—	0.055	—	0.068	—	0.085
6	锯材	m³	102	0.661	—	0.813	—	1.023	—
7	光圆钢筋	t	111						
8	型钢	t	182	—	0.009	—	0.011	—	0.014
9	组合钢模板	t	272	—	0.084	—	0.104	—	0.13
10	铁件	kg	651	—	31.2	—	38.4	—	47.9
11	铁钉	kg	653	22.2	—	27.3	—	34.4	—
12	20～22 号铁丝	kg	656	—	—	—	—	—	—
13	32.5 级水泥	t	832	3.141	3.141	3.969	3.969	3.434	3.434
14	水	m³	866	16	16	16	16	16	16
15	中(粗)砂	m³	899	5.15	5.15	4.85	4.85	4.95	4.95
16	碎石(2cm)	m³	951	8.28	8.28	8.08	8.08	8.28	8.28
17	其他材料费	元	996	26.0	18.6	30.2	21.1	19.0	14.4
18	小型机具使用费	元	1998	11.0	5.9	13.5	7.2	12.9	6.9
19	基价	元	1999	5331	4811	6882	6242	7792	6995

顺序号	项　目	单位	代号	混凝土				钢筋
				桥头搭板		混凝土块件		
				木模	钢模	木模	钢模	
				10m³				1t
				7	8	9	10	11
1	人工	工日	1	35.3	34.5	45.9	44.7	6.1
2	C15 水泥混凝土	m³	17	—	—	—	—	—
3	C20 水泥混凝土	m³	18	(10.10)	(10.10)	(10.10)	(10.10)	—

续表 2-6

顺序号	项 目	单位	代号	混 凝 土				钢筋
				桥头搭板		混凝土块件		
				木模	钢模	木模	钢模	
				10m³				1t
				7	8	9	10	11
4	C25 水泥混凝土	m³	19	—	—	—	—	—
5	原木	m³	101	—	—	—	—	—
6	锯材	m³	102	0.388	0.054	0.611	0.085	—
7	光圆钢筋	t	111	—	—	—	—	1.025
8	型钢	t	182	—	0.004	—	0.007	—
9	组合钢模板	t	272	—	0.053	—	0.083	—
10	铁件	kg	651	—	12.9	—	20.4	—
11	铁钉	kg	653	13.0	—	20.5	—	—
12	20~22 号铁丝	kg	656	—	—	—	—	4.2
13	32.5 级水泥	t	832	3.434	3.434	3.434	3.434	—
14	水	m³	866	16	16	16	16	—
15	中(粗)砂	m³	899	4.95	4.95	4.95	4.95	—
16	碎石(2cm)	m³	951	8.28	8.28	8.28	8.28	—
17	其他材料费	元	996	7.6	7.6	7.6	7.6	—
18	小型机具使用费	元	1998	6.5	3.4	10.2	5.4	13.8
19	基价	元	1999	4225	4015	5103	4776	3723

表 2-7 安装小型构件

工程内容:1)构件整修、人工安装就位;2)水泥砂浆配运料、拌合;3)铺砂砾垫层;4)砌筑、灌浆。

10m³ 构件

顺序号	项 目	单位	代号	桥涵缘(帽)石	漫水桥标志	栏杆柱及栏杆扶手	桥头搭板
				1	2	3	4
1	人工	工日	1	13.6	26.6	19.2	9.6
2	预制构件	m³	—	(10.10)	(10.10)	(10.10)	(10.10)
3	M5 水泥砂浆	m³	65	(0.54)	—	—	—
4	M15 水泥砂浆	m³	69	—	—	—	(0.61)
5	M20 水泥砂浆	m³	70	—	(1.10)	(0.92)	—
6	油毛毡	m²	825	—	—	24.0	—
7	32.5 级水泥	t	832	0.117	0.518	0.431	0.251
8	石油沥青	t	851	—	—	0.180	—
9	煤	t	864	—	—	0.160	—
10	水	m³	866	1	1	1	1
11	中(粗)砂	m³	899	0.60	1.14	0.95	0.63
12	砂砾	m³	902	—	—	—	2.26
13	其他材料费	元	996	—	209.8	1.2	—
14	基价	元	1999	743	1753	1923	661

4. 预算定额的换算

定额抽换的基本思路是：根据选定的预算定额基价，按规定换入增加的费用，减去扣除的费用。

这一思路用下列表达式表述：

$$抽换后的定额基价＝原定额基价＋换入的费用－换出的费用$$

定额抽换的过程要遵循定额中的相关规则如下所示。

1) 定额中周转性的材料、模板、支撑、脚手杆、脚手板和挡土板等的数量，已考虑了材料的正常周转次数并计入定额内。其中，就地浇筑钢筋混凝土梁用的支架及拱圈用的拱盔、支架，如确因施工安排达不到规定的周转次数时，可根据具体情况进行抽换并按规定计算回收，其余工程一般不予抽换。

2) 定额中列有的混凝土、砂浆的强度等级和用量，其材料用量已按附录中配合比表规定的数量列入定额，不得重算。如设计采用的混凝土、砂浆强度等级或水泥强度等级与定额所列强度等级不同时，可按配合比表进行抽换。但实际施工配合比材料用量与定额配合比表用量不同时，除配合比表说明中允许抽换者外，均不得调整。

混凝土、砂浆配合比表的水泥用量，已综合考虑了采用不同品种水泥的因素，实际施工中不论采用何种水泥，均不得调整定额用量。

3) 定额中各类混凝土均未考虑外掺剂的费用，如设计需要添加外掺剂时，可按设计要求另行计算外掺剂的费用并适当调整定额中的水泥用量。

【示例】 某工程施工图设计用 M15 水泥砂浆砌砖墙，查预算定额中只有 M5、M7.5、M10。

水泥砂浆砖墙的项目，这时就需要选用预算定额中的某个项目，再依据定额附录中 M15 水泥砂浆的配合比用量和基价进行换算：

$$\frac{换算后定}{额基价}＝\frac{M5（或 M10）水泥砂}{浆砌砖墙定额基价}＋\frac{定额砂}{浆用量}×\frac{M15 水泥}{砂浆基价}－\frac{定额砂}{浆用量}×\frac{M5（或 M10）}{水泥砂浆基价}$$

以上情况定额基价换算示意如图 2-3 所示。

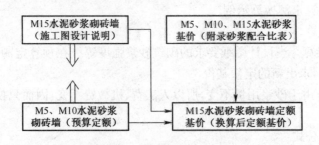

图 2-3　定额基价换算示意图

4) 定额基价换算公式小结。

a. 定额基价换算总公式：

$$换算后定额基价＝原定额基价＋换入费用－换出费用$$

b. 定额基价换算通用公式：

$$换算后定\atop 额基价 = {原定额\atop 基价} + \left({定额\atop 人工费} + {定额\atop 机械费}\right) \times (K-1) +$$

$$\sum \left({换入半成\atop 品用量} \times {换入半成\atop 品基价} - {换出半成\atop 品用量} \times {换出半成\atop 品基价}\right)$$

c. 定额基价换算通用公式的变换。在定额基价换算通用公式中：

$$换算后定\atop 额基价 = {原定额\atop 基价} + {抹灰砂浆\atop 定额用量} \times \left({换入砂\atop 浆基价} - {换出砂\atop 浆基价}\right)$$

说明：砂浆用量不变，工、机费不变，$K=1$；换入半成品用量与换出半成品用量同是定额砂浆用量，提相同的公因式；半成品基价定为砌筑砂浆基价。经过此变换就由上面公式变化为上述换算公式。

当半成品为抹灰砂浆，砂浆厚度不变，且只有一种砂浆时的换算公式为：

$$换算后定\atop 额基价 = {原定额\atop 基价} + {抹灰砂浆\atop 定额用量} \times \left({换入砂\atop 浆基价} - {换出砂\atop 浆基价}\right)$$

当抹灰砂浆厚度发生变化，且各层砂浆配合比不同时，用以下公式：

$$换算后定\atop 额基价 = {原定额\atop 基价} + \left({定额\atop 人工费} + {定额\atop 机械费}\right) \times (K-1) +$$

$$\sum \left({换入砂\atop 浆用量} \times {换入砂\atop 浆基价} - {换出砂\atop 浆用量} \times {换出砂\atop 浆基价}\right)$$

当半成品为混凝土构件时，公式变为：

$$换算后\atop 定额基价 = {原定额\atop 基价} + {定额混凝\atop 土用量} \times \left({换入混凝\atop 土基价} - {换出混凝\atop 土基价}\right)$$

半成品为楼地面混凝土时，公式变为：

$$换算后\atop 定额基价 = {原定额\atop 基价} + \left({定额\atop 人工费} + {定额\atop 机械费}\right) \times (K-1) +$$

$${换入混凝\atop 土用量} \times {换入混凝\atop 土基价} - {换出混凝\atop 土用量} \times {换出混凝\atop 土基价}$$

综上所述，只要掌握了定额基价换算的通用公式，就掌握了四种类型的换算方法。

5)建筑工程预算定额换算示例。

①砌筑砂浆换算。

a. 砌筑砂浆换算。当设计图纸要求的砌筑砂浆强度等级在预算定额中缺项时，就需要调整砂浆强度等级，求出新的定额基价。

b. 换算特点。由于砂浆用量不变，所以人工费、机械费不变，因而只换算砂浆强度等级和调整砂浆材料费。

砌筑砂浆换算公式：

$$换算后定\atop 额基价 = {原定额\atop 基价} + {定额砂\atop 浆用量} \times \left({换入砂\atop 浆基价} - {换出砂\atop 浆基价}\right)$$

【示例】 M7.5水泥砂浆砌砖基础

解：用上述公式换算

换算定额号：定-1(表2-8)、附-1、附-2(表2-10)

换算后定额基价=1115.71+2.36×(144.10-124.32)

$$=1115.71+2.36×19.78$$
$$=1115.71+46.68$$
$$=1162.39 元/10m^3$$

换算后材料用量(每 $10m^3$ 砌块):

　　42.5 级(MPa)水泥: $2.36×341.00=804.76kg$

　　中砂: $2.36×1.10=2.596m^3$

②抹灰砂浆换算。

a. 换算原因:

当设计图纸要求的抹灰砂浆配合比或抹灰厚度与预算定额的抹灰砂浆配合比或厚度不同时,就要进行抹灰砂浆换算。

b. 换算特点:

第一种情况:当抹灰厚度不变只换算配合比时,人工费、机械费不变,只调整材料费;

第二种情况:当抹灰厚度发生变化时,砂浆用量要改变,因而人工费、材料费、机械费均要换算。

c. 换算公式:

第一种情况的换算公式:

$$\frac{换算后定}{额基价}=\frac{原定额}{基价}+\frac{抹灰砂浆}{定额用量}×\left(\frac{换入砂}{浆基价}-\frac{换出砂}{浆基价}\right)$$

第二种情况换算公式:

$$\frac{换算后定}{额基价}=\frac{原定额}{基价}+\left(\frac{定额人}{工费}+\frac{定额机}{械费}\right)×(K-1)+$$

$$\sum\left(\frac{各层换入}{砂浆用量}×\frac{换入砂}{浆基价}-\frac{各层换出}{砂浆用量}×\frac{换出砂}{浆基价}\right)$$

式中　K——工、机费换算系数。

$$K=\frac{设计抹灰砂浆总厚}{定额抹灰砂浆总厚}$$

$$各层换入砂浆用量=\frac{定额砂浆用量}{定额砂浆厚度}×设计厚度$$

$$各层换出砂浆用量=定额砂浆用量$$

表 2-8　建筑工程预算定额(摘录)

工程内容:略×××××

定额编号			定-1	定-2	定-3	定-4
定额单位			$10m^3$	$10m^3$	$10m^3$	$10m^2$
项目	单位	单价(元)	M5 水泥砂浆砌砖基础	现浇 C20 钢筋混凝土矩形梁	C15 混凝土地面垫层	1:2 水泥砂浆墙基防潮层
基价	元		1115.71	6721.44	1673.96	675.29
其中	人工费	元	149.16	879.12	258.72	114.00
	材料费	元	958.99	5684.33	1384.26	557.31
	机械费	元	7.56	157.99	30.98	3.98

续表 2-8

定额编号			定-1	定-2	定-3	定-4
定额单位			10m³	10m³	10m³	10m²
项目	单位	单价（元）	M5 水泥砂浆砌砖基础	现浇 C20 钢筋混凝土矩形梁	C15 混凝土地面垫层	1：2 水泥砂浆墙基防潮层
人工	基本工	工日	12.00	10.32	52.20	13.46	7.20
	其他工	工日	12.00	2.11	21.06	8.10	2.30
	合计	工日	12.00	12.43	73.26	21.56	9.5
材料	标准砖	千块	127.00	5.23			
	M5 水泥砂浆	m³	124.32	2.36			
	木材	m³	700.00		0.138		
	钢模板	kg	4.60		51.53		
	零星卡具	kg	5.40		23.20		
	钢支撑	kg	4.70		11.60		
	ϕ10 内钢筋	kg	3.10		471		
	ϕ10 外钢筋	kg	3.00		728		
	C20 混凝土(0.5～4)	m³	146.98		10.15		
	C15 混凝土(0.5～4)	m³	136.02			10.10	
	1：2 水泥砂浆	m³	230.02				2.07
	防水粉	kg	1.20				66.38
	其他材料费	元			26.83	1.23	1.51
	水	m³	0.60	2.31	13.52	15.38	
机械	200L 砂浆搅拌机	台班	15.92	0.475			0.25
	400L 混凝土搅拌机	台班	81.52		0.63	0.38	
	2t 内塔吊	台班	170.61	0.625			

表 2-9　建筑工程预算定额(摘录)

工程内容：×××

定额编号				定-5	定-6
定额单位				100m²	100m²
项目	单位	单价（元）		C15 混凝土地面面层(60 厚)	1：2.5 水泥砂浆抹砖墙面(底 13 厚、面 7 厚)
基价	元			1018.38	688.24
其中	人工费	元		159.60	184.80
	材料费	元		833.51	451.21
	机械费	元		25.27	52.23
人工	基本工	工日	12.00	9.20	13.40
	其他工	工日	12.00	4.10	2.00
	合计	工日	12.00	13.30	15.40

续表 2-9

定额编号			定-5	定-6
定额单位			100m²	100m²
项目	单位	单价（元）	C15 混凝土地面面层（60 厚）	1：2.5 水泥砂浆抹砖墙面（底 13 厚、面 7 厚）
材料 C15 混凝土（0.5～4）	m³	136.02	6.06	
材料 1：2.5 水泥砂浆	m³	210.72		2.10（底：1.39 面：0.71）
材料 其他材料费	元			4.50
材料 水	m³	0.60	15.38	6.99
机械 砂浆搅拌机	台班	15.92		0.28
机械 混凝土搅拌机	台班	81.52	0.31	
机械 塔式起重机	台班	170.61		0.28

表 2-10　砌筑砂浆配合比表（摘录）　　　　　（m³）

定额编号			附-1	附-2	附-3	附-4
项目	单位	单价（元）	水泥砂浆			
			M5	M7.5	M10	M15
基价	元		124.32	144.10	160.14	189.98
材料 42.5 级水泥	kg	0.30	270.00	341.00	397.00	499.00
材料 中砂	m³	38.00	1.140	1.100	1.080	1.060

③构件混凝土换算。

a. 换算原因：

当设计要求构件采用的混凝土强度等级，在预算定额中没有相符合的项目时，就产生了混凝土强度等级或石子粒径的换算。

b. 换算特点：

混凝土用量不变，人工费、机械费不变，只换算混凝土强度等级或石子粒径。

c. 换算公式：

换算后定额基价＝原定额基价＋定额混凝土用量×（换入混凝土基价－换出混凝土基价）

【示例】　现浇 C25 钢筋混凝土矩形梁。

解：用上述公式换算。

换算定额号：定-2（表 2-8）、附-10、附-11（表 2-11）。

表 2-11 普通塑性混凝土配合比表(摘录) (m³)

定额编号			附-9	附-10	附-11	附-12	附-13	附-14
项目	单位	单价(元)	最大粒径:40mm					
			C15	C20	C25	C30	C35	C40
基价	元		136.02	146.98	162.63	172.41	181.48	199.18
材料 42.5级水泥	kg	0.30	274	313.00				
52.5级水泥	kg	0.35			313	343	370	
62.5级水泥	kg	0.40						368
中砂	m³	38.00	0.49	0.46	0.46	0.42	0.41	0.41
0.5~4砾石	m³	40.00	0.88	0.89	0.89	0.91	0.91	0.91

换算后定额基价 $= 6721.44 + 10.15 \times (162.63 - 146.98)$

$\qquad = 6721.44 + 10.15 \times 15.65$

$\qquad = 6721.44 + 158.85$

$\qquad = 6880.29$ 元/10m³

换算后材料用量(每10m³):

52.5级水泥:$10.15 \times 313 = 3176.95$kg

中砂:$10.15 \times 0.46 = 4.669$m³

0.5~4砾石:$10.15 \times 0.89 = 9.034$m³

④楼地面混凝土换算。

a. 换算原因:

楼地面混凝土面层的定额单位一般是平方米。因此,当设计厚度与定额厚度不同时,就产生了定额基价的换算。

b. 换算特点:

同抹灰砂浆的换算特点。换算公式:

$$\text{换算后定额基价} = \text{原定额基价} + \left(\text{定额人工费} + \text{定额机械费}\right) \times (K-1) + \text{换入混凝土用量} = \text{换入混凝土基价} - \text{换出混凝土用量} \times \text{换出混凝土基价}$$

式中 K ——工、机费换算系数,

$$K = \frac{\text{混凝土设计厚度}}{\text{混凝土定额厚度}}$$

$$\text{换入混凝土用量} = \frac{\text{定额混凝土用量}}{\text{定额混凝土厚度}} \times \text{设计混凝土厚度}$$

$$\frac{\text{换出混凝土用量}}{} = \text{定额混凝土用量}$$

【示例】 C20混凝土地面面层80mm厚。

解:用上述公式换算。

换算定额号:定-5(表2-9)、附-9、附-10(表2-11)。

工、机费换算系数 $K = \dfrac{8}{6} = 1.333$

换入混凝土用量$=\dfrac{6.06}{6}\times 8=8.08\text{m}^3$

换算后定额基价$=1018.38+(159.60+25.27)\times(1.333-1)+$

　　　　　　　　$8.08\times146.98-6.06\times136.02$

　　　　　　$=1018.38+184.87\times0.333+1187.60-824.28$

　　　　　　$=1018.38+61.56+1187.60-824.28$

　　　　　　$=1443.26$ 元$/100\text{m}^2$

换算后材料用量(每100m^2):

42.5 级水泥:$8.08\times313=2529.04\text{kg}$

中砂:$8.08\times0.46=3.717\text{m}^3$

$0.5\sim4$ 砾石:$8.08\times0.89=7.191\text{m}^3$

⑤乘系数换算。乘系数换算是指在使用某些预算定额项目时,定额的一部分或全部乘以规定的系数。例如,某地区预算定额规定,砌弧形砖墙时,定额人工费乘以 1.10 系数;楼地面垫层用于基础垫层时,定额人工费乘以系数 1.20。

【示例】　C15 混凝土基础垫层。

解:根据题意按某地区预算定额规定,楼地面垫层定额用于基础垫层时,定额人工费乘以 1.20 系数。

换算定额号:定-3(表 2-8)。

　　　　换算后定额基价$=$原定额基价$+$定额人工费$\times$(系数-1)

　　　　　　　　　　$=1673.96+258.72\times(1.20-1)$

　　　　　　　　　　$=1673.96+258.72\times0.20$

　　　　　　　　　　$=1673.96+51.74$

　　　　　　　　　　$=1725.7$ 元$/10\text{m}^3$

其中:人工费$=258.72\times1.20=310.46$ 元$/10\text{m}^3$

⑥其他换算。其他换算是指不属于上述几种换算情况的定额基价换算。

6)安装工程预算定额换算。安装工程预算定额中,通常不包括主要材料的材料费,定额中称之为未计价材料费。安装工程定额基价是不完全工程单价。若要构成完全定额基价,就要通过换算的形式来计算。

①完全定额基价的计算。

【示例】　某地区安装工程估价表中,室内 $DN50$ 镀锌钢管丝接的安装基价为 65.18 元$/10\text{m}$,未计价材料 $DN50$ 镀锌钢管用量 10.20m,单价 23.71 元$/\text{m}$,试计算该项目的完全定额基价。

　　解:完全定额基价$=65.18+10.2\times23.71$

　　　　　　　　　　$=307.02$ 元$/10\text{m}$

②乘系数换算。安装工程预算定额中,有许多项目的人工费、机械费,定额规定需乘系数换算。例如,设置于管道间、管廊内的管道、阀门、法兰、支架的定额项目,人工费乘以系数 1.30。

【示例】　计算安装某宾馆管道间 $DN25$ 镀锌给水钢管的完全定额基价和定额人工费($DN25$ 镀锌给水钢管基价为 45.80 元$/10\text{m}$,其中人工费为 27.08 元$/10\text{m}$,未计价材料镀锌钢管用量 10.20m,单价 11.43 元/m)。

解:定额基价＝45.80＋27.06×(1.30－1)＋10.20×11.43

＝45.80＋27.06×0.30＋116.59

＝45.80＋8.12＋116.59

＝170.51 元/10m

其中,定额人工费＝27.08×1.30＝35.20 元/10m

由于定额是按一般正常合理的施工组织和正常的施工条件编制的,定额中所采用的施工方法和工程质量标准,主要是根据国家现行公路工程施工技术及验收规范、质量评定标准及安全操作规程取定的。因此,使用时不得因具体工程的施工组织、操作方法和材料消耗与定额的规定不同而变更定额。

【示例】 某跨径 20m 以内石拱桥,其浆砌块石拱圈工程量为 300m³,设计采用 m7.5 水泥砂浆砌筑,计算人工、32.5 级水泥、中(粗)砂消耗量,如果采用 M10 水泥砂浆砌筑,人工、水泥、中粗砂消耗量变为多少。

解:查《公路工程预算定额》第四章桥涵工程第五节相应定额见表 2-12,计算如下:

采用 M7.5 水泥砂浆砌筑时:查预算定额表 2-13 人工,300/100×19.3＝579 工日,32.5 级水泥,300/10×0.751＝22.539t,中(粗)砂:300/10×3.05＝91.8m³。

采用 M10 水泥砂浆砌筑时:人工不变还是 579 工日。

根据预算定额总说明规定"九、……如设计中采用的混凝土、砂浆强度等级或水泥强度等级与定额所列强度等级不同时,可按配合比表进行换算……"本例砂浆强度等级预定额不同,应进行换算,查附录二、基本定额砂浆配合比表见表 2-13,计算如下:

查定额表 2-13,M7.5 水泥砂浆用量为 2.7m³,则改为 M10 水泥砂浆用量也应该为 2.7m³。

32.5 级水泥消耗量为:300/10×[0.751＋2.7×(311－266)/1000]＝26.16t。

中(粗)砂消耗量为:300/100×[3.06＋2.7×(1.07－1.12)]＝90.18m³。

表 2-12　浆砌块石

工程内容:(1)选、修、洗石料;(2)搭、拆脚手架、踏步或井字架;(3)配、拌、运砂浆;(4)砌筑;(5)勾缝;(6)养生。

(10m³)

顺序号	项目	单位	代号	轻型墩台、拱上横墙、墩上横墙	拱圈 跨径/m 20以内	拱圈 跨径/m 50以内	锥坡、沟、槽、池	填腹石 实体式墩 高度/m 10以内	填腹石 实体式墩 高度/m 20以内	填腹石 实体式台、墙 高度/m 10以内	填腹石 实体式台、墙 高度/m 20以内
				7	8	9	10	11	12	13	14
1	人工	工日	1	18.8	19.3	21.1	16.2	15.2	16.9	12.4	13.7
2	M5 水泥砂浆	m³	65				(2.70)			(2.70)	(2.70)
3	M7.5 水泥砂浆	m³	66	(2.70)	(2.70)	(2.70)		(2.70)	(2.70)		
4	M10 水泥砂浆	m³	67	(0.10)	(0.11)	(0.07)	(0.17)				
5	原木	m³	101	0.015	0.012	0.025		0.011	0.010	0.003	0.003
6	锯材	m³	102	0.040	0.016	0.019		0.049	0.009	0.016	0.003
7	钢管	t	191	0.006				0.011	0.010	0.004	0.003

续表 2-12

顺序号	项目	单位	代号	轻型墩台、拱上横墙、墩上横墙	拱圈		锥坡、沟、槽、池	填腹石			
					跨径/m			实体式墩		实体式台、墙	
					20以内	50以内		高度/m			
								10以内	20以内	10以内	20以内
				7	8	9	10	11	12	13	14
8	铁钉	kg	653	0.2	0.1	0.1		0.3	0.1	0.1	
9	8～12号铁丝	kg	655	2.2	1.5	2.4		1.8	0.3	0.6	0.1
10	32.5级水泥	t	832	0.750	0.751	0.741	0.643	0.718	0.718	0.589	0.589
11	水	m³	866	10	15	14	18	7	7	7	7
12	中(粗)砂	m³	899	3.05	3.06	3.02	3.21	2.94	2.94	3.02	3.02
13	块石	m³	981	10.50	10.50	10.50	10.50	10.50	10.50	10.50	10.50
14	其他材料费	元	996	4.2	4.5	4.5	1.2	5.6	7.0	2.8	3.1
15	30kN以内单筒慢动卷扬机	台班	1499						0.90		0.90
16	小型机具使用费	元	1998	5.6	5.6	5.6	5.9	5.3	5.3	5.3	5.3
17	基价	元	1999	2375	2328	2435	2104	2214	2306	1936	2051

表 2-13　砂浆配合比表

单位:1m³ 砂浆及水泥浆

顺序号	项目	单位	水泥砂浆									
			砂浆强度等级									
			M5	M7.5	M10	M12.5	M15	M20	M25	M30	M35	M40
			1	2	3	4	5	6	7	8	9	10
1	32.5级水泥	kg	218	266	311	345	393	448	527	612	693	760
2	生石灰	kg	—	—	—	—	—	—	—	—	—	—
3	中(粗)砂	m³	1.12	1.09	1.07	1.07	1.07	1.06	1.02	0.99	0.98	0.95

顺序号	项目	单位	水泥砂浆				混合砂浆				石灰砂浆	水泥浆
			砂浆强度等级									
			1:1	1:2	1:2.5	1:3	M2.5	M5	M7.5	M10	M1	
			11	12	13	14	15	16	17	18	19	20
1	32.5级水泥	kg	780	553	472	403	165	210	253	290		1348
2	生石灰	kg					127	94	61	29	207	
3	中(粗)砂	m³	0.67	0.95	1.01	1.04	1.04	1.04	1.04	1.04	1.1	

注:表列用量已包括场内运输及操作损耗。

六、补充预算定额

在应用现行定额时,要特别注意实际工作内容预定额表左上方的"工程内容"所含的内容是否完全一致。如果不同,就要用补充定额。补充定额一般由当地造价站定期发布,但实际工作过程中，常常需要自己根据实际的工作内容，参考相关定额编制新的补充定额，把补充定额保存作为以后工作的参考，并报当地定额站备案。

【示例】 某桥墩挖基础，施工地面水位深1m，人工挖基100，确定1m深水中摇头扒杆卷扬机吊运普通土的预算定额。

解： 查《公路工程预算定额》第四章桥涵工程第一节相应定额（见表2-14），人工挖运卷扬机吊运基坑土、石方工作内容，没有包含抽水工作，只包含摇头扒杆的移动，没有包括扒杆的制作、安装、拆除工作。

故1m深水中摇头扒杆卷扬机吊运普通土的预算定额应在表2-14基础上补充抽水定额，查预算定额第四章桥涵工程第一节说明基坑水泵台班消耗（见表2-15），应增加 $\phi150$ 水泵0.11台班。并在实际计算中，按实际制作、安装、拆除摇头扒杆的数量，套用定额见表2-16，不能遗漏。

表 2-14　人工挖卷扬机吊运基坑土、石方

工程内容：(1)人工挖土或人工打眼开炸石方；(2)装土、石方卷扬机吊运土、石出坑外；(3)清理、整平、夯实土质基底，检平石质基底；(4)挖排水沟及集水井；(5)搭拆脚手架，移动摇头扒杆及整修运土、石渣便道；(6)取土回填、铺平、洒水、夯实。

单位：1000m³

顺序号	项目	单位	代号	土方 于处 1	土方 湿处 2	石方 3	顺序号	项目	单位	代号	土方 于处 1	土方 湿处 2	石方 3
1	人工	工日	1	419.3	593.8	816.0	6	煤	t	864	—	—	0.248
2	钢钎	kg	211	—	—	34.3	7	其他材料费	元	996	—	—	24.5
3	硝铵炸药	kg	841	—	—	200.2	8	30kN以内单筒慢动卷扬机	台班	1499	13.28	13.28	51.54
4	导火线	m	842	—	—	492	9	基价	元	1999	21786	30372	46782
5	普通雷管	个	845	—	—	384							

表 2-15　基坑水泵台班消耗

覆盖层土壤类别		水位高度/m	河中桥墩 挖基/10m³	河中桥墩 每座墩(台)修筑水泵台班 基坑深3m以内	河中桥墩 每座墩(台)修筑水泵台班 基坑深6m以内	靠岸墩台 挖基/10m³	靠岸墩台 每座墩(台)修筑水泵台班 基坑深3m以内	靠岸墩台 每座墩(台)修筑水泵台班 基坑深6m以内
I	1. 亚黏土 2. 粉砂土 3. 较密实的细砂土(0.10～0.25mm颗粒含量占多数) 4. 松软的黄土 5. 有透水孔道的黏土	地面水 4以内	0.19	7.58	10.83	0.12	4.88	7.04
		3以内	0.15	5.96	8.67	0.10	3.79	5.42
		2以内	0.12	5.42	7.58	0.08	3.52	4.88
		1以内	0.11	4.88	7.04	0.07	3.25	4.33
		地下水 6以内	0.08	—	5.42	0.05	—	3.79
		3以内	0.07	3.79	3.79	0.04	2.71	2.71

续表 2-15

覆盖层土壤类别		水位高度/m	河中桥墩			靠岸墩台		
			挖基/10m³	每座墩(台)修筑水泵台班		挖基/10m³	每座墩(台)修筑水泵台班	
				基坑深3m以内	基坑深6m以内		基坑深3m以内	基坑深6m以内
Ⅱ	1. 中类砂土（0.25～0.50mm颗粒含量占多数） 2. 紧密的颗粒较细的砂砾石层 3. 有裂缝透水的岩层地面水	地面水 4以内	0.54	16.12	24.96	0.35	10.32	16.12
		3以内	0.44	11.96	18.72	0.29	7.74	11.96
		2以内	0.36	8.32	14.04	0.23	5.16	9.36
		1以内	0.31	6.24	10.92	0.19	4.13	7.28
		地下水 6以内	0.23	—	7.28	0.15	—	4.68
		3以内	0.19	4.16	4.68	0.12	2.58	3.12

表 2-16　木结构吊装设备

工程内容：(1)吊装设备制作、安装、拆除；(2)埋设地锚、拉缆风索。

（个）

顺序号	项　目	单位	代号	人字扒杆	三角扒杆	摇头扒杆	简易木龙门架	木龙门架（起重量12t）
				1	2	3	4	5
1	人工	工日	1	10.8	6.7	22.7	5.4	65.1
2	原木	m³	101	1.171	0.530	1.316	0.055	0.517
3	锯材	m³	102				0.163	3.810
4	钢丝绳	t	221	0.032	0.023	0.020	0.007	0.023
5	铁件	kg	651	1.4	1.4	7.0	4.4	239.9
6	铁钉	kg	653					0.7
7	其他材料费	元	996	40.8	40.9	59.4	78.1	31.3
8	设备摊销费	元	997			54.0		675.4
9	30kN以内单筒慢动卷扬机	台班	1499	0.92	0.59	2.40		3.28
10	小型机具使用费	元	1998	2.1	1.4	5.5		7.5
11	基价	元	1999	2159	1158	3067	686	11120

第三章　工程量清单计价

第一节　清单工程量计算规范及其编制

一、设置工程量计算规范的目的

1. 规范工程造价计量行为

在工程量清单计价时,确定工程造价一般首先要根据施工图,计算以 m、m^2、m^3、t 等为计量单位的工程数量。工程施工图往往表达的是一个由不同结构和构造、多种几何形体组成的结合体。因此,在错综复杂的长度、面积、体积等清单工程量计算中,必须要有一个权威、强制执行的规定来统一规范工程量清单计价的计量行为。

2. 规定工程量清单的项目设置和计量规则

颁发的工程量计算规范设置了各专业工程的分部分项项目,统一了清单工程量项目的划分,进而保证了每个单位工程确定工程量清单项目的一致性。

工程计量规范根据每个项目的计算特点和考虑到计价定额的有关规定,设置了每个清单工程量项目的项目名称、项目特征、计量单位、工程量计算规则和工作内容。

二、工程计量规范的内容

1. 工程量计算规范包括的专业工程

2013 年颁发的工程量计算规范包括 9 个专业工程,分别是:

01—房屋建筑与装饰工程(GB 50854—2013)

02—仿古建筑工程(GB 50855—2013)

03—通用安装工程(GB 50856—2013)

04—市政工程(GB 50857—2013)

05—园林绿化工程(GB 50858—2013)

06—矿山工程(GB 50859—2013)

07—构筑物工程(GB 50860—2013)

08—城市轨道交通工程(GB 50861—2013)

09—爆破工程(GB 50862—2013)

以后,随着其他专业计量规范的条件成熟,还会不断增加新专业的工程计量规范。

2. 各专业工程量计算规范包含的内容

各专业工程量计算规范除了包括总则、术语、一般规定外,其主要内容是分部分项工程项目和措施项目的内容。这里以《房屋建筑与装饰工程工程量计算规范》GB 50854 为例,介绍工程量清单计价规范的内容。

(1)总则

各专业工程计量规范中的总则主要包括阐述了制定工程量计算规范的目的。例如"为规范房屋建筑与装饰工程造价计量行为,统一房屋建筑与装饰工程工程量计算规则、工程量清单的编制方法,制定本规范"。

规范的适用范围。例如"本规范适用于工业与民用的房屋建筑与装饰工程发承包及实施阶段计价活动中的工程计量和工程量清单编制"。

强制性规定。例如"××工程计价,必须按本规范规定的工程量计算规则进行工程计量"。

（2）术语

术语是在特定学科领域用来表示概念的称谓的集合,在我国又称为名词或科技名词。术语是通过语言或文字来表达或限定科学概念的约定性语言符号,是思想和认识交流的工具。

工程量计算规范的术语通常包括对"工程量计算""房屋建筑""市政工程""安装工程"等概念的定义。例如安装工程是指各种设备、装置的安装工程。通常包括工业、民用设备,电气、智能化控制设备,自动化控制仪表,通风空调,工业、消防及给水排水燃气管道以及通信设备安装等。

（3）工程计量

1）工程量计算依据。工程量计算依据除依据规范各项规定外,还应依据以下文件:

①经审定通过的施工设计图纸。

②经审定通过的施工组织设计或施工方案。

③经审定通过的其他有关技术经济文件。

2）实施过程的计量办法。工程实施过程中的计量应按照现行国家标准《建设工程工程量清单计价规范》GB50500的相关规定执行。分部分项工程量清单计量单位的规定如下:

①分部分项工程量清单的计量单位应按附录中规定的计量单位确定。

②本规范附录中有两个或两个以上计量单位的,应结合拟建工程项目的实际情况,选择其中一个确定。

③工程计量时,每一项目汇总的有效位数应遵守下列规定:

a. 以"t"为单位,应保留小数点后三位数字,第四位小数四舍五入;

b. 以"m""m^2""m^3""kg"为单位,应保留小数点后两位数字,第三位小数四舍五入;

c. 以"个""件""根""组""系统"为单位,应取整数。

3）拟建工程项目中涉及非本专业计量规范的处理方法（以房屋建筑与装饰工程量计算规范为例）。

房屋建筑与装饰工程涉及电气、给水排水、消防等安装工程的项目,按照国家标准《通用安装工程工程量计算规范》GB 50856的相应项目执行;涉及小区道路、室外给水排水等工程的项目,按国家标准《市政工程工程量计算规范》GB 50857的相应项目执行;采用爆破法施工的石方工程,按照国家标准《爆破工程工程量计算规范》GB 50862的相应项目执行。

（4）工程量清单编制

1）编制工程量清单的依据。

①本规范和现行国家标准《建设工程工程量清单计价规范》GB 50500。

②国家或省级、行业建设主管部门颁发的计价依据和办法。

③建设工程设计文件。

④与建设工程项目有关的标准、规范、技术等资料。

⑤拟定的招标文件。

⑥施工现场情况、工程特点及常规施工方案。

⑦其他相关资料。

2)工程量清单编制的方法。招标工程量清单必须作为招标文件的组成部分,由招标人提供,并对其准确性和完整性负责。招标工程量清单是工程量清单计价的基础,应作为编制招标控制价、投标报价、计算或调整工程量、索赔等的依据之一,一经中标签订合同,招标工程量清单即为合同的组成部分。招标工程量清单应由具有编制能力的招标人或受其委托、具有相应资质的工程造价咨询人进行编制。

招标工程量清单应以单位(项)工程为单位编制,应由分部分项工程量清单、措施项目请单、其他项目清单、规费和税金项目清单组成。招标工程量清单编制的依据有:

a.《建设工程工程量清单计价规范》GB 50500—2013 和相关工程的国家计量规范。

b. 国家或省级、行业建设主管部门颁发的计价定额和办法。

c. 建设工程设计文件及相关材料。

d. 与建设工程有关的标准、规范、技术资料。

e. 拟定的招标文件。

f. 施工现场情况、地勘水文资料、工程特点及常规施工方案。

g. 其他相关资料。

三、分部分项工程项目清单的编制

分部分项工程项目工程量清单应按建设工程工程量计量规范的规定,确定项目编码、项目名称、项目特征、计量单位,并按不同专业工程量计量规范给出的工程量计算规则,进行工程量的计算。对于计价而言,无论什么专业都应该是一样的;而计量,随着专业的不同存在不一样的规定,将其作为附录处理,不方便操作和管理,也不利于专业计量规范的修订和增补。因此,在旧的规范的基础上,分离出计量的内容,新修编成 9 个计量规范,即:《房屋建筑与装饰工程工程量计算规范》GB 50854—2013、《仿古建筑工程工程量计算规范》GB 50855—2013、《通用安装工程工程量计算规范》GB 50856—2013、《市政工程工程量计算规范》GB 50857—2013、《园林绿化工程工程量计算规范》GB 50858—2013、《矿山工程工程量计算规范》GB 50859—2013、《构筑物工程工程量计算规范》GB 50860—2013、《城市轨道交通工程工程量计算规范》GB 50861—2013、《爆破工程工程量计算规范》GB 50862—2013。以上 9 个计量规范中工程量清单的编制规则是一致的,现统称为《计量规范》。

1. 项目编码的设置

项目编码是分部分项工程量清单项目名称的数字标识。分部分项工程量清单项目编码以五级编码设置,采用十二位阿拉伯数字表示。一至九位应按《计量规范》的规定设置,十至十二位应根据拟建工程的工程量清单项目名称和项目特征设置,同一招标工程的项目编码不得有重码。例如,砖基础的清单工程量计算规范的编码为"010401001"九位数,某工程砖基础清单工程量的编码为"010401001001"十二位数,最后三位数"001"是工程量清单编制人加上的。

工程量清单的项目名称应按附录的项目名称结合拟建工程的实际确定。

工程量清单项目特征应按附录中规定的项目特征,结合拟建工程项目的实际予以描述。

工程量清单中所列工程量应按规定的工程量计算规则计算。

工程量清单的计量单位应按规定的计量单位确定。

其他项目、规费和税金项目编制

其他项目、规费和税金项目清单应按照现行国家标准《建设工程工程量清单计价规范》GB 50500 的相关规定编制。

各级编码代表的含义如下：

①第一级为工程分类顺序码(分二位)：房屋建筑与装饰工程为 01、仿古建筑工程为 02、通用安装工程为 03、市政工程为 04、园林绿化工程为 05、矿山工程为 06、构筑物工程为 07、城市轨道交通工程为 08、爆破工程为 09。

②第二级为附录分类顺序码(分二位)。

③第三级为分部工程顺序码(分二位)。

④第四级为分项工程项目顺序码(分三位)。

⑤第五级为工程量清单项目顺序码(分三位)。

项目编码结构如图 3-1 所示(以房屋建筑与装饰工程为例)。

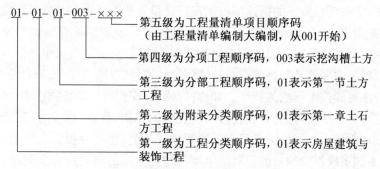

图 3-1　工程量清单项目编码结构

【**示例**】　某工程属于房屋建筑与装饰工程，其中某标段的工程量清单中含有三个单位工程，每一单位工程中都有项目特征相同的实心砖墙砌体，在工程量清单编制中，试解释三个不同单位工程的实心砖墙砌体工程量。

解：工程量清单应以单位工程为编制对象，将第一个单位工程的实心砖墙的项目编码编成 010401003001，第二个单位工程的实心砖墙的项目编码编成 010401003002，第三个单位工程的实心砖墙的项目编码编成 010401003003，并分别列出各单位工程实心砖墙的工程量。

2. 项目名称的确定

分部分项工程量清单的项目名称应根据《计量规范》的项目名称结合拟建工程的实际确定。《计量规范》中规定的"项目名称"为分项工程项目名称，一般以工程实体命名。编制工程量清单时，应以附录中的项目名称为基础，考虑该项目的规格、型号、材质等特征要求，并结合拟建工程的实际情况，对其进行适当的调整或细化，使其能够反映影响工程造价的主要因素。如《房屋建筑与装饰工程工程量计算规范》GB 50854—2013 中编号为"010502001"的项目名称为"矩形柱"，可根据拟建工程的实际情况写成"C30 现浇混凝土矩形柱 400 × 400"。

3. 项目特征的描述

项目特征是指构成分部分项工程量清单项目、措施项目自身价值的本质特征。分部分项工程量清单项目特征应按《计量规范》的项目特征,结合拟建工程项目的实际予以描述。分部分项工程量清单的项目特征是确定一个清单项目综合单价的重要依据,在编制的工程量清单中必须对其项目特征进行准确和全面的描述。工程量清单项目特征描述的重要意义在于:

①项目特征是区分清单项目的依据。工程量清单项目特征是用来表述分部分项清单项目的实质内容,用于区分计价规范中同一清单条目下各个具体的清单项目。没有项目特征的准确描述,对于相同或相似的清单项目名称,就无从区分。

②项目特征是确定综合单价的前提。由于工程量清单项目的特征决定了工程实体的实质内容,必然直接决定了工程实体的自身价值。因此,工程量清单项目特征描述的准确与否,直接关系到工程量清单项目综合单价的准确确定。

③项目特征是履行合同义务的基础。实行工程量清单计价,工程量清单及其综合单价则构成施工合同的组成部分。因此,如果工程量清单项目特征的描述不清甚至漏项、错误,就会引起在施工过程中的更改,从而引起分歧、导致纠纷。

由此可见,清单项目特征的描述应根据现行计量规范附录中有关项目特征的要求,结合技术规范、标准图集、施工图纸,按照工程结构、使用材质及规格或安装位置等,予以详细而准确的表述和说明。一旦离开了清单项目特征的准确描述,清单项目也将没有生命力。

清单项目特征主要涉及项目的自身特征(材质、型号、规格、品牌)、项目的工艺特征以及对项目施工方法可能产生影响的特征。如锚杆(锚索)支护项目特征描述为:地层情况;锚杆(索)类型、部位;钻孔深度;钻孔直径;杆体材料品种、规格、数量;预应力;浆液种类、强度等级。这些特征对投标人的报价影响很大。特征描述不清,将导致投标人对招标人的需求理解不全面,达不到正确报价的目的。对清单项目特征不同的项目应分别列项,如基础工程,仅混凝土强度等级不同,足以影响投标人的报价,故应分开列项。

【示例】　项目特征描述举例见表 3-1

表 3-1　项目特性描述(砖砌体)

项目编码	项目名称	项目特征	计量单位	工程量计算规则	工程内容
010401001 ×××	实心砖墙	1. 砖品种、规格、强度等级 2. 墙体类型 3. 墙体厚度 4. 墙体高度 5. 勾缝要求 6. 砂浆强度等级、配合比	m³	(略)	1. 砂浆制作、运输 2. 砌砖 3. 勾缝 4. 砖压顶砌筑 5. 材料运输

此例中 1 为砖的品种、规格、强度等级:须描述是页岩砖,还是煤灰砖等:是标砖还是非标砖,是非标砖应注明规格尺寸:是 MU10、MU15、还是 MU20 等内容:因为砖的品种、规格、强度等级直接关系到砖的价格。2 墙体类型:是混水墙还是清水墙,清水是双面还是单面,或是一斗一卧、围墙等;3 墙体厚度:是 1 砖还是 1 砖半等,因为墙体厚度、类型直接影响砌砖的工效以及砖、砂浆的消耗量。4 墙体高度。5 勾缝要求:是否勾缝,是原浆还是加浆勾

缝:如果是加浆勾缝,应注明砂浆配合比。

4. 计量单位的选择

分部分项工程量清单的计量单位应按现行《计量规范》的计量单位确定。当计量单位有两个或两个以上时,应根据所编工程量清单项目的特征要求,选择最适宜表述该项目特征并方便计量的单位。除各专业另有特殊规定外,均按以下基本单位计量:

- · 以重量计算的项目——吨或千克(t 或 kg);
- · 以体积计算的项目——立方米(m³);
- · 以面积计算的项目——平方米(m²);
- · 以长度计算的项目——米(m);
- · 以自然计量单位计算的项目——个、套、块、组、台……;
- · 没有具体数量的项目——宗、项……。

以"吨"为计量单位的应保留小数点后三位数字,第四位小数四舍五入;以"立方米""平方米""米""千克"为计量单位的应保留小数点后二位数字,第三位小数四舍五入;以"项""个"等为计量单位的应取整数。例如"实心砖墙"项目的计量单位是"m³","砖水池"项目的计量单位为"座"等。

5. 补充项目

编制工程量清单时如果出现《计量规范》附录中未包括的项目,编制人应做补充,并报省级或行业工程造价管理机构备案。补充项目的编码由对应计量规范的代码X(即01~09)与B和三位阿拉伯数字组成,并应从×B001起顺序编制,同一招标工程的项目不得重码。补充的不能计量的措施项目,需附有补充项目的名称、工作内容及包含范围。工程量清单中需附有补充项目的名称、项目特征、计量单位、工程量计算规则、工作内容。

【示例】 隔墙补充项目举例见表 3-2。

表 3-2 M. 11 隔墙(编码:011211)

项目编码	项目名称	项目特征	计量单位	工程量计算规则	工作内容
01 B001	成品 GRC 隔墙	1. 隔墙材料品种、规格 2. 隔墙厚度 3. 嵌缝、塞口材料品种	m²	按设计图示尺度以面积计算,扣除门窗洞口及单个≥0.3m² 的孔洞所占面积	1. 骨架及边框安装 2. 隔板安装 3. 嵌缝、塞口

【示例】 钢管桩的补充项目见表 3-3。

表 3-3 桩基础(编码:010201)

项目编码	项目名称	项目特征	计量单位	工程量计算规则	工程内容
ΛB001	钢管桩	1. 地层描述 2. 送桩长度/单桩长度 3. 钢管材质、管径、壁厚 4. 管桩填充材料种类 5. 桩倾斜度 6. 防护材料种类	m/根	按设计图示尺寸以桩长(包括桩尖)或根数计算	1. 桩制作、运输 2. 打桩、试验桩、斜桩 3. 送桩 4. 管桩填充材料、刷防护材料

6. 有关模板项目的约定

现浇混凝土工程项目"工作内容"中包括模板工程的内容,同时又在措施项目中单列了现浇混凝土模板工程项目。对此,招标人应根据工程实际情况选用。若招标人在措施项目清单中未编列现浇混凝土模板项目清单,即表示现浇混凝土模板项目不单列,现浇混凝土工程项目的综合单价中应包括模板工程费用。

7. 有关成品的综合单价计算约定

对预制混凝土构件按现场制作编制项目,"工作内容"中包括模板工程,不再另列。若采用成品预制混凝土构件时,构件成品价(包括模板、钢筋、混凝土等所有费用)应计入单价中。

金属结构构件按成品编制项目,构件成品价应计入综合单价中。若采用现场制作,包括制作的所有费用。

门窗(橱窗除外)按成品编制项目,门窗成品价应计入综合单价中。若采用现场制作,包括制作的所有费用。

8. 措施项目清单的编制

措施项目清单是指为完成工程项目施工,发生于该工程施工准备和施工过程中的技术、生活、安全、环境保护等方面的项目清单。鉴于已将"08 规范"中"通用措施项目一览表"中的内容列入相关工程国家计量规范,因此,《建设工程工程量清单计价规范》GB 50500—2013 规定:措施项目清单必须根据相关工程现行国家计量规范的规定编制。规范中将措施项目分为能计量和不能计量的两类。对能计量的措施项目(即单价措施项目),同分部分项工程量一样,编制措施项目清单时应列出项目编码、项目名称、项目特征、计量单位,并按现行计量规范规定,采用对应的工程量计算规则计算其工程量。对不能计量的措施项目(即总价措施项目),措施项目清单中仅列出了项目编码、项目名称,但未列出项目特征、计量单位的项目,编制措施项目清单时,应按现行计量规范附录(措施项目)的规定执行。由于工程建设施工特点和承包人组织施工生产的施工装备水平、施工方案及其管理水平的差异,同一工程、不同承包人组织施工采用的施工措施有时并不完全一致,因此,《建设工程工程量清单计价规范》GB 50500—2013 规定:措施项目清单应根据拟建工程的实际情况列项。

措施项目清单的编制应考虑多种因素,除了工程本身的因素外,还要考虑水文、气象、环境、安全和施工企业的实际情况。措施项目清单的设置,需要:

参考拟建工程的常规施工组织设计,以确定环境保护、安全文明施工、临时设施、材料的二次搬运等项目。

参考拟建工程的常规施工技术方案,以确定大型机械设备进出场及安拆、混凝土模板及支架、脚手架、施工排水、施工降水、垂直运输机械、组装平台等项目。

参阅相关的施工规范与工程验收规范,以确定施工方案没有表述的但为实现施工规范与工程验收规范要求而必须发生的技术措施。

确定设计文件中不足以写进施工方案,但要通过一定的技术措施才能实现的内容。

确定招标文件中提出的某些需要通过一定的技术措施才能实现的要求。

措施项目编制的规定:措施项目分"单价项目"和"总价项目"两种情况确定。

　　措施项目中列出了项目编码、项目名称、项目特征、计量单位、工程量计算规则的项目（单价项目）。编制工程量清单时，应按照本规范分部分项工程量清单编制的规定执行。

　　措施项目中仅列出项目编码、项目名称，未列出项目特征、计量单位和工程量计算规则的项目（总价项目）。编制工程量清单时，应按本规范附录的措施项目规定的项目编码、项目名称确定。

9. 其他项目清单的编制

　　其他项目清单是指分部分项工程量清单、措施项目清单所包含的内容以外，因招标人的特殊要求而发生的与拟建工程有关的其他费用项目和相应数量的清单。工程建设标准的高低、工程的复杂程度、工程的工期长短、工程的组成内容、发包人对工程管理的要求等都直接影响其他项目清单的具体内容。因此，其他项目清单应根据拟建工程的具体情况，参照《建设工程工程量清单计价规范》GB 50500—2013 提供的下列 4 项内容列项：并可根据工程实际情况补充。

　　（1）暂列金额

　　暂列金额是招标人暂定并包括在合同中的一笔款项。用于施工合同签订时尚未确定或者不可预见的所需材料、设备、服务的采购，施工中可能发生的工程变更、合同约定调整因素出现时的工程价款调整以及发生的索赔、现场签证确认等的费用。

　　（2）暂估价

　　暂估价是指招标人在工程量清单中提供的用于支付必然发生但暂时不能确定价格的材料价款、工程设备价款以及专业工程金额。暂估价是在招标阶段预见肯定要发生，但是由于标准尚不明确或者需要由专业承包人来完成，暂时无法确定具体价格时所采用的一种价格形式。

　　（3）计日工

　　计日工是为了解决现场发生的零星工作的计价而设立的。计日工以完成零星工作所消耗的人工工时、材料数量、机械台班进行计量，并按照计日工表中填报的适用项目的单价进行计价支付。计日工适用的所谓零星工作一般是指合同约定之外的或者因变更而产生的、工程量清单中没有相应项目的额外工作，尤其是那些时间不允许事先商定价格的额外工作。

　　（4）总承包服务费

　　总承包服务费是为了解决招标人在法律、法规允许的条件下进行专业工程发包以及自行采购供应材料、设备时，要求总承包人对发包的专业工程提供协调和配合服务（如分包人使用总包人的脚手架、水电接驳等）；对供应的材料、设备提供收、发和保管服务以及对施工现场进行统一管理；对竣工资料进行统一汇总整理等发生并向总承包人支付的费用。招标人应当预计该项费用并按投标人的投标报价向投标人支付该项费用。

10. 规费项目清单的编制

　　规费是指按国家法律、法规规定，由省级政府和省级有关权力部门规定必须缴纳或计取的费用，应计入建筑安装工程造价的费用。规费项目清单应按照下列内容列项：

社会保险费：包括养老保险费、失业保险费、医疗保险费、工伤保险费、生育保险费；

住房公积金；

工程排污费。

出现《建设工程工程量清单计价规范》GB 50500—2013 未列的项目，应根据省级政府或省级有关部门的规定列项。

11. 税金项目清单的编制

税金是指国家税法规定的应计入建筑安装工程造价内的营业税、城市维护建设税及教育费附加等。税金项目清单应包括下列内容：

①营业税。

②城市维护建设税。

③教育费附加。

④地方教育附加。

出现《建设工程工程量清单计价规范》GB 50500—2013 未列的项目，应根据税务部门的规定列项。

第二节　工程量清单计价方法

一、工程量清单计价的程序

工程量清单计价过程可以分为两个阶段：工程量清单编制和工程量清单应用。工程量清单的编制程序如图 3-2 所示，工程量清单应用过程如图 3-3 所示。

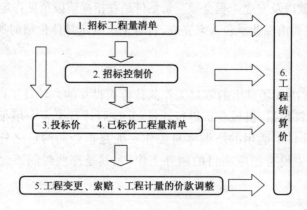

图 3-2　工程量清单编制程序

二、工程量清单计价方法

工程量清单计价是按照工程造价的构成分别计算各类费用，再经过汇总而得。计算方法如下：

$$分部分项工程费 = \Sigma 分部分项工程量 \times 分部分项工程综合单价$$

$$措施项目费 = \Sigma 单价措施项目工程量 \times 单价措施项目综合单价 + \Sigma 总价措施项目费$$

$$单位工程造价 = 分部分项工程费 + 措施项目费 + 其他项目费 + 规费 + 税金$$

$$单项工程造价 = \Sigma 单位工程造价$$

$$建设项目总造价 = \Sigma 单项工程造价$$

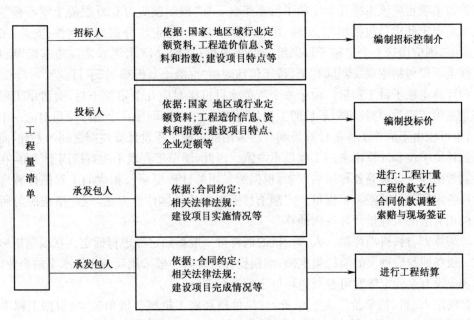

图 3-3 工程量清单计价应用过程

1. 分部分项工程费计算

根据上面公式,利用综合单价法计算分部分项工程费需要解决两个核心问题,即确定各分部分项工程的工程量及其综合单价。

(1)分部分项工程量的确定

招标文件中的工程量清单标明的工程量是招标人编制招标控制价和投标人投标报价的共同基础,它是工程量清单编制人按施工图图示尺寸和工程量清单计算规则计算得到的工程净量。但该工程量不能作为承包人在履行合同义务中应予完成的实际和准确的工程量,发承包双方进行工程竣工结算时的工程量应按发承包双方在合同中约定应予计量且实际完成的工程量确定,当然该工程量的计算也应严格遵照工程量清单计算规则,以实体工程量为准。

(2)综合单价的编制

《建设工程工程量清单计价规范》中的工程量清单综合单价是指完成一个规定清单项目所需的人工费、材料和工程设备费、施工机具使用费和企业管理费、利润以及一定范围内的风险费用。该定义并不是真正意义上的全费用综合单价,而是一种狭义上的综合单价,规费和税金等不可竞争的费用并不包括在项目单价中。

综合单价的计算通常采用定额组价的方法,即以计价定额为基础进行组合计算。由于"计价规范"与"定额"中的工程量计算规则、计量单位、工程内容不尽相同,综合单价的计算不是简单的将其所含的各项费用进行汇总,而是要通过具体计算后综合而成。综合单价的计算可以概括为以下步骤:

1)确定组合定额子目。清单项目一般以一个"综合实体"考虑,包括了较多的工程内容,计价时,可能出现一个清单项目对应多个定额子目的情况。因此,计算综合单价的第一步就是将清单项目的工程内容与定额项目的工程内容进行比较,结合清单项目的特征描述,确定拟组价清单项目应该由哪几个定额子目来组合。如"预制预应力 C20 混凝土空心板"项目，计量规范规定此项目包括制作、运输、吊装及接头灌浆，若定额分别列有制作、安装、吊装及接头灌浆，则应用这 4 个定额子目来组合综合单价；又如"M5 水泥砂浆砌砖基础"项目，按计量规范不仅包括主项"砖基础"子目，还包括附项"混凝土基础垫层"子目。

2）计算定额子目工程量。由于一个清单项目可能对应几个定额子目，而清单工程量计算的是主项工程量，与各定额子目的工程量可能并不一致；即便一个清单项目对应一个定额子目，也可能由于清单工程量计算规则与所采用的定额工程量计算规则之间的差异，而导致二者的计价单位和计算出来的工程量不一致。因此，清单工程量不能直接用于计价，在计价时必须考虑施工方案等各种影响因素，根据所采用的计价定额及相应的工程量计算规则重新计算各定额子目的施工工程量。定额子目工程量的具体计算方法，应严格按照与所采用的定额相对应的工程量计算规则计算。

3）测算人、料、机消耗量。人、料、机的消耗量一般参照定额进行确定。在编制招标控制价时一般参照政府颁发的消耗量定额；编制投标报价时一般采用反映企业水平的企业定额，投标企业没有企业定额时可参照消耗量定额进行调整。

4）确定人、料、机单价。人工单价、材料价格和施工机械台班单价，应根据工程项目的具体情况及市场资源的供求状况进行确定，采用市场价格作为参考，并考虑一定的调价系数。

5）计算清单项目的人、料、机总费用。按确定的分项工程人工、材料和机械的消耗量及询价获得的人工单价、材料单价、施工机械台班单价，与相应的计价工程量相乘得到各定额子目的人、料、机总费用，将各定额子目的人、料、机总费用汇总后算出清单项目的人、料、机总费用。

人、料、机总费用＝Σ计价工程量×（Σ人工消耗量×人工单价＋Σ材料消耗量×材料单价＋Σ台班消耗量×台班单价）

6）计算清单项目的管理费和利润。企业管理费及利润通常根据各地区规定的费率乘以规定的计价基础得出。通常情况下，计算公式如下：

管理费＝人、料、机总费用×管理费费率

利润＝（人、料、机总费用＋管理费）×利润率

7）计算清单项目的综合单价。将清单项目的人、料、机总费用、管理费及利润汇总得到该清单项目合价，将该清单项目合价除以清单项目的工程量即可得到该清单项目的综合单价。

综合单价＝（人、料、机总费用＋管理费＋利润）/清单工程量

2. 措施项目费计算

措施项目费是指为完成工程项目施工，而用于发生在该工程施工准备和施工过程中的技术、生活、安全、环境保护等方面的非工程实体项目所支出的费用。措施项目清单计价应根据建设工程的施工组织设计，可以计算工程量的措施项目，应按分部分项工程量清单的方式采用综合单价计价；其余的不能算出工程量的措施项目，则采用总价项目的方式，以"项"为单位的方式计价，应包括除规费、税金外的全部费用。措施项目清单中的安全文明施工费应按照国家或省级、行业建设主管部门的规定计价，不得作为竞争性费用。

措施项目费的计算方法一般有以下几种。

（1）综合单价法

这种方法与分部分项工程综合单价的计算方法一样，就是根据需要消耗的实物工程量与实物单价计算措施费，适用于可以计算工程量的措施项目，主要是指一些与工程实体有紧密联系的项目，如混凝土模板、脚手架、垂直运输等。与分部分项工程不同，并不要求每个措施项目的综合单价必须包含人工费、材料费、机具费、管理费和利润中的每一项。计算可参考公式。

$$措施项目费＝\sum（单价措施项目工程量×单价措施项目综合单价）$$

（2）参数法计价

参数法计价是指按一定的基数乘系数的方法或自定义公式进行计算。这种方法简单明了，但最大的难点是公式的科学性、准确性难以把握。这种方法主要适用于施工过程中必须发生，但在投标时很难具体分项预测，又无法单独列出项目内容的措施项目。如夜间施工费、二次搬运费、冬雨期施工的计价均可以采用该方法，计算公式如下：

安全文明施工费：

$$安全文明施工费＝计算基数×安全文明施工费费率（\%）$$

计算基数应为定额基价（定额分部分项工程费＋定额中可以计量的措施项目费）、定额人工费或（定额人工费＋定额机械费），其费率由工程造价管理机构根据各专业工程的特点综合确定。

夜间施工增加费：

$$夜间施工增加费＝计算基数×夜间施工增加费费率（\%）$$

二次搬运费：

$$二次搬运费＝计算基数×二次搬运费费率（\%）$$

冬雨期施工增加费：

$$冬雨期施工增加费＝计算基数×冬雨季施工增加费费率（\%）$$

已完工程及设备保护费：

$$已完工程及设备保护费＝计算基数×已完工程及设备保护费费率（\%）$$

项措施项目的计费基数应为定额人工费或（定额人工费＋定额机械费），其费率由工程造价管理机构根据各专业工程特点和调查资料综合分析后确定。

（3）分包法计价

在分包价格的基础上增加投标人的管理费及风险费进行计价的方法，这种方法适合可以分包的独立项目，如室内空气污染测试等。

有时招标人要求对措施项目费进行明细分析，这时采用参数法组价和分包法组价都是先计算该措施项目的总费用，这就需人为用系数或比例的办法分摊人工费、材料费、机械费、管理费及利润。

3. 其他项目费计算

其他项目费由暂列金额、暂估价、记日工、总承包服务费等内容构成。

暂列金额和暂估价由招标人按估算金额确定。招标人在工程量清单中提供的暂估价的材料、工程设备和专业工程，若属于依法必须招标的，由承包人和招标人共同通过招标确定材料、工程设备单价与专业工程分包价；若材料、工程设备不属于依法必须招标的，经发承包双方协商确认单价后计价；若专业工程不属于依法必须招标的，由发包人、总承包人与分包人按有关计价依据进行计价。

记日工和总承包服务费由承包人根据招标人提出的要求,按估算的费用确定。

4. 规费与税金的计算

规费是指政府和有关权力部门规定必须缴纳的费用。建筑安装工程税金是指国家税法规定的应计入建筑安装工程造价内的营业税、城市维护建设税、教育费附加及地方教育费附加。如国家税法发生变化或地方政府及税务部门依据职权对税种进行了调整,应对税金项目清单进行相应调整。

规费和税金应按国家或省级、行业建设主管部门的规定计算,不得作为竞争性费用。每一项规费和税金的规定文件中,对其计算方法都有明确的说明,故可以按各项法规和规定的计算方式计取。具体计算时,一般按国家及有关部门规定的计算公式和费率标准进行计算。

5. 风险费用的确定

风险是一种客观存在的、可能会带来损失的、不确定的状态,工程风险是指一项工程在设计、施工、设备调试以及移交运行等项目全寿命周期全过程可能发生的风险。这里的风险具体指工程建设施工阶段承发包双方在招投标活动和合同履约及施工中所面临的涉及工程计价方面的风险。建设工程发承包,必须在招标文件、合同中明确计价中的风险内容及其范围,不得采用无限风险、所有风险或类似语句规定计价中的风险内容及范围。

第四章 工程项目设计概算及其编制

第一节 工程项目设计概算的概念、依据、作用及表示

一、工程项目设计概算的概念

工程项目概算是初步设计文件的重要组成部分,它是在投资估算的控制下由设计单位根据初步设计或扩大初步设计的图纸及说明,利用国家或地区颁发的概算指标、概算定额或综合指标预算定额、设备材料预算价格等资料,按照设计要求,概略地计算建筑物或构筑物造价的经济文件。其特点是编制工作较为简单,在精度上没有施工图预算准确。建设项目设计总概算投资额是工程项目建设投资的最高限额,未经按规定之程序批准,不能突破这个限额。同时投资概算是编制项目投资计划,签订工程承包合同,控制工程款,组织主要设备订货,进行施工前准备和控制施工图预算的依据。

二、工程项目设计概算的作用及编制步骤

1. 工程项目设计概算的作用

1)设计概算是编制建设计划的依据。建设工程项目年度计划的安排、其投资需要量的确定、建设物资供应计划和建筑安装施工计划等,都以主管部门批准的设计概算为依据。若实际投资超出了总概算,设计单位和建设单位需要共同提出追加投资的申请报告,经上级计划部门批准后,方能追加投资。

2)设计概算是制定和控制建设投资的依据。对于使用政府资金的建设项目按照规定报请有关部门或单位批准初步设计及总概算,一经上级批准,总概算就是总造价的最高限额,不得任意突破,如有突破,须报原审批部门批准。

3)设计概算是进行贷款的依据。银行根据批准的设计概算和年度投资计划进行贷款,并严格监督控制。

4)设计概算是签订工程总承包合同的依据。对于施工期限较长的大中型建设工程项目,可以根据批准的建设计划,初步设计和总概算文件确定工程项目的总承包价,采用工程总承包的方式进行建设。

5)设计概算是考核设计方案的经济合理性和控制施工图预算和施工图设计的依据。

6)设计概算是考核和评价建设工程项目成本和投资效果的依据。可以将以概算造价为基础计算的项目技术经济指标与以实际发生造价为基础计算的指标进行对比,从而对建设工程项目成本及投资效果进行评价。

2. 工程项目设计概算的编制步骤

实行工程总承包的工程建设组织方式以后,工程项目费用概算(估算)的作用随之发生了变化,不仅在项目的可行性研究阶段进行投资费用的估算编制工作,而且在工程的招投标过程中,也必须进行投资费用的概算编制工作,在项目中标后,进入工程实施阶段,还要分阶段地进行愈来愈深的费用概算编制工作。

1)报价阶段编制费用概算是根据工程项目的询价要求,在确定的服务范围和深度条件下,确定合理的、能让业主接受的报价,力争工程公司在项目抽标竞争中取胜。

2)工程实施阶段(包括初步设计、施工图设计、施工),各阶段编制相应的概算,主要用于工程项目的费用控制,也是保证工程公司获得最佳效益所不可缺少的重要工作。对于以设备为主、工艺复杂的项目,针对项目的不同类型一般分为四个阶段。

①第一阶段编制初期的控制概算,初期控制概算仅用于开口价合同项目,在工艺设计阶段初期编制,作为项目实施最初阶段的费用控制基准。

②第二阶段为批准的控制概算,以报价概算及用户变更为基础进行编制。

③第三阶段为首次核定概算,在基础设计完成时进行编制,作为控制费用的最终概算,也作为详细工程设计阶段和施工阶段的费用控制基准。

④第四阶段编制二次核定概算,在工程设计全部完成以后,设备、材料均已订货,并且开始交货到现场时开始编制,主要用来较为准确地分析和预测项目竣工时的最终费用,并可作为工程施工结算的基础。

对于以建筑工程为主,设备基本定型化及标准化的工程项目,应根据项目的性质和特点决定控制概算的编制阶段。在中标之后编制初期控制概算,以中标合同及用户变更为基础,作为初期控制的基准,用以限额设计及费用控制;在初步设计阶段编制控制概算,作为最终的控制概算;在施工图设计完成以后编制核定概算,用来分析和预测项目的最终费用,并作为工程施工结算的基础。

三、工程项目设计概算的依据

1)国家、行业和地方政府有关法律法规或方针政策等及规定;批准的建设项目的设计任务书(或批准的可行性研究文件)和主管部门的有关规定。

2)批准的可行性研究报告。

3)有关文件、合同、协议等。

4)项目所在地区有关的经济、人文等社会条件。

5)项目所在地共有关的气候、人文、地质、地貌等自然条件。

6)资金筹措方式。

7)初步设计项目一览表。

8)项目的技术复杂程度,以及新技术、专利使用情况。

9)项目涉及的概算指标或定额。

10)常规的施工组织设计。

11)项目的管理(含监理)、施工条件。

12)设计工程量。

13)项目涉及的设备材料供应及合格。

14)能满足编制设计概算的各专业经过校审并签字的设计图纸(或内部作业草图)、文字说明和主要设备表,其中包括:

①土建工程中建筑专业提交建筑平、立、剖面图和初步设计文字说明(应说明或注明装修标准、门窗尺寸);结构专业提交结构平面布置图、构件截面尺寸、特殊构件配筋率。

②给水排水、电气、采暖通风、空气调节、动力等专业的平面布置图或文字说明和主要设备表。

③室外工程有关各专业提交平面布置图;总图专业提交建设场地的地形图和场地设计标高及道路、排水沟、挡土墙、围墙等构筑物的断面尺寸。

15)当地和主管部门的现行建筑工程和专业安装工程的概算定额(或预算定额、综合预算定额,本节下同)、单位估价表、材料及构配件预算价格、工程费用定额和有关费用规定的文件等资料。

16)现行的有关设备原价及运杂费率。

17)现行的有关其他费用定额、指标和价格。

18)建设场地的自然条件和施工条件。

19)类似工程的概、预算及技术经济指标。

20)建设单位提供的有关工程造价的其他资料。

四、工程项目设计概算编制的内容及表示

1. 工程项目设计概算编制基本要求

设计概算投资一般应控制在立项批准的投资控制额以内;如果设计概算值超过控制额,必须修改设计或重新立项审批;设计概算批准后不得任意修改和调整;如需修改或调整时,须经原批准部门重新审批。设计概算应按编制时项目所在地的价格水平编制,总投资应完整地反映编制时建设项目的实际投资;设计概算应考虑建设项目施工条件等因素对投资的影响;还应按项目合理工期预测建设期价格水平及资产租赁和贷款的时间价值等动态因素对投资的影响;设计概算由项目设计单位负责编制,并对其编制质量负责。

2. 工程项目概算的内容

投资概算可分为单位工程概算、单项工程综合概算和建设工程项目总概算三级。各级概算之间的相互关系如图4-1所示。

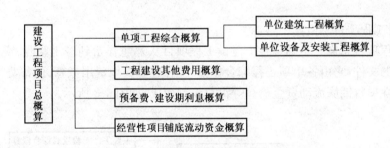

图4-1 设计概算文件的组成内容

(1)单位工程概算

单位工程概算是确定各单位工程建设费用的文件,它是根据初步设计或扩大初步设计图纸和概算定额或概算指标以及市场价格信息等资料编制而成的。

1)对于一般工业与民用建筑工程而言,单位工程概算按其工程性质分为建筑工程概算和设备及安装工程概算两大类。建筑工程概算包括土建工程概算、给排水采暖工程概算、通风空调工程概算、电气照明工程概算、弱电工程概算、特殊构筑物工程概算等;设备及安装工程概算包括机械设备及安装工程概算、电气设备及安装工程概算、热力设备及安装工程概算以及工器具及生产家具购置费概算等。

2)单位工程概算只包括单位工程的工程费用,由人、料、机费用和企业管理费、利润、规费、税金组成。

(2)单项工程综合概算

单项工程综合概算是确定一个单项工程所需建设费用的文件,是由单项工程中的各单位工程概算汇总编制而成的,是建设工程项目总概算的组成部分。对于一般工业与民用建筑工程而言,单项工程综合概算的组成内容如图 4-2 所示。

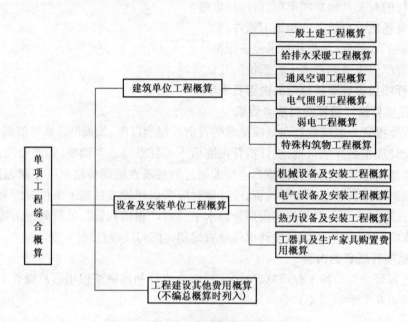

图 4-2　单项工程综合概算的组成内容

(3)建设工程项目总概算

建设工程项目总概算是确定整个建设工程项目从筹建开始到竣工验收、交付使用所需的全部费用的文件,它由各单项工程综合概算、工程建设其他费用概算、预备费、建设期利息概算和经营性项目铺底流动资金概算等汇总编制而成,如图 4-3 所示。

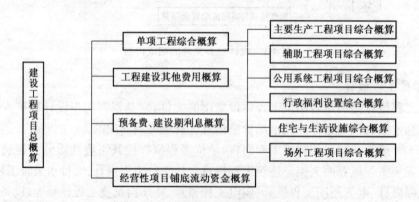

图 4-3　建设工程项目总概算的组成内容

3. 工程项目投资概算表(标准)

(1)设计概算封面式样

(工程名称)

设计概算

共　册　第　册

(编制单位名称)
(工程造价咨询单位执业章)
年　　月　　日

(2)设计概算签署页式样

(工程名称)

设计概算

档　案　号:

共　册　第　册

编　制　人:＿＿＿＿＿＿＿[执业(从业)印章]＿＿＿＿＿＿＿

审　核　人:＿＿＿＿＿＿＿[执业(从业)印章]＿＿＿＿＿＿＿

审　定　人:＿＿＿＿＿＿＿[执业(从业)印章]＿＿＿＿＿＿＿

法定负责人:＿＿＿＿＿＿＿＿＿＿＿＿＿＿＿＿＿＿＿＿＿＿＿＿

（3）设计概算目录式样

目录

序号	编号	名称	页次
1		编制说明	
2		总概算表	
3		其他费用表	
4		预备费计算表	
5		专项费用计算表	
6		××综合概算表	
7		××综合概算表	
		……	
9		××单项工程概算表	
10		××单项工程概算表	
		……	
11		补充单位估价表	
12		主要设备材料数量及价格表	
13		概算相关资料	

（4）编制说明式样

编 制 说 明

1　工程概况；

2　主要技术经济指标；

3　编制依据；

4　工程费用计算表；

1)建筑工程工程费用计算表；

2)工艺安装工程工程费用计算表；

3)配套工程工程费用计算表；

4)其他工程工程费用计算表。

5　引进设备材料有关费率取定及依据:国外运输费、国外运输保险费、海关税费、增值税、国内运杂费、其他有关税费；

6　其他有关说明的问题；

7　引进设备材料从属费用计算表。

(5)总概算表

总概算表

总概算编号:_____　　工程名称:_____　　单位: 万元　　共 页 第 页

序号	概算编号	工程项目或费用名称	建筑工程费	设备购置费	安装工程费	其他费用	合计	其中:引进部分		占总投资比例(%)
								美元	折合人民币	
一		工程费用								
1		主要工程								
		××××								
		××××								
2		辅助工程								
		××××								
3		配套工程								
		××××								
二		其他费用								
1		××××								
2		××××								
三		预备费								
四		专项费用								
1		××××								
2		××××								
		建设项目权算总投资								

编制人:　　　　　　　审核人:　　　　　　　审定人:

(6)其他费用表

其他费用表

工程名称:_____　单位: 万元(元)　　　　　　　共 页 第 页

序号	费用项目编号	费用项目名称	费用计算基数	费率(%)	金额	计算公式	备注
1							
2							

编制人:　　　　　　　审核人:

（7）其他费用计算表

其他费用计算表

其他费用编号：_____　费用名称：_____　单位：　万元（元）　　共　页　第　页

序号	费用项目名称	费用计算基数	费率（%）	金额	计算公式	备注
	合计					

编制人：　　　　　　　　　　　　　审核人：

（8）综合概算表

综合概算表

综合概算编号：_____　工程名称（单项工程）_____　单位：　万元（元）　共　页　第　页

序号	概算编号	工程项目或费用名称	设计规模或主要工程量	建筑工程费	设备购置费	安装工程费	合计	其中:引进部分	
								美元	折合人民币
一		主要工程							
1	×××	×××××							
2	×××	×××××							
二		辅助工程							
1	×××	×××××							
2	×××	×××××							
三		配套工程							
1	×××	×××××							
2	×××	×××××							
		单项工程概算费用合计							

编制人：　　　　　　　　审核人：　　　　　　　　审定人：

(9)建筑工程概算表

建筑工程概算表

单位工程概算编号：_____　　工程名称(单位工程)：_____　　　　共 页 第 页

序号	定额编号	工程项目或费用名称	单位	数量	单价(元)				合价(元)			
					定额基价	人工费	材料费	机械费	金额	人工费	材料费	机械费
一		土石方工程										
1	××	×××××										
2	××	×××××										
二		砌筑工程										
1	××	×××××										
三		楼地面工程										
1	××	×××××										
		小 计										
		工程综合取费										
		单位工程概算费用合计										

编制人：　　　　　　　　　　　　　审核人：

(10)设备及安装工程概算表

设备及安装工程概算表

单位工程概算编号：_____　　工程名称(单位工程)：_____　　　　共 页 第 页

序号	定额编号	工程项目或费用名称	单位	数量	单价(元)					合价(元)				
					设备费	主材费	定额基价	其中：		设备费	主材费	定额费	其中：	
								人工费	机械费				人工费	机械费
一		设备安装												
1	××	×××××												
2	××	×××××												
二		管道安装												
1	××	×××××												
三		防腐保温												
1	××	×××××												

续表

序号	定额编号	工程项目或费用名称	单位	数量	单价(元)					合价(元)				
					设备费	主材费	定额基价	其中:		设备费	主材费	定额费	其中:	
								人工费	机械费				人工费	机械费
		小坟												
		工程综合取费												
		合计(单位工程概算费用)												

编制人：　　　　　　　　　　　审核人：

(11)补充单位估价表

补充单位估价表

工作内容：　　　　　　　　　　　　　　　　　　　　　　共　页　第　页

补充单位估价表编号			
定额基价			
人工费			
材料费			
机械费			
名称	单位	单价	数量
综合工日			
材料			
	其他材料费		
机械			

编制人：　　　　　　　　　　　审核人：

（12）主要设备材料数量及价格表

主要设备材料数量及价格表

序号	设备材料名称	规格型号及材质	单位	数量	单价（元）	价格来源	备注

编制人：　　　　　　　　　审核人：

（13）总概算对比表

总概算对比表

总概算编号：＿＿＿＿＿＿　　工程名称：＿＿＿＿＿　　单位：　万元　共　页　第　页

序号	工程项目或费用名称	原批准概算					调整概算					差额（调整概算－原批准概算）	备注
		建筑工程费	设备购置费	安装工程费	其他费用	合计	建筑工程费	设备购置费	安装工程费	其他费用	合计		
一	工程费用												
1	主要工程												
(1)	×××××												
(2)	×××××												
2	辅助工程												
(1)	×××××												
3	配套工程												
(1)	×××××												
二	其他费用												
1	×××××												
2	×××××												
三	预备费												
四	专项费用												
1	×××××												

续表

序号	工程项目或费用名称	原批准概算					调整概算					差额（调整概算－原批准概算）	备注
		建筑工程费	设备购置费	安装工程费	其他费用	合计	建筑工程费	设备购置费	安装工程费	其他费用	合计		
2	×××××												
	建设项目概算总投资												

编制人：   审核人：

(14)综合概算对比表

综合概算对比表

综合概算编号：＿＿＿＿＿＿＿＿ 工程名称：＿＿＿＿＿＿＿＿＿＿   单位： 万元   共 页 第 页

序号	工程项目或费用名称	原批准概算				调整概算				差额（调整概算－原批准概算）	调整的主要原因
		建筑工程费	设备购置费	安装工程费	合计	建筑工程费	设备购置费	安装工程费	合计		
一	主要工程										
1	××××××										
2	××××××										
二	辅助工程										
1	××××××										
2	××××××										
三	配套工程										
1	××××××										
2	××××××										
	单项工程概算费用合计										

编制人：   审核人：

(15)进口设备材料货价及从属费用计算表

进口设备材料货价及从属费用计算表

序号	设备材料规格名称及费用名称	单位	数量	单价(美元)	外币金额(美元)					折合人民币(元)	人民币金额(元)						合计(元)
					货价	运输费	保险费	其他费用	合计		关税	增值税	银行财务费	外贸手续费	国内运杂费	合计	

编制人：　　　　　　　　　审核人

(16)工程费用计算程序表

工程费用计算程序表

序号	费用名称	取费基础	费率	计算公式

第二节　工程项目设计概算的编制

一、工程项目设计概算指标

概算指标是以每 $100m^2$ 建筑面积、每 $1000m^3$ 建筑体积或每座构筑物为计量单位,规定人工、材料、机械及造价的定额指标。

概算指标是概算定额的扩大与合并,它是以整个房屋或构筑物为对象,以更为扩大的计量单位来编制的,包括劳动力、材料和机械台班定额三个基本部分。同时,还列出了各结构分部的工程量及单位工程(以体积计或以面积计)的造价。例如,每 $1000m^3$ 房屋或构筑物、每 $1000m$ 管道或道路、每座小型独立构筑物所需要的劳动力、材料和机械台班的消耗数量等。

概算指标的作用与概算定额类似,在设计深度不够的情况下,往往用概算指标来编制初步设计概算。

因为概算指标比概算定额进一步扩大与综合,所以,依据概算指标来估算投资就更为简便,但精确度也随之降低。

由于各种性质建设工程项目所需要的劳动力、材料和机械台班的数量不同,概算指标通常按工业建筑和民用建筑分别编制。工业建筑中又按各工业部门类别、企业大小、车间结构编制,民用建筑中又按用途性质、建筑层高、结构类别编制。

单位工程概算指标,一般选择常见的工业建筑的辅助车间(如机修车间、金工车间、装配车间、锅炉房、变电站、空压机房、成品仓库、危险品仓库等)和一般民用建筑项目(如工房、单身宿舍、办公楼、教学楼、浴室、门卫室等)为编制对象,根据设计图纸和现行的概算定额等,测算出每 $100m^2$ 建筑面积或每 $1000m^3$ 建筑体积所需的人工、主要材料、机械台班的消耗量指标和相应的费用指标等。

概算指标的组成内容一般分为文字说明、指标列表和附录等几部分。

1)文字说明部分。概算指标的文字说明,其内容通常包括概算指标的编制范围、编制依据、分册情况、指标包括的内容、指标未包括的内容、指标的使用范围、指标允许调整的范围及调整方法等。

2)列表形式部分。建筑工程的列表形式中,房屋建筑、构筑物一般以建筑面积 $100m^2$、建筑体积 $1000m^3$、"座""个"等为计量单位,附以必要的示意图,给出建筑物的轮廓示意或单线平面图;列有自然条件、建筑物类型、结构形式、各部位中结构的主要特点、主要工程量;列出综合指标:人工、主要材料、机械台班的消耗量。建筑工程的列表形式中,设备以"t"或"台"为计量单位,也有以设备购置费或设备的百分比表示;列出指标编号、项目名称、规格、综合指标等。

二、工程项目设计概算的编制方法

1. 单位工程概算的编制方法

单位工程概算分建筑工程概算和设备及安装工程概算两大类。建筑工程概算的编制方法有概算定额法、概算指标法、类似工程预算法;设备及安装工程概算的编制方法有预算单价法、扩大单价法、设备价值百分比法和综合吨位指标法等。

(1)单位建筑工程概算编制方法

1)概算定额法。概算定额法又叫扩大单价法或扩大结构定额法。它与利用预算定额编制单位建筑工程施工图预算的方法基本相同。其不同之处在于编制概算所采用的依据是概算定额,所采用的工程量计算规则是概算工程量计算规则。该方法要求初步设计达到一定深度,建筑结构比较明确时方可采用。

利用概算定额法编制设计概算的具体步骤如下。

按照概算定额分部分项顺序,列出各分项工程的名称。工程量计算应按概算定额中规定的工程量计算规则进行,并将计算所得各分项工程量按概算定额编号顺序,填入工程概算表内。

确定各分部分项工程项目的概算定额单价(基价)。工程量计算完毕后,逐项套用相应概算定额单价和人工、材料消耗指标,然后分别将其填入工程概算表和工料分析表中。如遇设计图中的分项工程项目名称、内容与采用的概算定额手册中相应的项目有某些不相符时,则按规定对定额进行换算后方可套用。

有些地区根据地区人工工资、物价水平和概算定额编制了与概算定额配合使用的扩大单位估价表,该表确定了概算定额中各扩大分部分项工程或扩大结构构件所需的全部人工费、材料费、机械台班使用费之和,即概算定额单价。在采用概算定额法编制概算时,可以将计算出的扩大分部分项工程的工程量,乘以扩大单位估价表中的概算定额单价进行人、料、机费用的计算。概算定额单价的计算公式为:

概算定额单价＝概算定额人工费＋概算定额材料费＋概算定额机械台班使用费＝$\sum$(概算定额中人工消耗量×人工单价)＋$\sum$(概算定额中材料消耗量×材料预算单价)＋$\sum$(概算定额中机械台班消耗量×机械台班单价)

计算单位工程的人、料、机费用。将已算出的各分部分项工程项目的工程量分别乘以概算定额单价、单位人工、材料消耗指标,即可得出各分项工程的人、料、机费用和人工、材料消耗量。再汇总各分项工程的人、料、机费用及人工、材料消耗量,即可得到该单位工程的人、料、机费用和工料总消耗量。如果规定有地区的人工、材料价差调整指标,计算人、料、机费用时,按规定的调整系数或其他调整方法进行调整计算。

根据人、料、机费用,结合其他各项取费标准,分别计算企业管理费、利润、规费和税金。

计算单位工程概算造价,其计算公式为:

单位工程概算造价＝人、料、机费用＋企业管理费＋利润＋规费＋税金

【示例】 概算定额编制单位工程概算

某市拟建一座 $7560m^2$ 教学楼,请按给出的扩大单价和工程量表(表 4-1、表 4-2)编制出该教学楼土建工程设计概算造价和每 $1m^2$ 造价。按有关规定标准计算得到措施费为438000 元,各项费率分别为:措施费率为 4%,间接费费率为 5%,利润率为 7%,综合税率为3.413%(以直接费为计算基础)。

表 4-1　某教学楼土建工程量和扩大单价

分部工程名称	单位	工程量	扩大单价(元)
基础工程	$10m^3$	160	2500
混凝土及钢筋混凝土	$10m^3$	150	6800
砌筑工程	$10m^3$	280	3300
地面工程	$100m^2$	40	1100
楼面工程	$100m^2$	90	1800
卷材屋面	$100m^2$	40	4500
门窗工程	$100m^2$	35	5600
脚手架	$100m^2$	180	600

表 4-2　某教学楼土建工程造价

序号	分部工程或费用名称	单位	工程量	单价(元)	合价(元)
1	基础工程	$10m^3$	160	2500	400000
2	混凝土及钢筋混凝土	$10m^3$	150	6800	1020000
3	砌筑工程	$10m^3$	280	3300	9274000
4	地面工程	$100m^2$	40	1100	44000
5	楼面工程	$100m^2$	90	1800	162000
6	卷材屋面	$100m^2$	40	4500	180000

续表 4-2

序号	分部工程或费用名称	单位	工程量	单价(元)	合价(元)
7	门窗工程	100m²	35	5600	196000
8	脚手架	100m²	180	600	108000
A	直接费工程小计	以上 8 项之和			3034000
B	措施费				438000
C	直接费小计	A+B			3472000
D	间接费	C×5%			173600
E	利润	(C+D)×7%			255192
F	税金	(C+D+E)×3.413%			133134
	概算造价	C+D+E+F			4033926
	平方米造价	4033926/7560			533.6

【示例】 采用概算定额法编制的某楼土建单位工程概算书具体参见表 4-3。

表 4-3 某中心医院急救中心病原实验楼土建单位工程概算书

工程定额编号	工程费用名称	计量单位	工程量	金额(元) 概算定额基价	合价
3-1	实心砖基础(含土方工程)	10m³	19.60	1722.55	33761.98
3-27	多孔砖外墙	100m²	20.78	4048.42	84126.17
3-29	多孔砖内墙	100m²	21.45	5021.47	107710.53
4-21	无筋混凝土带基	m³	521.16	566.74	295362.22
4-33	现浇混凝土矩形梁	m³	637.23	984.22	627174.51
……	……		……		……
(一)	项目人、料、机费用小计	元			7893244.79
(二)	项目定额人工费	元			1973311.20
(三)	企业管理费(一)×5%	元			394662.24
(四)	利润[(一)+(三)]×8%	元			663032.56
(五)	规费[(二)×38%]	元			749858.26
(六)	税金[(一)+(三)+(四)+(五)]×3.41%	元			330797.21
(七)	造价总计[(一)+(三)+(四)+(五)+(六)]	元			10031595.06

2)概算指标法。当初步设计深度不够,不能准确地计算工程量,但工程设计采用的技术比较成熟而又有类似工程概算指标可以利用时,可以采用概算指标法编制工程概算。概算指标法将拟建厂房、住宅的建筑面积或体积乘以技术条件相同或基本相同的概算指标而得出人、料、机费用,然后按规定计算出企业管理费、利润、规费和税金等。概算指标法计算精

度较低,但由于其编制速度快,因此对一般附属、辅助和服务工程等项目,以及住宅和文化福利工程项目或投资比较小、比较简单的工程项目投资概算有一定实用价值。

①拟建工程结构特征与概算指标相同时的计算。

在使用概算指标法时,如果拟建工程在建设地点、结构特征、地质及自然条件、建筑面积等方面与概算指标相同或相近,就可直接套用概算指标编制概算。

根据选用的概算指标的内容,可选用两种套算方法。

一种方法是以指标中所规定的工程每平方米或立方米的人、料、机费用单价,乘以拟建单位工程建筑面积或体积,得出单位工程的人、料、机费用,再计算其他费用,即可求出单位工程的概算造价。人、料、机费用计算公式为:

人、料、机费用＝概算指标每平方米(立方米)人、料、机费用单价×拟建工程建筑面积(体积)

这种简化方法的计算结果参照的是概算指标编制时期的价格标准,未考虑拟建工程建设时期与概算指标编制时期的价差,所以,在计算人、料、机费用后还应用物价指数另行调整。

另一种方法是以概算指标中规定的每 $100m^2$ 建筑物面积(或 $1000m^3$ 体积)所耗人工工日数、主要材料数量为依据,首先计算拟建工程人工、主要材料消耗量,再计算人、料、机费用,并取费。在概算指标中,一般规定了 $100m^2$ 建筑物面积(或 $1000m^3$ 体积)所耗工日数、主要材料数量,通过套用拟建地区当时的人工工资单价和主材预算价格,便可得到每 $100m^2$ (或 $1000m^3$)建筑物的人工费和主材费而无需再作价差调整。计算公式为:

$100m^2$ 建筑物面积的人工费＝指标规定的工日数×本地区人工工日单价

$100m^2$ 建筑物面积的主要材料费＝$\sum$(指标规定的主要材料数量×地区材料预算单价)

$100m^2$ 建筑物面积的其他材料费＝主要材料费×其他材料费占主要材料费的百分比

$100m^2$ 建筑物面积的机械使用费＝(人工费＋主要材料费＋其他材料费)×机械使用费所占百分比

每 $1m^2$ 建筑面积的人、料、机费用＝(人工费＋主要材料费＋其他材料费＋机械使用费)/100

根据人、料、机费用,结合其他各项取费方法,分别计算企业管理费、利润、规费和税金,得到每 $1m^2$ 建筑面积的概算单价,乘以拟建单位工程的建筑面积,即可得到单位工程概算造价。

②拟建工程结构特征与概算指标有局部差异时的调整。

由于拟建工程往往与类似工程的概算指标的技术条件不尽相同,而且概算编制年份的设备、材料、人工等价格与拟建工程当时当地的价格也会不同,在实际工作中,还经常会遇到拟建对象的结构特征与概算指标中规定的结构特征有局部不同的情况,因此,必须对概算指标进行调整后方可套用。调整方法如下所述。

a. 调整概算指标中的每 $1m^2$ ($1m^3$)造价。当设计对象的结构特征与概算指标有局部差异时需要进行这种调整。这种调整方法是将原概算指标中的单位造价进行调整(仍使用人、料、机费用指标),扣除每 $1m^2$ ($1m^3$)原概算指标中与拟建工程结构不同部分的造价,增加每 $1m^2$ ($1m^3$)拟建工程与概算指标结构不同部分的造价,使其成为与拟建工程结构相同的工程单位人、料、机费用造价。计算公式为：

$$结构变化修正概算指标(元/m^2)=J+Q_1P_1-Q_2P_2$$

式中　J——原概算指标；

　　　Q_1——概算指标中换入结构的工程量；

　　　Q_2——概算指标中换出结构的工程量；

　　　P_1——换入结构的人、料、机费用单价；

　　　P_2——换出结构的人、料、机费用单价。

则拟建单位工程的人、料、机费用为：

人、料、机费用＝修正后的概算指标×拟建工程建筑面积(或体积)

求出人、料、机费用后，再按照规定的取费方法计算其他费用，最终得到单位工程概算价值。

b. 调整概算指标中的工、料、机数量。这种方法是将原概算指标中每 $100m^2$($1000m^3$)建筑面积(体积)中的工、料、机数量进行调整，扣除原概算指标中与拟建工程结构不同部分的工、料、机消耗量，增加拟建工程与概算指标结构不同部分的工、料、机消耗量，使其成为与拟建工程结构相同的每 $100m^2$($1000m^3$)建筑面积(体积)工、料、机数量。计算公式为：

结构变化修正概算指标的工、料、机数量＝原概算指标的工、料、机数量＋换入结构件工程量×相应定额工、料、机消耗量－换出结构件工程量×相应定额工、料、机消耗量

以上两种方法，前者是直接修正概算指标单价，后者是修正概算指标的工、料、机数量。修正之后，方可按上述第一种情况分别套用。

【示例】　某市一栋普通办公楼为框架结构 $2700m^2$，建筑工程直接工程费为 378 元/m^2，其中：毛石基础为 39 元/m^2，而今拟建一栋办公楼 $3000m^2$，采用钢筋混凝土结构，带形基础造价为 51 元/m^2，其他结构相同。试计算拟建新办公室建筑工程直接工程费造价。

解： 调整后的概算指标(元/m^2)＝37839＋51＝390 元/m^2

拟建新办公楼建筑工程直接工程费＝3000×390＝1170000 元

再按上述概算定额法同样计算程序和方法，计算出措施费、间接费、利润和税金，便可求出新建办公楼的建筑工程造价。

【示例】　某新建住宅的建筑面积为 $4000m^2$，按概算指标和地区材料预算价格等算出一般土建工程单位造价为 680.00 元/m^2(其中人、料、机费用为 480.00 元/m^2)，采暖工程 34.00 元/m^2，给排水工程 38.00 元/m^2，照明工程 32.00 元/m^2。按照当地造价管理部门规定，企业管理费费率为 8%，利润率为 7%，按人、料、机费用计算的规费费率为 15%，税率为 3.4%。但新建住宅的设计资料与概算指标相比较，其结构构件有部分变更，设计资料表明外墙为 1 砖半外墙，而概算指标中外墙为 1 砖外墙，根据当地土建工程预算定额，外墙带形毛石基础的预算单价为 150 元/m^3，1 砖外墙的预算单价为 176 元/m^3，1 砖半外墙的预算单价为 178 元/m^3；概算指标中每 $100m^2$ 建筑面积中含外墙带形毛石基础为 $18m^3$，1 砖外墙为 $46.5m^3$，新建工程设计资料表明，每 $100m^2$ 中含外墙带形毛石基础为 $19.6m^3$，1 砖半外墙为 $61.2m^3$。

请计算调整后的概算单价和新建宿舍的概算造价。

解： 对土建工程中结构构件的变更和单价调整过程见表 4-4。

表 4-4　土建工程概算指标调整表

序号	结构名称	单位	数量 （每 100m² 含量）	单价	合价（元）
1	土建工程单位人、料、机费用造价换出部分： 外墙带形毛石基础 1 砖外墙 合计	 m³ m³ 元	 18.00 46.50	 150.00 177.00	480.00 2700.00 8230.50 10930.50
2	换入部分： 外墙带形毛石基础 1 砖半外墙 合计	 m³ m³ 元	 19.60 61.20	 150.00 178.00	 2940.00 10893.60 13833.60
结构变化修正指标		480.00－10930.50/100＋13833.60/100＝509.00（元）			

以上计算结果为人、料、机费用单价，需取费得到修正后的土建单位工程造价，即：

$$509.00 \times (1＋8\%) \times (1＋15\%) \times (1＋7\%) \times (1＋3.4\%) ＝ 699.43 \, 元/m^2$$

其余工程单位造价不变，因此经过调整后的概算单价为：

$$699.43＋34.00＋38.00＋32.00＝803.43 \, 元/m^2$$

新建宿舍楼概算造价为：

$$803.43 \times 4000＝3213720 \, 元$$

3）类似工程预算法。类似工程预算法是利用技术条件与设计对象相类似的已完工程或在建工程的工程造价资料来编制拟建工程设计概算的方法。该方法适用于拟建工程初步设计与已完工程或在建工程的设计相类似且没有可用的概算指标的情况，但必须对建筑结构差异和价差进行调整。

（2）设备及安装工程概算编制方法

设备及安装工程概算费用由设备购置费和安装工程费组成。

1）设备购置费概算。设备购置费是指为项目建设而购置或自制的达到固定资产标准的设备、工器具、交通运输设备、生产家具等本身及其运杂费用。

设备购置费由设备原价和运杂费两项组成。设备购置费是根据初步设计的设备清单计算出设备原价，并汇总求出设备总价，然后按有关规定的设备运杂费率乘以设备总价，两项相加即为设备购置费概算，计算公式为：

设备购置费概算＝∑（设备清单中的设备数量×设备原价）×（1＋运杂费率）

或：　　　设备购置费概算＝∑（设备清单中的设备数量×设备预算价格）

国产标准设备原价可根据设备型号、规格、性能、材质、数量及附带的配件，向制造厂家询价或向设备、材料信息部门查询或按主管部门规定的现行价格逐项计算。

国产非标准设备原价在编制设计概算时，可以根据非标准设备的类别、重量、性能、材质等情况，以每台设备规定的估价指标计算原价，也可以以某类设备所规定吨重估价指标计算。

工具、器具及生产家具购置费一般以设备购置费为计算基数，按照部门或行业规定的工具、器具及生产家具费率计算。

2)设备安装工程概算的编制方法。设备安装工程费包括用于设备、工器具、交通运输设备、生产家具等的组装和安装,以及配套工程安装而发生的全部费用。

①预算单价法。当初步设计有详细设备清单时,可直接按预算单价(预算定额单价)编制设备安装工程概算。根据计算的设备安装工程量,乘以安装工程预算单价,经汇总求得。

用预算单价法编制概算,计算比较具体,精确性较高。

②扩大单价法。当初步设计的设备清单不完备或仅有成套设备的重量时,可采用主体设备、成套设备或工艺线的综合扩大安装单价编制概算。

③概算指标法。当初步设计的设备清单不完备或安装预算单价及扩大综合单价不全,无法采用预算单价法和扩大单价法时,可采用概算指标编制概算。概算指标形式较多,概括起来主要可按以下几种指标进行计算。

a. 按占设备价值的百分比(安装费率)的概算指标计算,计算公式为:

$$设备安装费＝设备原价×设备安装费率$$

b. 按每吨设备安装费的概算指标计算,计算公式为:

$$设备安装费＝设备总吨数×每吨设备安装费(元/吨)$$

c. 按座、台、套、组、根或功率等为计量单位的概算指标计算。如工业炉,按每台安装费指标计算;冷水箱,按每组安装费指标计算安装费等等。

d. 按设备安装工程每平方米建筑面积的概算指标计算。设备安装工程有时可按不同的专业内容(如通风、动力、管道等)采用每平方米建筑面积的安装费用概算指标计算安装费。

2. 单项工程综合概算的编制

单项工程综合概算是以其所包含的建筑工程概算表和设备及安装工程概算表为基础汇总编制的。当建设工程项目只有一个单项工程时,单项工程综合概算(实为总概算)还应包括工程建设其他费用概算(含建设期利息、预备费和固定资产投资方向调节税)。

单项工程综合概算文件一般包括编制说明和综合概算表两部分。

(1)编制说明

主要包括编制依据、编制方法、主要设备和材料的数量及其他有关问题。

(2)综合概算表

综合概算表是根据单项工程所辖范围内的各单位工程概算等基础资料,按照国家规定的统一表格进行编制。综合概算表见表4-5。

3. 建设工程项目总概算的编制

总概算是以整个建设工程项目为对象,确定项目从立项开始,到竣工交付使用整个过程的全部建设费用的文件。

(1)总概算书的内容

建设项目总概算是设计文件的重要组成部分。它由各单项工程综合概算、工程建设其他费用、建设期利息、预备费和经营性项目的铺底流动资金组成,并按主管部门规定的统一表格编制而成。

设计概算文件一般应包括以下几部分。

1)封面、签署页及目录。

2)编制说明。编制说明应包括下列内容:

表 4-5　综合概算表

建设工程项目名称：×××

单项工程名称：×××　　　　　　　　　　　　　　　　　　　　概算价值：×××元

序号	综合概算编号	工程或费用名称	概算价值(万元)						技术经济指标			占投资总额(%)	备注
			建筑工程费	安装工程费	设备购置费	工器具及生产家具购置费	其他费用	合计	单位	数量	单位价值(元)		
1	2	3	4	5	6	7	8	9	10	11	12	13	14
		一、建筑工程											
1	6-1	土建工程	×					×	×	×	×	×	
2	6-2	给水工程	×					×	×	×	×	×	
3	6-3	排水工程	×					×	×	×	×	×	
4	6-4	采暖工程	×					×	×	×	×	×	
5	6-5	电气照明工程	×					×	×	×	×	×	
		……											
小计	×		×										
		二、设备及安装工程											
6	6-6	机械设备及安装工程		×	×			×	×	×	×	×	
7	6-7	电气设备及安装工程		×	×			×	×	×	×	×	
8	6-8	热力设备及安装工程		×	×			×	×	×	×	×	
		小计											
9	6-9	三、工器具及生产家具购置费				×		×	×	×	×	×	
		总计	×	×	×	×		×	×	×	×	×	

审核：　　　　　核对：　　　　　编制：　　　　　年　月　日

①工程概况。简述建设项目性质、特点、生产规模、建设周期、建设地点等主要情况。对于引进项目要说明引进内容及与国内配套工程等主要情况。

②资金来源及投资方式。

③编制依据及编制原则。

④编制方法。说明设计概算是采用概算定额法，还是采用概算指标法等。

⑤投资分析。主要分析各项投资的比重、各专业投资的比重等经济指标。

⑥其他需要说明的问题。

3)总概算表。总概算表应反映静态投资和动态投资两个部分。静态投资是按设计概算编制期价格、费率、利率、汇率等因素确定的投资；动态投资则是指概算编制期到竣工验收前的工程和价格变化等多种因素所需的投资。

4)工程建设其他费用概算表。工程建设其他费用概算按国家或地区或部委所规定的项目和标准确定，并按统一表式编制。

5）单项工程综合概算表。

6）单位工程概算表。

7）附录：补充估价表。

（2）总概算表的编制方法

将各单项工程综合概算及其他工程和费用概算等汇总即为建设工程项目总概算。总概算由以下四部分组成：工程费用；其他费用；预备费；应列入项目概算总投资的其他费用，包括建设期利息和铺底流动资金。

编制总概算表的基本步骤如下：

1）按总概算组成的顺序和各项费用的性质，将各个单项工程综合概算及其他工程和费用概算汇总列入总概算表，参见表 4-6。

表 4-6　建设工程总概算表

建设工程项目：×××

总概算价值：×××　　　　其中回收金额：×××××

| 序号 | 综合概算编号 | 工程或费用名称 | 概算价值（万元） | | | | | | 技术经济指标 | | | 占投资总额（%） | 备注 |
			建筑工程费	安装工程费	设备购置费	工器具及生产家具购置费	其他费用	合计	单位	数量	单位价值（元）		
1	2	3	4	5	6	7	8	9	10	11	12	13	14
		第一部分工程费用											
		一、主要生产工程项目											
1		×××厂房	×	×	×	×		×	×	×	×	×	
2		×××厂房	×	×	×	×		×	×	×	×	×	
		……											
		小计	×	×	×	×		×	×	×	×	×	
		二、辅助生产项目											
3		机修车间	×	×	×	×		×	×	×	×	×	
4		木工车间	×	×	×	×		×	×	×	×	×	
		……											
		小计	×	×	×	×		×	×	×	×	×	
		三、公用设施工程项目											
5		变电所	×	×	×	×		×	×	×	×	×	
6		锅炉房	×	×	×	×		×	×	×	×	×	
		……											
		小计	×	×	×	×		×	×	×	×	×	
		四、生活、福利、文化教育及服务项目											
7		职工住宅	×					×	×	×	×	×	

续表 4-6

序号	综合概算编号	工程或费用名称	概算价值(万元)						技术经济指标			占投资总额(%)	备注
			建筑工程费	安装工程费	设备购置费	工器具及生产家具购置费	其他费用	合计	单位	数量	单位价值(元)		
1	2	3	4	5	6	7	8	9	10	11	12	13	14
8		办公楼	×			×		×	×	×	×		
		……											
		小计	×			×		×	×	×	×		
		第一部分工程费用合计	×	×	×	×		×					
		第二部分其他工程和费用项目											
9		土地使用费					×	×					
10		勘察设计费					×	×					
		……											
		第二部分其他工程和费用合计					×	×					
		第一、二部分工程费用总计	×	×	×	×	×	×					
11		预备费					×	×	×				
12		建设期利息	×				×	×					
13		铺底流动资金	×	×	×	×	×	×					
14		总概算价值											
15		其中:回收金额											
16		投资比例(%)											

审核: 核对: 编制: 年 月 日

2)将工程项目和费用名称及各项数值填入相应各栏内,然后按各栏分别汇总。

3)以汇总后总额为基础,按取费标准计算预备费用、建设期利息、固定资产投资方向调节税、铺底流动资金。

4)计算回收金额。回收金额是指在整个基本建设过程中所获得的各种收入。如原有房屋拆除所回收的材料和旧设备等的变现收入;试车收入大于支出部分的价值等。回收金额的计算方法,应按地区主管部门的规定执行。

5)计算总概算价值。

总概算价值＝工程费用＋其他费用＋预备费＋建设期利息＋铺底流动资金－回收金额

6)计算技术经济指标。整个项目的技术经济指标应选择有代表性和能说明投资效果的指标填列。

7)投资分析。为对基本建设投资分配、构成等情况进行分析,应在总概算表中计算出各项工程和费用投资占总投资比例,在表的末栏计算出每项费用的投资占总投资的比例。

三、工程项目设计概算编制的程序及步骤

工程项目设计概算编制程序如图 4-4 所示。

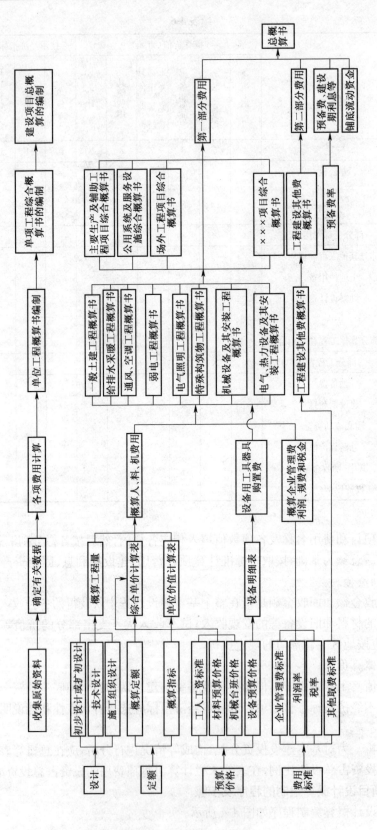

图 4-4 设计概算编制程序示意图

工程项目投资概算编制步骤总结：

1）熟悉招标文件。研究承包商的责任权限、项目范围、合同种类、工期要求、各类保函及有关的要求。

2）现场调查。调查项目的自然条件和社会条件，包括地形、地貌、交通、水电、租赁市场、生活医疗条件、政治条件、民俗、各类法规和条例、建筑市场行情、建筑材料和劳工的价格水平、进出口有关的费率、资金来源及支付能力等基础资料。

3）核算工程数量，编制施工组织进度计划，制定主要工程的施工方案，计算所需的主要资源。

4）根据工程的实际情况和自己的实际经验，选择相应的工料机消耗定额，并结合工程的特点和施工组织确定的机具性能，进行效率的调整。

5）根据调查和掌握的有关资料，分析确定工料机的基价。

6）根据自己的实际经验合理确定各项费用，主要包括材料管理费、现场管理费、施工机械管理费、施工用水用电费、临时设施费、顾客代表费、监理费、保险费、公司管理费、设计费、保函手续费、税金、代理费、贷款利息、价格上涨费等。

7）根据上述资料编制各类工程的费用并汇总。

8）根据工程的规模和性质等进行风险分析，研究确定项目的不可预见费用和适当的利润。

9）对编制的概算（估算），根据经验和有关资料进行横向、纵向的宏观比较分析，通过研究决策确定总价格。

四、工程项目设计概算编制存在的问题及原因分析

1. 常见问题

1）政府投资项目相关管理部门缺乏有效的监控手段。政府投资项目相关管理部门在项目初步设计审查时，普遍存在重设计审查、轻概算审核的现象，对设计概算的审核未严格把关，对报批的设计概算，不论其是否合理、准确，建设单位报多少就批多少，致使目前许多编制的概算脱离工程实际，失去了设计概算在项目建设过程中对造价控制的作用，同时也给施工阶段的造价控制带来严重的不良影响。

2）建设单位缺乏主动控制项目投资的意识。随着近年来政府项目投资主体多元化等情况的出现，建设单位往往认为概算仅是一个参考数，实施中肯定会调整，再加上设计单位编制的设计概算质量不高，难以成为指导资金的合理安排及运用的依据，因而，主观思想上不重视概算编制工作。许多建设单位（业主）把控制项目投资的工作重点放在施工阶段，即对施工图预算及工程竣工结（决）算的审核上。

3）设计单位缺乏足够的编制力量。设计概算是设计文件的重要组成部分。随着设计单位内部工程造价工作分离脱钩改制后，工程造价编制方面的力量有所削弱，客观上造成许多设计院编制的设计概算质量不高，缺漏项或高估冒算现象较多。主要存在以下几方面的问题：一是设计图纸的深度不够，使概算编制人员无法详细、准确地编制设计概算；二是因设计单位轻视设计概算，使概算编制人员整体业务素质下降，编制人员也缺乏积极性和压力，敷衍了事，不认真按国家有关规定编制设计概算，少算或任意扩大概算造价等现象时有发生。对定额的理解模糊、工程量计算不准、定额错套、费率计取错误等问题比较严重，造成概算与设计脱节，与施工脱节。

2. 常见问题原因分析

结合市政工程项目简要分析概算中常见问题的原因：

实际工作中经常听到有这样的反映：初步设计概算不准，与施工预算相比，差距很大；另外"三超"现象也很多。当前初步设计概算确实存在一些质量问题，造成其水平不高的主要原因是：

1）有些初步设计图纸的深度不够。有些设计人员由于在未拿到地勘资料时设计图纸中列地基处理一项，文本中又说明地基处理方式，导致地基处理费用控制较难；厂区平整中有设计挡土墙只列一项，未详细计算断面尺寸和施工组织方案；有水下施工的管道工程，未列施工方案和施工组织措施等。

2）有些概算编制人员责任心不够强。设计与概算脱节，概算又与施工脱节。工程量算错，定额套错，间接费计取错误等都时有发生，甚至漏算现象也很多。

3）概算编制人员职业素质不高：概预算人员大部分只会按图纸套定额进行概预算的编制，对工程涉及的有关专业技术知之甚少或根本不懂，这样的概预算人员，在进行设计造价控制的过程中，无法为设计人员提供重要的可采纳的意见。

4）专业人员配备不够。由于设计行业工程比较多，但概算人员编制不够，就会出现一个人同时交叉做几个工程的现象，对工程造价工作有一定的干扰，而且缺乏有效的审查机制。

5）设计过程中技术经济比较不到位。经济技术人员与设计人员工作不能紧密相结合，各做各的事，缺乏必要的工作协调，涉及造价超标也没有采取相应措施，责、权、利不明晰，设计阶段的工程造价管理积极性不高。

6）设计阶段缺乏设计招投标过程及管理操作模式混乱。技术设计没有引入竞争机制，设计单位在细节上不能够精益求精；管理过程中勘察、设计与施工脱节，人为地给设计阶段造价控制管理带来诸多不便。

3. 工程项目设计概算超概算及其原因分析

工程建设项目概算是初步设计（基础设计）阶段，由设计单位按照设计要求编制拟建工程所需费用的文件。经批准的设计概算是确定建设项目总造价、编制固定资产投资计划、签订建设项目承包总合同和贷款总合同的依据。经批准的设计概算即为控制建设项目工程造价的最高限额。设计概算包括从筹建到竣工验收工程造价所花费的全部费用。

但由于各种原因，不论大中型建设项目，还是小型建设项目，超概现象仍然很多。这不但给建设项目投资计划的安排造成困难，而且造成一些原本经济效益很好的项目，建成后面临困境，甚至成了亏损项目。因此，必须认真分析其原因，采取有效措施加以克服。

（1）经验总结一

1）主观原因。

①"钓鱼"工程，人为压低立项投资。投资估算是指在整个投资决策过程中依据现有的资料和一定的方法，对建设项目的投资数额进行的估计。多数建设项目的投资估算受项目建议书和可行性研究报告审批权限的约束，各地方各部门为了争项目，在可行性研究阶段人为地压低建设项目的投资估算，使之限定在本地区或本部门的审批权限之内。或者故意漏项少算，甚至把本来是准确的投资估算，因项目不可行或怕审批不了，就有意先砍投资，调到"可行"为止，形成拟建项目投资少效益高的假象，诱使主管部门批准立项。这就是所谓"钓鱼"工程。它给整个建设项目投资控制留下先天性隐患。

②"三边"工程,管理不力。投资估算一经有权部门或单位批准,即作为建设项目总投资的计划控制额,不得任意突破。目前,很少单位对工程建设实行全过程的管理和控制,投资估算、设计概算、施工图预算和竣工决算,分别由建设单位及其主管部门、设计单位、施工单位、建设银行等分段管理,各个环节互相脱节,互不通气,缺乏自找约束和相互约束的机制。大部分工程项目都是先设计完了再计算投资,有些工期要求紧的项目,就边设计边施工,技术与经济完全脱离,越来越多的建设单位不委托设计单位编制预算,造成设计过程没有算账,投资是否突破无法知道,只有投资审批的制度,没有控制投资的具体措施。大部分建设单位对基本建设缺乏管理经验,设计变更,现场签证等没有专业人员的审查和把关。设计、施工、结算,没有互相制约的制度。这样,必然造成投资失控。

③扩大规模,提高标准。为了使投资估算真正起到控制作用,必须维护投资估算的严肃性。项目审批时规定的规模和标准,在设计和实施过程都要严格控制,才能保证设计概算和施工预算限制在投资估算的限额之内。可是,目前很多建设单位,在报批的时候担心造价高难批,就把投资估算得很低。而一旦项目抓到手,又嫌钱批的太少,总觉得规格、标准都不理想,要求变动。由于初步设计阶段还得由上级主管部门负责召开初步设计审查会,一般还不敢作大的投资变动,担心初步设计概算超估算太多。初步设计审批通过后,在施工图设计中就大做文章。例如某技改项目,初步设计审批时,还是保持扩建一条生产线,到施工图设计时,突然提出至少扩建两条生产线,效益才会明显提高,而且未经批准就擅自多购了一条生产线的全套设备,厂房面积也随之加大,投资一下子就超了。又如,另一工程,属扶贫项目,当时审批时,厂房的设计标准都不敢定得太高。可是,到了施工图设计时,建设单位就极力要求设计人员把钢门窗改为铝合金门窗,水泥砂浆地面改为水磨石地面,水泥砂浆外墙面改为贴面砖,其他装饰以及设备型号、规格等也要求提高档次,造成投资严重超概算。

④设计变更,错漏过多。在工程项目实施过程中,由于多方面情况的变更,经常出现工程量变化,施工进度变化,合同执行过程的意见分歧等问题。设计变更主要是因建设单位在实施过程又提出新的设计要求或勘察设计本身工作粗糙,错漏严重,造成施工过程发现许多在图纸中尚未标注清楚,合同中没有考虑或投资估算不准确的工程量,不得不改变施工程序或增减工程量。设计变更所引起的工程量变化或工程返工或工期延误等,承包商必然提出索赔或追加投资的要求,从而使项目投资超过原批概算。

⑤概(预)算人员素质不高,投资估算不足。在投资决策阶段,往往有许多的条件尚未具备,设计尚未委托,资料也不够齐全,仅以建设单位的设想作依据,以设计人员的草图作条件,可变性较大。有些项目仓促开建,收集资料的时间都没有,就着急计算。这样编制的估算,有一定的局限性,错漏较多,容易把一些条件外但又必然发生或可能发生的工程投资漏列。因此,人员的素质和经验,资料的收集和积累,对能否算准算足投资起关键性作用。但是,目前设计单位普遍存在重技术轻经济的思想,设计人员经济观念淡薄,经济人员素质不高,从提供设计条件开始就东丢西漏,使得投资估算从一开始就留有缺口,成为无法实现的目标值,必然引起投资超概算。

2)客观原因。

①定额调整。工程项目建设过程是一个周期长、数量大的生产消费过程。在建设期间,国家或地方对与定额有关的人工工资、机械台班费用或预算材料价格等进行定期或不定期调整,必然引起定额单价的变化。如某省人工工资定额为 15.5 元/工日,后来调至 18.3 元/

工日,零星工程点工签证不低于 30 元/工日,机械费和建安工程直接费价格指数也都进行过调整。定额单价一提高,工程总造价就直接受影响。

②利息增加。利息计算的基数主要是贷款数量、贷款期限和贷款期间银行规定的利率。项目在贷款期间利率调整、建设工期延长或因建设投资超过原批概算导致贷款数量增加等,项目向银行贷款的利息必然要增加利息增加,扣息额增大,资金到位量减少,影响资金的足够使用,势必造成资金缺口。

③汇率变化。外汇汇率变化对需要使用外币的工程建设项目产生直接影响,特别是对借贷了外汇又没有生产出口产品的建设项目,外汇不能平衡,全部由人民币还贷,其影响就更大。某厂扩建时,为引进一套进口设备,向银行借贷了近 8000 万美元,当时的汇率是 3.70 元/美元,到调概时汇率涨到 5.38 元/美元,仅这一项就调增了 1.312 亿元人民币。到工程建成投产,汇率又涨到 8.7 元/美元(1994 年 1 月 1 日起实行外汇汇率并轨制的定价),原定出口的产品质量过不了关,检验不合格全部改为内销,借贷的外汇全部由人民币付出,企业为此多负担了近 4 亿元的债务,建设总投资也因此增加了 4 亿元。

④设备材料涨价。在市场经济条件下,物资的采购和供应日趋市场化,市场价格放开以后,对各种生产资料价格与供需关系产生直接影响,例如,在 20 世纪 90 年代初期,基本建设曾一度出现过热现象,设备、材料价格大幅度上涨。有些设备材料,虽签订了合同,规定了价格,但到货时又要求提价,否则拒绝供货。

⑤不可预见支出。建设项目施工作业基本在露天操作,环境因素影响较大,在建设项目实施过程中,经常会出现一些事先预测不到的工程量变化,施工进度变化,社会或自然原因引起的停工或工期拖延等,从而导致建设费用的增加。如合同规定条文与实际施工作业有矛盾需追补的工料费用,被自然灾害破坏的建筑物、施工机械设备等必须进行修复所需费用开支,地基开挖发现地质情况与原设计资料有矛盾,需重新设计加大或加深基础断面或开挖后发现文物等需采取保护措施而引起工期延误和费用损失等,都会使工程总投资发生变化。

⑥政策变化。由于政策性调整和客观因素引起的超概算,在建筑行业改革初期,占超概算的比例较大,有的增幅占概算调增总值的 60% 以上,是投资超概算的主要原因。随着经济体制改革的深化,建筑业在政策制订与管理上也逐步实现规范化和制度化,例如,1994 年 1 月 1 日起实行外汇汇率并轨制,美元运作 3 年多来,没有大的变动,基本保持稳中有降的好势头。定额执行动态管理,各地市每季度(有的地市每个月)发布一期价格指数,全国各地对建安工程概(硬)算定额跟踪控制与调整,使得定额总价与市场差价的比率在逐步缩小。设备材料市场价格的定价也加强了管理,并上了轨道,近几年建筑三材和安装主材的市场价格也都保持相对平稳的好势头,基本建设的合理调整,使建筑业保持热而不过火,稳步健康发展。因此,目前投资超概算的政策性原因已退居次要地位。

3)改进措施。

①为了加强对基本建设项目总投资的严格控制,设计单位应对总投资的编制质量负责,建设单位不得指手画脚,擅自更改设计。要提高可行性研究报告投资估算的准确性,坚决制止建设单位或某些领导有意压价搞工程或高估冒算造成浪费的错误做法。对建设项目超概算部分,建设主管部门要有明确的规定,追究责任者应承担的责任。

②国内已有的省份建委规定:初步设计总投资超计划控制额 10% 的,应修改设计或报请原计划控制额批准部门重新决策;初步设计投资超过计划控制额 10% 以内的(含 10%),

其超出部分应由有关部门增加投资或自筹资金解决,不得留有缺口。

规定对不如实反映拟建项目建设内容、建设规模、建设条件的,不执行建设标准、强制性技术标准,设计质量低劣的;不执行国家有关工程造价管理规定,弄虚作假、有意少算或高估冒算,从而造成建设项目可行性研究报告投资估算、初步设计总投资编制质量低劣,造成经济损失的。

违反批准的可行性研究报告、初步设计规定,未经有权部门批准在设计、施工过程中,擅自增加建设内容、扩大建设规模、提高建设标准,不执行国家总投资控制有关规定,任意突破可行性研究报告和初步设计规定的总投资,造成经济损失的及其他违法违规行为,建设主管部门或有关主管部门可根据情节,给予警告、通报批评、降低资质等级、提请工商行政机关吊销执照等处罚和按照有关部门规定给予经济处罚。

构成犯罪的,由司法机关追究其刑事责任。

当然,为适应建设领域深化改革的需要,要实行业主负责制,推行建设监理制度。对工程建设项目实行社会化、专业化、一体化的科学管理,对项目建设全过程的投资动态进行系统的监督和控制,保证建设项目的顺利进展,都是有效的措施。

(2)经验总结二

1)设计变更。设计单位的最终产品是施工图设计,它是指导工程建设的主要文件。而作为施工图设计的最高限额工程量是初步设计工程量。但是,由于初步设计阶段毕竟受外部条件的限制,如地质报告、工程地质、设备材料的供应、协作条件、物资采购供应价格变化、局部设计方案改变等,以及人们的主观认识的局限性,往往会造成施工图设计阶段直至建设施工过程中的局部修改、变更。这是正常现象,也将使设计、建设更趋完善。这种变更在一定的范围内是允许的,也是超概的主要原因,当然产生变更的原因有设计原因,也有非设计原因。

①设计原因。设计变更中的典型问题和错误主要是两个方面:一是局部细节上的"错漏碰缺",比如图纸上尺寸标注有误(钢筋尺寸、管线长度标注、管线定位、管线标高等)。设计时遗漏灭火器设计、液位计设计等,管线、阀门等因与原有管线碰撞而改变安装布置等,此类变更单占80%以上,也是投资增加的主要原因;二是设计遗漏。因为设计时考虑不周或建设单位提供的图纸与现场情况不同等设计遗漏现象比较普遍。如应有的技术数据不全,统计时漏材料,各专业之间对接条件遗漏,现场情况不清等。此类变更单占20%以上,也是投资增加的另一个主要原因。

②非设计原因。这类变更多为业主要求的设计范围、内容、深度的变化引起的变更,比如管线上多增加计量表,材料代用。设备平台由碳钢改为不锈钢,提供的公用工程接引点改变,以及提供给设计院的设计图纸未反映出的隐蔽工程等,这些变更在不同程度上都增加了投资,当然还有不少增加的工程内容属于业主的"搭车"建设。

③违规的变更。这方面变更主要是因为建设项目管理部门管理人员由于专业限制,对概算定额所包含的费用内容不是很清楚,哪些费用定额里已包含,哪些费用不需单独列出。定额有明确规定,比如概算定额里的管道安装已含有管件的主材费、安装费,设备安装定额也包括设备的开箱检查、调试及监测等所有费用。再如有些管道安装还包括支吊架的制作及管道的刷油等,不能因为施工单位要变更、增加费用,就随意增加投资。这就要求工程管理人员分清情况,造价部门严格把关,控制因重复计算引起的工程投资超概算。

2)现场签证。现场签证是根据施工现场的实际情况,对工程设计及定额、费用范围以外的或不正确的,为顺利完成工程项目而必须发生的工程量和措施费用进行确认的文件。建设工程受勘探、设计、周边环境、施工条件等诸多因素的影响。现场签证发生的可能性很高,签证的及时性、真实性、准确性不但直接影响工程结算,而且极大影响投资控制。为了加强现场签证管理,建设单位在签证的内容和审批程序上都做出了相应规定和要求,但由于多种原因现场签证还存在很多问题。

①施工单位抓住建设单位工程管理人员对定额内容不熟悉的弱点,把已包含在定额取费内的费用办理签证(如临时设施费、二次搬运费、技术措施费等),导致重复计费。例如,比较常见的是施工企业为进行安装工程施工所必须搭设的生活和生产用的临时建筑物、构筑物和其他临时设施费用。这部分费用在定额取费率中的临时设施费中已包含,不应重复计费。

②建设单位把现场签证作为变通的手段,把无法正常进入工程结算的费用进入结算或者建设单位临时安排施工单位完成设计内容以外的工程量等。

③建设单位通过招标选择的施工单位,虽然用承包合同的办法对工程质量、工期、费用加以限定,但在实际工作中,由于各种因素的影响,其费用很难按合同规定执行,多算工程量、高套定额和购置设备材料中的高估冒算的情况时有发生。

3)设备材料价格。

①由于项目审批部门有自己的一套价格体系,包括非标设备价格,电缆、工艺管道等主要材料价格,而实际物资采购部门的市场采购价格有时要高于审批价格,导致投资超概。

②设计询价时,造价人员要认真地询问价格中所包含的内容。比如引进设备、材料价格是否包含两税四费、国内运费,国内设备、材料价格中是否含税及安装费等,尤其投资估算、初步设计概算阶段设备材料价格有时也是估算安装费的基数,这些因素对概算投资影响很大。

4)其他原因。

①客观原因设备材料价格大幅度上涨。

②由于非施工单位责任使工程延期,导致的设备、材料、人工价格上涨。比如某项目2006年批的初步设计,投资1100多万元,2007年年底开始施工,2008年年底才完工。这期间钢材价格上涨了20%左右,电缆价格因铜的价格上涨而大幅上涨,同时人工费用上涨了80%左右,预计将超概150多万元。

5)改进措施。

①重视设计人员的综合素质培养。一方面是责任心的培养,对设计项目要进行深入细致的调查研究,深入现场,尤其对甲方提供的公用工程接引点等隐蔽工程更应做到一一落实,减少设计中"错漏碰缺"现象;另一方面是加强专业知识的学习和积累,不断提高设计水平。

②积极推行限额设计。限额设计,就是按照批准的可行性研究报告和投资估算控制初步设计,按照批准的初步设计总概算控制施工图设计,同时各专业在保证达到实用功能的前提下,按分配的投资限额控制设计,严格控制技术设计和施工图设计不合理变更。

要提高投资估算的准确性,合理确定设计限额。可行性研究报告一经批准,即作为下阶段进行限额设计控制投资的主要依据。为此,应按开展限额设计的要求,提高可行性研究报告的深度,投资估算实事求是,反对故意压低造价或有意抬高造价向投资者多要钱的做法,树立限额设计观念。

设计单位应对限额设计承担超概的责任,如果因设计的责任必须修改、返工,要承担由此带来的损失。

给予设计单位充分的尊重和权利,鼓励其在确保工程质量和功能的前提下,精心比选设计方案,选择出"安全、可靠、经济、适用"的方案。因此,建设单位应加大工程设计咨询费,在整个项目设计过程中不能凭自己的主观意识要求任意变动设计,搞"锦上添花"。西方一些国家,设计费一般只相当于建设工程全寿命费用的1%以下,但正是这少于1%的费用对工程造价的影响度占75%以上。由此可见,设计对整个工程的效益是至关重要的。

③提高对设计概算的认识。设计概算,是在投资估算的控制下,由设计单位根据初步设计或扩大初步设计的图纸及说明,利用国家或地区颁布的概算指标、概算定额或综合指标、预算定额等资料,按照设计要求,概略地计算工程造价。设计概算,满足建设单位作为编制项目计划、确定和控制建设项目总投资的依据。

④重视现场签证管理人员的综合素质培养。一方面要加强职业道德和法律法规教育,提高责任感和事业心,保证企业利益不受损失;另一方面,加强本专业和相关专业知识的学习,掌握有关的工程建设和工程造价管理知识。

⑤造价人员应提前参与签证管理。造价人员参与现场签证,可以有效避免办理无用签证和漏办签证,可以帮助施工管理人员准确界定签证工作量,还可以为合同管理和计划部门提供比较准确的费用增减变动数据。

⑥工程造价实行动态估价。在工程造价的构成内容中有一笔费用为基本预备费,是指在设计的各个阶段难以预料的工程费用和其他费用,各行各业对此也有明确的取费规定。每个项目有其特殊性,尤其是改造项目受现场场地条件、项目管理方式、施工组织方案及复杂的隐蔽工程等的影响,难以预料的工程内容很多,基本预备费可根据项目未来存在的风险情况在一定范围内进行调整。

⑦加强信息管理。造价部门应加强已完工程数据资料的积累,重视各类数据的整理分析,加快典型工程造价数据库的建设。这些数据不仅为测算各类工程的造价指数提供了有说服力的基础,也为拟建工程或在建工程编制投资估算、初步设计概算、审查概算提供重要依据。

在作为建设单位制定标底或施工单位投标报价的工作中,无论是用工程量清单计价还是用定额计价法,工程造价资料都可以发挥重要作用。尤其是在工程量清单计价方式下,投标人自主报价,没有统一的参考标准,除了根据有关政府机构颁布的人工、材料、机械价格指数外,更大程度上依赖于企业已完工程的历史经验。

4. 编好工程项目设计概算的措施

设计概算在工程造价控制中起着关键的作用,它的编制工作复杂而且难度大,提高概算编制的质量,加强设计阶段工程造价的控制,对提高投资控制具有重要的现实意义。

(1)注重技术与经济结合

①提高初步设计深度和质量。初步设计图纸和说明是编制设计概算的基础和依据。由于目前设计市场的不规范和不成熟,设计周期缩短现象普遍存在。同时,部分设计人员对初步设计的重要性认识不足,在工期紧迫时就认为有些技术问题可以留待施工图设计阶段解决。这就造成初步设计图纸的深度不够,使得概算编制人员无法详细、准确地编制设计概

算、也为后续设计留下隐患。因此,设计单位落实设计质量管理制度,严格按照国家和有关部门颁布的初步设计编制深度规定进行设计,为设计概算提供较为完整和详细的依据。

②重视设计阶段工程造价管理的作用。由于种种历史原因,部分设计单位轻视设计概算。随着设计单位体制改革工作的进行,有些设计单位的工程造价专业脱钩改制与设计分离,设计概算编制方面的力量有所削弱,整体业务素质下降,概算编制人员也缺乏积极性和压力,客观上造成设计院编制的设计概算质量不高,概算与设计、施工脱节。当前随着限额设计的推行,设计单位首先要改变轻视设计概算的观念,重视工程造价专业在设计中的地位,加强培养造价人员,发挥造价人员的积极性和能动性,其次,要树立技术与经济相结合的理念,造价人员要从经济角度参与设计阶段全过程管理,当好设计人员的经济参谋,为设计人员提供有关经济指标,准确测算和论证最节省投资的技术方案,使概算投资更加准确合理,达到控制工程投资,实现限额设计的目的。

(2)保证概算完整地反映工程项目内容和实际情况

①项目业主对项目的全过程负责,承担着项目决策、资金筹措、建设实施、生产经营、债务偿还、资产保值增值的责任,造价人员要主动加强与建设项目业主的联系,对概算进行动态控制。

②每个项目的建设,都有其自身的特点和要求。在进行设计概算前,造价人员必须及时从业主方面获得项目决策的相关资料,充分掌握建设工程的总体概况;充分了解建设工程的作用、目的;认真阅读项目建议书和可行性研究报告,充分了解设计意图。必要时需到工程现场实地勘察,了解工程所在地自然条件、施工条件等影响造价的各种因素。

③概算编制过程中,还必须和业主紧密联系、沟通,及时征求业主的意见,完成以下几项工作:在保证可研批复的投资规模和限额不突破的情况下,消化、补充和调整投资估算中错项漏项的费用,初步确定工程建设的标准;了解并结合业主的资金筹措情况。从专业角度合理确定建设周期,确定资金使用计划,尽可能减少建设期贷款利息,降低项目的资金成本。

(3)加强工程造价资料积累的工作

概算编制的设计基础是概算定额、指标、材料、设备的预算单价,建设主管部门颁发的有关费用定额或取费标准等资料,这些都属于工程造价资料的范围和内容。为了保证概算编制的质量,就必须要加强工程造价资料积累的工作,保证工程造价资料真实性、合理性、适用性,使其充分发挥其应有的作用。

①及时编制和修定概算定额是搞好概算工作的重要环节。目前,概算的计算基础很混乱,各省工程造价计价依据体系的完善程度不一,有的只有预算定额,没有概算定额。编制概算时,只好使用预算定额。另一种混乱现象是,在同一单位工程内,有的分部工程使用概算定额单价,有的分部工程使用预算定额单价,有的分部工程因初步设计深度不够,只好使用"技术经济指标",口径不统一。技术经济指标的使用要根据项目结构和工艺特点合理选用,实际工作通常是生搬硬套,产生的幅度差很大,因此,应该及时编制概算定额,使得概算的编制有一个统一的计算基础,概算定额是在预算定额的基础上进一步综合扩大形成的一种定额。要保证定额水平的科学和准确,必须加强工程造价资料积累的工作,在此基础上及时调整和修订概算定额。只有这样,才能确保概算的准确编制。

②对主要及重点材料和设备价格要严格执行询价制度。大中型建设项目涉及面广,建设标准高低不一,各专业之间交叉配合复杂,新材料、新工艺、新设备不断出现,造价人员特

别要注意对投资有重大影响的因素,如贵重装修材料,智能化设备材料、空调设备、电梯设备等。这些因素应根据投资限额和设计要求进行多方询价,从中选取性价比高的报价。因此,概算人员要了解市场、熟悉市场,履行询价制度,积累有关设备价格资料并跟踪价格变化,把好估价关。

（4）提高自身业务素质

①项目的建设是一项系统性的工作,涉及面广,设计专业多,反映到设计概算上就表现为费用内容多、项目杂。遇到大型建设项目且编制周期紧迫,造价人员就不可能单枪匹马完成,也不可能面面俱到。因此,要加强专业内部的管理和协调。首先,要统一思路,专业负责人要对项目的总体概况,资金情况、编制依据、设计内容及其他需要说明的问题做出书面报告,并阐述清楚。其次,对设计专业交叉的内容要加强衔接和统一,避免费用的重复或漏项导致概算投资的不准确。最后,要结合概算的审查完善和调整设计概算,以完整的反映工程项目初步设计的内容。

②要不断提高造人员素质,工程造价各个环节的具体控制还在于专业技术人员的素质提高。造价人员在工程造价控制中责任重大,思想素质和技术素质要不断提高。

一是要树立为国家为建设业主服务的宗旨,认真贯彻执行国家的建设方针政策及有关法规和规定,坚持科学态度、严格谨慎和实事求是的工作作风。

二是熟练准确掌握工程造价有关定额和标准,依法合理确定工程造价,把工作成果和提供的各项数据与维护国家和建设业主与建设者合法利益紧密联系起来。

三是要学习新的专业知识,更新旧知识,灵活掌握市场经济造价信息,不断提高自身的专业知识。

③概算人员应该加强自己的责任心,对完成的文件应该自审,尽量避免少算、误算、多算的现象,同时设计单位应该投入一定的人力进行严格的审核、审定机制。

（5）做好招标和管理

①工程设计阶段做好招标工作。在设计招标工作中,不仅方案设计阶段通过招标完成,而且对技术设计和施工图设计也应引入竞争机制,使每个设计阶段均通过竞争完成。这样,会使设计单位在每一个细节上精益求精,通过技术经济比较,力求选择在技术先进条件下经济合理,在经济合理条件下确保技术先进,以最少的投入创造最大经济效益的设计投标单位为中标单位。项目业主单位也应该监督和力促中标单位,避免低价中标单位对设计不够重视而引发的一系列问题。

②设计阶段加强限额设计管理。限额设计是建设项目投资控制系统中的一项关键措施。所谓限额设计就是按照项目可行性研究报告批准的投资估算额进行初步设计,按照初步设计概算造价限额进行施工图设计,按施工图预算造价对施工图设计的各个专业设计文件做出决策。设计单位应该在做好投资估算编制同时,也应该考虑好与概算编制相结合与统一的问题,做到投资估算控制概算的效果。加强限额设计管理,使投资估算、设计概算真正起到控制投资的作用。在设计中,要使设计与概算形成有机的整体,避免相互脱节,防止漏项少算,为下一步的施工图设计提供依据,以保证限额设计工作的顺利开展。在初步设计阶段,各专业设计人员应掌握设计任务书的设计原则、建设各项经济指标,搞好关键设备、工艺流程、总图方案的比选,把初步设计造价严格控制在限额内。

③设计阶段严格控制设计变更。每一个项目建设都会发生设计变更,但有些设计变更

是完全可以避免的，这些也是要有一些前提条件的。有一些市政建设项目当地主管部门要求很急，而留给设计单位设计的时间很少，设计单位前期准备工作不到位，设计人员积极性也不是很高，实地踏勘没有起到效果，从而严重影响了造价的可靠性程度。比方说，设计人员在设计市政管网时，一条直线拉到头或者是沿着道路走，管网选材没有结合实际情况进行经济技术综合比较，选用常规管材这类情况，如果结合当地实际地面现状和当地实际操作经验应该可以减少甚至避免设计变更的。如果设计工程师在设计周期内将这些因素考虑周全，大幅度造价的变更就会得到控制，避免国家资金流失，同时改变设计跟着施工走的被动局面，使项目建设全过程有条不紊，使项目投资得到最好的落实，从而获得最大的回报。

五、工程项目设计概算的审核

1. 工程项目设计概算审核的必要性

项目投资控制是一个全过程的控制，同时又是一个动态的控制过程。从项目投资各阶段的作用和特点可以看出，只有设计概算比较全面、准确地反映整个工程建设的费用，才能使投资者真正做到"心中有数"。因此，在实际工作中，应该对设计单位编制的项目投资概算进行严格审核，对审核出问题的概算进行补充、调整和完善，使批准后的概算真正符合项目的实际情况，从而避免高估冒算或漏项少算的现象发生，使整个工程建设能够按照概算数进行控制，使建设项目达到预期的目标。可以看出，无论谁作为投资主体，都应该把设计概算作为控制投资的重要依据，而不能忽视这一重要环节，更不能将其作为"额外负担"。

从目前实际情况来看，加强政府投资项目设计概算审核是非常必要的。

1) 应严格要求设计单位根据拟建项目的实际情况编制设计概算。

2) 应建立严密有效的设计概算审核体系，通过对设计概算的审核，防止任意扩大投资或出现漏项少算等现象，减小概算与预算之间的差距，使设计概算能全面、准确地反映整个工程建设造价，进而使建设单位能根据设计概算合理筹措和安排资金，并根据设计概算与实际情况的差异，及时调整项目的建设内容，提高建设项目投资效益。

3) 建立动态控制机制。在项目设计概算批复后，在项目实施的过程中，严格按概算批复数额控制项目投资，不仅要控制总投资额，对概算中具体子项的重大调整也应建立相应的申报审批制度。

2. 工程项目设计概算审核的意义及作用

1) 审核设计概算有助于促进概算编制人员严格执行国家有关概算的编制规定和费用标准，提高概算的编制质量。

2) 审核设计概算有利于合理分配投资资金、加强投资计划管理。设计概算编制得偏高或偏低，都会影响投资计划的真实性，影响投资资金的合理分配。进行设计概算审查是遵循客观经济规律的需要，通过审查可以提高投资的准确性与合理性。

3) 审核设计概算，有利于核定建设项目的投资规模，可以使建设项目总投资力求做到准确、完整，防止任意扩大投资规模或出现漏项，从而减少投资缺口、缩小概算与预算之间的差距，避免故意压低概算投资，搞钓鱼项目，最后导致实际造价大幅度地突破概算。

4) 审核设计概算，有助于促进设计的技术先进性与经济合理性的统一。概算中的技术经济指标，是概算水平的综合反映，合理、准确的设计概算是技术经济协调统一的具体体现，与同类工程对比，可看出它的先进与合理程度。

5)经审核的概算,有利于为建设项目投资的落实提供可靠的依据。打足投资,不留缺口,有助于提高建设工程项目的投资效益。

6)设计概算偏高或偏低,不仅影响工程造价的控制,也会影响投资计划的真实性,影响投资资金的合理分配。

3. 工程项目概算审核要求

根据现行财政部办公厅财办文件《财政投资项目评审操作规程(试行)》的规定,对建设工程项目概算的评审包括以下内容。

1)项目概算评审包括对项目建设程序、建筑安装工程概算、设备投资概算及其他投资概算等的评审。

2)项目概算应由项目建设单位提供,项目建设单位委托其他单位编制项目概算的,由项目单位确认后报送评审机构进行评审。项目建设单位没有编制项目概算的,评审机构应督促项目建设单位尽快编制。

3)项目建设程序评审包括对项目立项、项目可行性研究报告、项目初步设计概算、项目征地拆迁及开工报告等批准文件的程序性评审。

4)建筑安装工程概算评审包括对工程量计算、概算定额选用、取费及材料价格等进行评审。

①工程量计算的评审包括:

a. 审查工程量计算规则的选用是否正确。

b. 审查工程量的计算是否存在重复计算现象。

c. 审查工程量汇总计算是否正确。

d. 审查施工图设计中是否存在擅自扩大建设规模、提高建设标准等现象。

②定额套用、取费和材料价格的评审包括:

a. 审查是否存在高套、错套定额现象。

b. 审查是否按照有关规定计取企业管理费、规费及税金。

c. 审查材料价格的计取是否正确。

5)设备投资概算评审,主要对设备型号、规格、数量及价格进行评审。

6)待摊投资概算和其他投资概算的评审,主要对项目概算中除建筑安装工程概算、设备投资概算之外的项目概算投资进行评审。评审内容包括建设单位管理费、勘察设计费、监理费、研究试验费、招投标费、贷款利息等待摊投资概算,按国家规定的标准和范围等进行评审;对土地使用权费用概算进行评审时,应在核定用地数量的基础上,区别土地使用权的不同取得方式进行评审。

其他投资的评审,主要评审项目建设单位按概算内容发生并构成基本建设实际支出的房屋购置和基本禽畜、林木等购置、饲养、培育支出以及取得各种无形资产和其他资产等发生的支出。

7)部分项目发生的特殊费用,应视项目建设的具体情况和有关部门的批复意见进行评审。

8)对已招投标或已签订相关合同的项目进行概算评审时,应对招投标文件、过程和相关合同的合法性进行评审,并据此核定项目概算。对已开工的项目进行概算评审时,应对截止评审日的项目建设实施情况,分别按已完、在建和未建工程进行评审。

9)概算评审时需要对项目投资细化、分类的,按财政细化基本建设投资项目概算的有关规定进行评审。

4. 工程项目设计概算审核的内容

(1)审核性概算的编制依据

1)合法性审查。采用的各种编制依据必须经过国家或授权机关的批准,符合国家的编制规定。未经过批准的不得采用,不得强调特殊理由擅自提高费用标准。

2)时效性审核。对定额、指标、价格、取费标准等各种依据,都应根据国家有关部门的现行规定执行。对颁发时间较长、已不能全部适用的应按有关部门规定的调整系数执行。

3)适用范围审核。各主管部门、各地区规定的各种定额及其取费标准均有其各自的适用范围,特别是各地区间的材料预算价格区域性差别较大,在审查时应给予高度重视。

(2)审核设计概算编制深度

1)审查编制说明。审查编制说明可以检查概算的编制方法、深度和编制依据等重大原则问题,若编制说明有差错,具体概算必有差错。

2)审查概算编制的完整性。一般大中型项目的设计概算,应有完整的编制说明和"三级概算"(即总概算表、单项工程综合概算表、单位工程概算表),并按有关规定的深度进行编制。审查是否有符合规定的"三级概算",各级概算的编制、核对、审核是否按规定签署,有无随意简化,有无把"三级概算"简化为"二级概算",甚至"一级概算"。

3)审查概算的编制范围。审查概算编制范围及具体内容是否与主管部门批准的建设项目范围及具体工程内容一致;审查分期建设项目的建筑范围及具体工程内容有无重复交叉,是否重复计算或漏算;审查其他费用应列的项目是否符合规定、静态投资、动态投资和经营性项目铺底流动资金,是否分别列出等。

(3)审核工程概算的具体内容

1)审核概算的编制是否符合党的方针、政策,是否根据工程所在地的自然条件的编制。

2)审查建设规模(投资规模、生产能力等)、建设标准(用地指标、建筑标准等)、配套工程、设计定员等是否符合原批准的可行性研究报告或立项批文的标准。

3)审核编制方法、计价依据和程序是否符合现行规定。

4)审核工程量是否正确。

5)审核材料用量和价格是否合理。

6)审核设备规格、数量和配置是否符合设计要求,是否与设备清单相一致,设备预算价格是否真实,设备原价和运杂费的计算是否正确,非标准设备原价的计价方法是否符合规定,进口设备的各项费用的组成及其计算程序、方法是否符合国家主管部门的规定。

7)审核建筑安装工程的各项费用的计取是否符合国家或地方有关部门的现行规定,计算程序和取费标准是否正确。

8)审核综合概算、总概算的编制内容、方法是否符合现行规定和设计文件的要求,有无设计文件外项目,有无将非生产性项目以生产性项目列入。

9)审核总概算文件的组成内容,是否完整地包括了建设项目从筹建到竣工投产为止的全部费用组成。

10)审核工程建设其他各项费用。

11)审核项目的"三废"治理。

12)审核技术经济指标。

13)审核投资经济效果。

(4)按构成审核

1)单位工程设计概算构成的审查。

①建筑工程概算的审查。

a. 工程量审查。根据初步设计图纸、概算定额、工程量计算规则的要求进行审查。

b. 采用的定额或指标的审查。审查定额或指标的使用范围、定额基价、指标的调整、定额或指标缺项的补充等。其中,审查补充的定额或指标时,其项目划分、内容组成、编制原则等须与现行定额水平相一致。

c. 材料预算价格的审查。以耗用量最大的主要材料作为审查的重点,同时着重审查材料原价、运输费用及节约材料运输费用的措施。

d. 各项费用的审查。审查各项费用所包含的具体内容是否重复计算或遗漏、取费标准是否符合国家有关部门或地方规定的标准。

②设备及安装工程概算的审查。

a. 设备及安装工程概算审查的重点是设备清单与安装费用的计算。

b. 标准设备原价,应根据设备被管辖的范围,审查各级规定的价格标准。

c. 非标准设备原价,除审查价格的估算依据、估算方法外还要分析研究非标准设备估价准确度的有关因素及价格变动规律。

d. 设备运杂费审查,需注意:设备运杂费率应按主管部门或省、自治区、直辖市规定的标准执行;若设备价格中已包括包装费和供销部门手续费时不应重复计算,应相应降低设备运杂费率。

e. 进口设备费用的审查,应根据设备费用各组成部分及国家设备进口、外汇管理、海关、税务等有关部门不同时期的规定进行。

设备安装工程概算的审查,除编制方法、编制依据外,还应注意审查:采用预算单价或扩大综合单价计算安装费时的各种单价是否合适、工程量计算,是否符合规则要求,是否准确无误;当采用概算指标计算安装费时采用的概算指标是否合理,计算结果是否达到精度要求;审查所需计算安装费的设备数量及种类是否符合设计要求,避免某些不需安装的设备安装费计入在内。

2)综合概算和总概算的审查。审查概算的编制是否符合国家经济建设方针、政策的要求,根据当地自然条件、施工条件和影响造价的各种因素,实事求是地确定项目总投资。

审查概算的投资规模、生产能力、设计标准、建设用地、建筑面积、主要设备、配套工程、设计定员等是否符合原批准可行性研究报告或立项批文的标准。如概算总投资超过原批准投资估算10%以上,应进一步审查超估算的原因。

审查其他具体项目:审查各项技术经济指标是否经济合理;审查费用项目是否按国家统一规定计列,具体费率或计取标准是否按国家、行业或有关部门规定计算,有无随意列项,有无多列、交叉计列和漏项等。

5. 工程项目设计概算审查的方法

(1)对比分析法

对比分析法主要是指通过建设规模、标准与立项批文对比,工程数量与设计图纸对比,综合范围、内容与编制方法、规定对比，各项取费与规定标准对比，材料、人工单价与统一信息对比，技术经济指标与同类工程对比等等。通过以上对比分析，容易发现设计概算存在的主要问题和偏差。

（2）查询核实法

查询核实法是对一些关键设备和设施、重要装置、引进工程图纸不全、难以核算的较大投资进行多方查询核对，逐项落实的方法。主要设备的市场价向设备供应部门或招标公司查询核实；重要生产装置、设施向同类企业（工程）查询了解；进口设备价格及有关费税向进出口公司调查落实，复杂的建安工程向同类工程的建设、承包、施工单位征求意见；深度不够或不清楚的问题直接向原概算编制人员、设计者询问。

（3）联合会审法

联合会审前，可先采取多种形式分头审查，包括设计单位自审，主管、建设、承包单位初审，工程造价咨询公司评审，邀请同行专家预审，审批部门复审等，经层层审查把关后，由有关单位和专家进行联合会审。在会审大会上，由设计单位介绍概算编制情况及有关问题，各有关单位、专家汇报初审及预审意见。然后进行认真分析、讨论，结合对各专业技术方案的审查意见所产生的投资增减，逐一核实原概算出现的问题。经过充分协商，认真听取设计单位意见后，实事求是地处理、调整。

6. 工程项目设计概算审核应注意的问题及改善措施

（1）存在的问题

1）政府投资项目相关管理部门缺乏有效的监控手段。政府投资项目相关管理部门在项目初步设计审查时，普遍存在重设计审查、轻概算审核的现象，对设计概算的审核未严格把关，对报批的设计概算，不论其是否合理、准确，建设单位报多少就批多少，致使目前许多编制的概算脱离工程实际、子项偏粗，失去了设计概算在项目建设过程中对造价控制的作用，同时，也给施工阶段的造价控制带来严重的不良影响。

2）建设单位缺乏主动控制项目投资的意识。随着近年来政府项目投资主体多元化等情况的出现，建设单位往往认为概算仅是一个参考数，实施中肯定会调整，再加上设计单位编制的设计概算质量不高，难以成为指导资金合理安排及运用的依据，因而主观思想上不重视概算编制工作。许多建设单位（业主）把控制项目投资的工作重点放在施工阶段，即对施工图预算及工程竣工结（决）算的审核上。

3）设计单位缺乏足够的编制力量。设计概算是设计文件的重要组成部分，随着设计单位内部工程造价工作分离改制后，工程造价编制方面的技术力量有所削弱，客观上造成许多设计院编制的设计概算质量不高，缺漏项或高估冒算现象较多。主要存在以下几方面的问题：一是设计图纸的深度不够，使概算编制人员无法详细、准确地编制设计概算；二是因设计单位轻视设计概算，使概算编制人员整体业务素质下降，编制人员也缺乏积极性和压力，敷衍了事，不认真按国家有关规定编制设计概算，少算或任意扩大概算造价等现象时有发生，并且，由于概算编制人员对定额的理解模糊，工程量计算不准、定额错套、费率计取错误等问题比较严重，造成概算与设计脱节，与施工脱节。

（2）审核注意事项

1）首先，要充分掌握建设工程的总体概况。每个项目的建设，都有其自身的特点和要求。在进行设计概算审核前，要充分了解建设工程的作用、目的，根据项目的要求，初步掌握工程建设的标准。要了解建设工程的概况,就必须认真阅读设计说明书,充分了解设计意图,必要时需到工程现场实地勘察。

2)重点加强对建安工程和设备及工器具造价的审核。建安工程和设备及工器具造价是整个建设工程造价的重要组成部分。由于多种原因,设计单位编制的设计概算中该项的错误也比较多,如不按规定套用定额、工程量多算、定额子目错套、漏项较多、安装工程中的设备及材料价格与市场价格偏离等。在审核中,要根据设计文件、图纸及国家有关工程造价的计算方法、定额所包含的工作内容、取费标准等,按不同专业分别进行计算。对图纸标注不清楚的和在设计阶段尚未明确的设备、材料的定位等问题,要及时与建设单位沟通,了解他们的要求,并根据有关部门发布的价格信息及价格调整指数,考虑建设期的价格变动因素等,对设计概算进行调整和修正,使审核后的设计概算尽可能真实地反映设计内容、施工条件和实际价格,也避免设计概算与工程预算严重脱节。

3)严格按照国家及地方政府有关部门的相关规定计算工程建设其他费用。工程建设其他费用是指从工程筹建起到工程竣工验收交付使用的整个建设期间,除了建安工程费用和设备、工器具购置费以外的,为保证工程建设顺利完成和交付后能正常发挥效用而发生的各项费用开支。由于部分设计单位相关从业人员对国家或地方政府有关收费规定不是很清楚,编制的设计概算往往出现漏算、少算,甚至不计工程建设其他费用,或者取费错误、重复计算的问题也比较多。概算审核中,一定要严格按照国家和地方政府的有关规定计算,既要避免重复计算,又要防止少算、漏算,切实保证项目投资概算的完整、准确。

4)设计概算应包含整个建设项目的投资。由于种种原因,有些设计单位在初步设计中不考虑某些分项工程的设计,如室外工程、安全监控系统、零星附属工程等,但这些分项又是整个建设项目不可或缺的。由于无设计图纸,所以,概算编制人员通常也不将其考虑到总概算中去,无形中造成了概算漏项。为此,在概算审核中,要根据项目要求,将漏项部分计算到总概算中,使审核后的概算充分反映项目的实际投资状况。

(3)审核改善措施

1)严格要求设计单位根据拟建工程的实际情况编制好设计概算,同时应当建立起有效的设计概算审核体系,通过对设计概算的审核,防止任意扩大投资或出现漏项少算等,缩小概算与预算之间的差距,使设计概算能全面、准确地反映整个工程建设造价。比如,某工程,经概算审核后,发现工程实际设计方案突破规模达 $2829m^2$(原批复总建设面积为 1.6 万 m^2,送审方案的总建筑面积为 1.8829 万 m^2),并存在消防、给水、喷淋等单项工程遗漏以及设计考虑不足事项。原概算为 6796 万元,经概算审核,减少到 6077 万元,核减 718 万元。

2)做好现场踏勘,了解建设工程的概况。每个工程的建设,都有其自身的特点和要求,在进行设计概算审核前,必须到工程现场实地察看,了解建设工程的概况,进而充分了解建设工程的作用、目的,根据各个工程的要求,初步掌握工程建设的标准,认真阅读设计说明书,充分了解设计意图。

3)重点加强对建安工程和设备及工器具造价的审核。建安工程和设备及工器具造价是整个建设工程造价的主要部分,由于多种原因,设计单位编制的设计概算中该项的错误比较多,如不按规定套用定额、工程量多算、定额子目错套、漏项较多、安装工程中的设备及材料价格与市场价格脱离等等。在审核中要根据设计文件、图纸及国家有关计价办法、定额、取费标准等,按不同专业分别进行审查。对设计方案的问题,如图纸不明确,设计标准较高,以及在设计阶段尚未确定的设备、材料的定位等问题,及时与项目单位沟通,了解他们的要求,并根据发布的价格信息及价格调整指数,考虑建设期的价格变化因素等,对设计概算进行调整和修正,以使审核后的设计概算尽可能地反映设计内容、施工条件和实际价格,也避免造成设计概算与工程预算严重脱节。

4)严格按照国家及地方政府有关部门的规定计算工程建设其他费用。工程建设其他费用是指从工程筹建起到工程竣工验收交付使用的整个建设期间,除了建安工程费用和设备、工器具购置费以外的,为保证工程建设顺利完成和交付后能正常发挥效用而发生的各项费用开支。由于有些设计单位对国家或地方政府有关收费规定不是很清楚,编制的设计概算往往出现漏算、少算。有的即使计算了,取费错误、重复计算的问题也比较多。概算审核中一定要严格按照国家和地方政府的有关规定计算,既要避免重复计算,又要防止少算、漏算,切实保证整个工程造价的完整准确。

5)设计概算应包含整个建设项目的投资。由于种种原因,有些设计单位在初步设计中不考虑某些分项工程的设计,但这些分项又是整个建设项目中不可缺少的。由于无设计图纸,所以,概算编制人员通常也不将其考虑到总概算中去,导致出现了概算漏项。为此,在概算审核中,要根据项目要求,将漏项部分计算到总概算中,使审核后的概算充分反映项目的实际情况。

六、某工程项目概算实例

某学院办公场地改造工程概算书

概 算 总 值 89.67 万元

编制人： 资格证章：

审核人： 资格证章：

审定人： 资格证章：

×××工程造价咨询事务所（有限合伙）

2014 年 11 月

概算编制说明

一、工程概况

1. 建设地点：某学院；
2. 建设性质：改造；
3. 建设规模：273.84m²；
4. 主要工作内容：装饰，给排水及消防，采暖及通风空调，电气及弱电工程。

二、编制依据

1. 《××市建设工程概算定额》(2004)；
2. ××2014年11期工程造价信息。

三、编制范围

1. 改造工程的装饰，给排水及消防，采暖及通风空调，电气及弱电工程；
2. 改造工程的相应配套工程。

四、单位工程概算的组价规则及编制方法

1. 无设计方案及立项，工程内容及工程量均依据现场踏勘预估，按照《北京市建设工程概算定额》套相应定额子目，所缺子目参照现行概算定额单价或相应工程概算资料概算单价计算，并按《北京市建筑安装工程费用定额》计价办法，计取相关费率；
2. 人工单价按2014年11月《北京工程造价信息》公布的参考工日单价取中；
3. 材料及设备价格按2014年11月《北京工程造价信息》公布的信息价，信息价没有的参照市场价组价；
4. 家具参照业主提供原有家具价格；
5. 税率按照3.48%计取。

综合概算表

单位：万元

工程名称：某学院办公场地改造工程

序号	工程项目或费用名称	设计规模		概算值					技术经济指标		备注
		单位	数量	建筑工程费	安装工程费	设备及工器具购置费	其他费用（万元）	合计（万元）	单方造价（万元）	占总投资比例%	
	总类资费用			39.50	17.95		32.22	89.67			
一	工程费用			39.50	17.95			57.45		64.07%	
（一）	建安工程	m²	273.84					57.45	0.21		
1	装饰工程	m²	273.81	39.50				39.50			
2	给排水消防工程	m²	273.81		3.50			3.50			
3	电气工程	m²	273.84		4.05			4.05			
4	配电箱改造	项	1		1.40			1.40			
5	弱电工程	m²	273.84		6.50			6.50			含视频系统设备及调试，扩声系统设备及调试
6	暖通工程	项	1		2.50			2.50			空调改造及局部末端更换
二	工程建设其他费						27.14	27.14		30.27%	
1	建设单位管理费						0.86	0.86			财建〔2004〕300号
2	工程造价咨询费						2.20	2.20			北京市建设工程造价管理协会工程造价咨询业务参考费用表
3	工程建设监理费						2.59	2.59			发改价格〔2007〕670号
4	工程保险费						0.14	0.14			一*0.25%
5	设计费						2.70	2.70			《工程设计收费标准》
6	家具						17.00	17.00			
7	物业管理费						1.65	1.65			
三	基本预备费						5.08	5.08		5.66%	（一＋二）*6%

某学院办公场地改造工程—装饰工程

概算书

概算总值 39.50 万元

审 定 人 _____

审 核 人 _____

编 制 人 _____

×××工程造价咨询事务所（有限合伙）

2014 年 11 月

单位工程费用表

工程名称:某办公场地改造工程—装饰工程

序号	名称	费率(%)	金额(元)
一	定额直接费		294914.46
	其中:1. 人工费		63498.35
	2. 市场价费用		280343.78
二	调整费用	0	
三	零星工程费	0	
四	直接费		294914.46
五	综合费用	97.375	61831.52
六	利润	7	24972.22
七	税金	3.48	13283.79
	定额直接费汇总:		294914.43
	工程造价:		395,001.99

单位工程概预算表

工程名称:某办公场地改造工程—装饰工程

序号	定额编号	子目名称	工程量		价值(元)		其中(元)	
			单位	数量	单价	合价	人工费	材料费
		原有健身房及图书室				294914.46	63498.35	226800.13
1	3-9 换	天棚 U 型轻钢龙骨 双层 上人型	m²	273.84	68.27	18695.06	6238.08	11742.26
2	3-18 换	天棚 U 型轻钢龙骨 嵌顶灯槽附加龙骨	m	20	47.29	945.8	312.4	596.8
3	3-155 换	藻井灯带 高低错台（mm）400 以内	m²	12	132.88	1594.56	133.68	1433.64
4	3-70 换	天棚 面层 装饰石膏板 安装在 U 型龙骨	m²	273.84	41.38	11331.5	4389.66	6728.25
5	3-108 换	天棚 面层装饰 耐水腻子 纸面石膏板	m²	273.84	38.09	10430.57	2412.53	7968.74
6	3-110 换	天棚 面层装饰 耐擦洗涂料	m²	273.84	24.03	6580.38	1415.75	5134.5
7	4-111 换	原有玻璃隔断两侧内墙及其他装修 乳胶漆 高级	m²	143.28	24.71	3540.45	796.64	2716.59
8	4-125 换	原有玻璃隔断两侧内墙及其他装修 耐水腻子 石膏面	m²	143.28	42.51	6090.83	798.07	5261.24
9	4-371 换	原有玻璃隔断两侧龙骨式隔墙 轻钢龙骨 单排	m²	143.28	51.64	7398.98	1706.46	5127.99
10	4-375×2 换	原有玻璃隔断两侧龙骨式隔墙 纸面石膏板 双层 子目乘以系数 2	m²	143.28	149.73	21453.31	6181.1	15011.45
11	4-432 换	墙体保温 隔音层 岩棉板	m²	143.28	149.74	21454.75	654.79	20724.02
12	4-372 换	双面石膏板隔墙龙骨式隔墙 轻钢龙骨 双排	m²	114.4	84.42	9657.65	2689.54	6274.84
13	4-375×4 换	双面石膏板龙骨式隔墙 纸面石膏板 双层 子目乘以系数 4	m²	114.4	299.47	34259.37	9870.43	23972.52
14	4-111 换	双面石膏板隔墙内墙及其他装修 乳胶漆 高级	m²	228.8	24.71	5653.65	1272.13	4338.05
15	4-125 换	双面石膏板隔墙内墙及其他装修 耐水腻子 石膏面	m²	228.8	42.51	9726.29	1274.42	8401.54
16	4-432 换	墙体保温 隔音层 岩棉板	m²	114.4	149.74	17130.26	522.81	16546.82
17	2-196 换	踢脚 钛金不锈钢覆面砖	m	96.4	56.58	5454.31	676.73	4690.82
18	7-4 换	脚手架 吊顶脚手架增加费 层高 4.5m 以内	m²	273.84	18.02	4934.6	2804.12	1938.79
19	4-405 换	玻璃隔断 不锈钢框 全钢化玻璃	m²	39.96	1173.79	46904.65	2154.24	44043.91
20	1-11 换	木门 实木装饰门 带门框	m²	3.84	1341.08	5149.75	529.92	4457.93

单位工程概预算表

工程名称：某学院办公场地改造工程—装饰工程

	定额编号	子目名称	工程量		价值（元）		其中（元）	
			单位	数量	单价	合价	人工费	材料费
21	1-136换	特殊五金安装 门锁 执手锁	个	2	207.68	415.36	50.64	361.56
22	1-27换	铝合金 平开门 全玻璃	m²	5.04	632.16	3186.09	483.69	2631.03
23	1-143换	特殊五金安装 金属管子拉手	付	3	329.69	989.07	83.55	902.55
24	1-139换	特殊五金安装 地弹簧	个	3	657.73	1973.19	146.76	1819.83
25	4-111换	原有墙面翻新内墙及其他装修 乳胶漆 高级	m²	164.67	24.71	4069	915.57	3122.14
26	4-125换	原有墙面翻新内墙及其他装修 耐水腻子 石膏面	m²	164.67	42.51	7000.12	917.21	6046.68
27	1-118换	明窗帘盒 硬木 双轨	m²	6.72	119.78	804.92	507.43	275.65
28	12-1	工程水电费 住宅建筑工程 全现浇、框架结构 檐高（m）25 以下 四环以内	m²	273.84	11.43	3129.99		3129.99
29	B001	门禁系统	套	1	3200	3200	200	3000
30	B002	窗帘	m²	67.2	175	11760	3360	8400
31	B003	原配管配线灯具拆除、墙面局部铲除、吊顶拆除及垃圾清运等	项	1	10000	10000	10000	
		合计				294914.46	63498.35	226800.13

单位工程人材机汇总表

工程名称：某学院办公场地改造工程—装饰工程　　　　　　　　　　　　第1页　共2页

序号	名称及规格	单位	数量	市场价	合计(元)
一、	人工类别				
1	综合工日	工日	391.0725	125	48884.06
2	其他人工费	元	1049.5555	1	1049.56
3	门禁系统人工费	元	1	200	200
4	窗帘人工费	元	67.2	50	3360
5	原配管配线灯具拆除、墙面局部铲除、吊顶拆除及垃圾清运等人工费	元	1	10000	10000
三、	材料类别				
1	镀锌铁皮	m²	13.68	80	1094.4
2	水泥 综合	kg	105.1706	0.35	36.81
3	板方材	m³	0.108	1452	156.82
4	硬木	m³	0.047	3020	141.94
5	石灰	kg	1.1597	0.28	0.32
6	砂子	kg	254.6398	0.067	17.06
7	钛金不锈钢覆面踢脚板 400mm×150mm	m	92.3512	50	4617.56
8	木板条 50mm 以内	m	16.128	6	96.77
9	U 型轻钢龙骨 CB50mm×20mm	m	977.6088	4.18	4086.4
10	U 型轻钢龙骨 CS50mm×15mm	m	371.2818	7.37	2736.35
11	轻钢龙骨 LLQ-U75 75mm×40mm	m	166.8062	8.3	1384.49
12	轻钢龙骨 LLQ-C75 75mm×50mm	m	433.8453	10.2	4425.22
13	轻钢龙骨 QU-75 77mm×40mm	m	70.2087	7.2	505.5
14	轻钢龙骨 QC-75 75mm×45/43mm	m	438.829	8.7	3817.81
15	通贯横撑龙骨 Q-130mm×12mm	m	50.6029	3.9	197.35
16	纸面石膏板 12mm	m²	912.912	25	22822.8
17	纸面石膏板 12mm	m²	571.6872	25	14292.18
18	吊杆	根	390.4351	3.52	1374.33
19	装饰石膏板 600mm×600mm×12mm	m²	262.6126	25	6565.32
20	不锈钢框全钢化玻璃隔断含百叶	m²	39.96	1100	43956
21	膨胀螺栓 Φ10	套	390.1613	1.644	641.43
22	铁件	kg	465.7612	3.57	1662.77
23	暗装式窗帘轨 双轨	m	4.657	13.57	63.2
24	执手锁	个	2	180	360
25	地弹簧	个	3	600	1800
26	大拉手	个	4.5	200	900
27	镀锌固定件	个	40.2091	1.15	46.24
28	油漆溶剂油	kg	0.3494	7.1	2.48
29	醇酸磁漆	kg	2.3424	22.7	53.17
30	大白粉	kg	0.7584	0.3	0.23
31	无光调合漆	kg	0.9946	15.2	15.12
32	硝基漆稀释剂	kg	2.3789	5.7	13.56
33	硝基清漆	kg	1.0214	12.56	12.83
34	玻璃胶(密封胶)	支	1.4515	7.14	10.36
35	乳液	kg	0.0672	26	1.75

单位工程人材机汇总表

工程名称:某学院办公场地改造工程—装饰工程　　　　　　第2页　共2页

三、	材料类别				
36	室内乳胶漆	kg	168.5395	40	6741.58
37	水性封底漆(普通)	kg	63.8732	40	2554.93
38	防潮底漆	kg	73.2921	40	2931.68
39	防潮底漆	kg	54.4544	40	2178.18
40	耐水腻子(粉)	kg	1158.0375	20	23160.75
41	聚氨酯泡沫填充剂	支	1.5523	15.75	24.45
42	乳胶漆	kg	128.1571	40	5126.28
43	岩棉板	m³	17.1936	1090	18741.02
44	岩棉板	m³	13.728	1090	14963.52
45	耐碱涂塑玻纤网格布	m²	118.3214	3	354.96
46	实木装饰门带门框	m²	3.84	1100	4224
47	铝合金全玻平开门	m²	5.04	500	2520
48	其他材料费	元	8905.1658	1	8905.17
49	水费	t	177.1745	6.21	1100.25
50	电费	度	2070.7781	0.98	2029.36
51	脚手架租赁费	元	1938.7872	1	1938.79
52	门禁系统材料费	元	1	3000	3000
53	窗帘材料费	元	67.2	125	8400
54	材料费调整	元	−3.7208	1	−3.72
四、	机械类别				
1	机械费	元	191.688	1	191.69
2	其他机具费	元	4424.2655	1	4424.27
		合计			294909.35

某学院办公场地改造工程—电气工程

概算书

概算总值 4.05 万元

审 定 人 _____

审 核 人 _____

编 制 人 _____

×××工程造价咨询事务所（有限合伙）

2014 年 11 月

单位工程费用表

工程名称:某学院办公场地改造工程—电气工程　　　　　　　　　　　　第 1 页　共 1 页

序号	名称	费率(%)	金额(元)
一	定额直接费		29666.02
	其中:1. 人工费		6415.24
	2. 市场价费用		28412.36
二	调整费用		0
三	零星工程费		0
四	直接费		29666.02
五	综合费用	107.625	6904.4
六	利润	7	2559.93
七	税金	3.41	1334.34
	定额直接费汇总:		29666.02
	工程造价:		40,464.69

单位工程概预算表

工程名称:某学院办公场地改造工程—电气工程

序号	定额编号	子目名称	工程量		价值(元)		其中(元)	
			单位	数量	单价	合价	人工费	材料费
1	6-81 换	镀锌钢管敷设 预制框架结构 暗配 公称直径(mm 以内) 20	m	260	21.33	5545.8	2743	2758.6
2	2-47 换	电缆沿线桥、线槽、沟内支架 及导管敷设 1KV 铜芯电缆 电缆截面(mm² 以内) 35	m	80	132.66	10612.8	445.6	291.2
	3601@1	电缆	m	80.8	120	9696		
	2901@1	电缆终端头	个	3.28	50	164		
3	6-182 换	管内穿线 BV 型 500V 导线 截面(mm²) 4	m	450	4.78	2151	342	1804.5
4	6-181 换	管内穿线 BV 型 500V 导线 截面(mm²) 2.5	m	450	3.38	1521	301.5	1215
5	8-95 换	跷板式暗开关 单控 二联	套	10	33.86	338.6	71.7	11.1
	2603@1	开关	个	10.2	25	255		
6	8-113 换	暗插座 单相 双联	套	20	36.2	724	177.2	34.8
	2601@1	插座	个	20.4	25	510		
7	8-59 换	荧光灯安装 嵌入式 双管	套	20	413.51	8270.2	2160.6	1028.4
	2701@1	双管荧光灯	套	20.2	250	5050		
8	8-18 换	吸顶灯安装 混凝土楼板上 白炽泡 单罩	套	6	83.77	502.62	173.64	24
	2701@2	灯具筒灯	套	6.06	50	303		
		合计				29666.02	6415.24	7167.6

单位工程人材机汇总表

工程名称:某学院办公场地改造工程—电气工程　　　　　　　　　第1页　共1页

名称及规格		单位	数量	市场价	合计(元)
一、	人工类别				
1	综合工日	工日	76.038	84	6387.19
2	其他人工费	元	27.48	1	27.48
三、	材料类别				
1	圆钢 Φ10 以内	kg	20.42	3.66	74.74
2	角钢 63 以内	kg	32.72	3.8	124.34
3	扁钢 60 以内	kg	2.58	3.55	9.16
4	镀锌钢管 20	m	267.8	8.546	2288.62
5	调合漆	kg	0.78	9.98	7.78
6	防锈漆	kg	1.06	13.17	13.96
7	普通灯泡	个	6.18	1.15	7.11
8	荧光灯管 40W	条	40.4	4.8	193.92
9	金属软管 Φ20	m	20.6	3.2	65.92
10	花线 2×0.15	m	61.08	0.95	58.03
11	BV 铜芯聚氯乙烯绝缘电线 2.5	m	724.594	2	1449.19
12	BV 铜芯聚氯乙烯绝缘电线 4	m	585	3	1755
13	其他材料费	元	1121	1	1121
四、	机械类别				
1	机械费	元	8	1	8
2	其他机具费	元	97.18	1	97.18
五、	主材类别				
1	插座	个	20.4	25	510
2	开关	个	10.2	25	255
3	双管荧光灯	套	20.2	250	5050
4	灯具筒灯	套	6.06	50	303
5	电缆终端头	个	3.28	50	164
6	电缆	m	80.8	120	9696
	合计				29666.62

第五章　工程项目施工图预算及其编制

第一节　施工图预算编制简介

一、施工图预算的概念

从传统意义上讲,施工图预算是指在施工图设计完成后,工程开工前,根据已批准的施工图纸,在施工方案或施工组织设计已确定的前提下,按照国家或省市颁发的现行预算定额、费用标准、材料预算价格等有关规定,进行逐项计算工程量、套用相应定额、进行工料分析、计算直接费、并计取间接费、计划利润、税金等费用,确定单位工程造价的技术经济文件。

从现有意义上讲,只要是按照施工图纸以及计价所需的各种依据在工程实施前所计算的工程价格,均可以称为施工图预算价格,该施工图预算价格可以是按照主管部门统一规定的预算单价、取费标准、计价程序计算得到的计划中的价格,也可以是根据企业自身的实力和市场供求及竞争状况计算的反映市场的价格。

二、施工图预算的分类

建筑安装工程预算包括建筑工程预算和设备及安装工程预算。

建筑工程预算又可分为一般土建工程预算、给排水工程预算、暖通工程预算、电气照明工程预算、构筑物工程预算及工业管道、电力、电信工程预算;设备及安装工程预算又可分为机械设备及安装工程预算和电气设备及安装工程预算。

三、施工图预算的作用

1)确定工程造价的依据。施工图预算可作为建设单位招标的"标底",也可以作为建筑施工企业投标时"报价"的参考。

2)实行建筑工程预算包干的依据和签订施工会同的主要内容。通过建设单位与施工单位协商,可在施工图预算的基础上,考虑设计或施工变更后可能发生的费用增加一定系数作为工程造价一次包干。同样,施工单位与建设单位签订施工合同,也必须以施工图预算为依据。否则,施工合同就失去约束力。

3)建设银行办理拨款结算的依据。根据现行规定,经建设银行审查认定后的工程预算,是监督建设单位和施工企业根据工程进度办理拨款和结算的依据。

4)施工企业安排调配施工力量,组织材料供应的依据。施工单位各职能部门可依此编制劳动力计划和材料供应计划,做好施工前的准备。

5)建筑安装企业实行经济核算和进行成本管理的依据。正确编制施工图预算和确定工程造价,有利于巩固与加强建筑安装企业的经济核算,有利于发挥价值规律的作用。

6)是进行"两算"对比的依据。

四、施工图预算编制的一般规定

1)施工图总预算应控制在已批准的设计总概算投资范围以内。

2)施工图预算总投资包含建筑工程费、设备及工器具购置费、安装工程费、工程建设其他费用、预备费、建设期贷款利息、固定资产投资方向调节税及铺底流动资金。

3)施工图预算的编制应保证编制依据的合法性、全面性和有效性,以及预算编制成果文件的准确性、完整性。

4)施工图预算应考虑施工现场实际情况,并结合拟建建设项目合理的施工组织设计进行编制。

5)本规程主要适用于定额单价法编制的施工图预算。

五、施工图预算编制依据

1)编制依据是指编制建设项目施工图预算所需的一切基础资料。

2)建设项目施工图预算的编制依据主要有以下方面。

①国家、行业、地方政府发布的计价依据、有关法律法规或规定。

②建设项目有关文件、合同、协议等。

③批准的设计概算。

④批准的施工图设计图纸及相关标准图集和规范。

⑤相应预算定额和地区单位估价表。

⑥合理的施工组织设计和施工方案等文件。

⑦项目有关的设备、材料供应合同、价格及相关说明书。

⑧项目所在地区有关的气候、水文、地质地貌等的自然条件。

⑨项目的技术复杂程度,以及新技术、专利使用情况等。

⑩项目所在地区有关的经济、人文等社会条件。

六、施工图预算的组成

建设项目施工图预算由总预算、综合预算和单位工程预算组成。建设项目总预算由综合预算汇总而成。综合预算由组成本单项工程的各单位工程预算汇总而成。单位工程预算包括建筑工程预算和设备及安装工程预算。

1. 单位工程预算

单位工程预算的编制应根据施工图设计文件、预算定额(或综合单价)以及人工、材料及施工机械台班等价格资料进行编制。主要编制方法有单价法和实物量法;其中单价法分为定额单价法和工程量清单单价法。

定额单价法是用事先编制好的分项工程的单位估价表来编制施工图预算的方法。

工程量清单单价法是指根据招标人按照国家统一的工程量计算规则提供工程数量,采用综合单价的形式计算工程造价的方法。

实物量法是依据施工图纸和预算定额的项目划分及工程量计算规则,先计算出分部分项工程量,然后套用、预算定额(实物量定额)来编制施工图预算的方法。

2. 综合预算和总预算

1)综合预算造价由组成该单项工程的各个单位工程预算造价汇总而成。

2)总预算造价由组成该建设项目的各个单项工程综合预算以及经计算的工程建设其他费、预备费、建设期贷款利息、固定资产投资方向调节税汇总而成。

3. 建筑工程预算编制

1)建筑工程预算费用内容及组成,应符合《建筑安装工程费用项目组成》(建设部建标〔2013〕44号)的有关规定。

2)建筑工程预算采用"建筑工程预算表",按构成单位工程的分部分项工程编制,根据设计施工图纸计算各分部分项工程量,按工程所在省(自治区、直辖市)或行业颁发的预算定额或单位估价表,以及建筑安装工程费用定额进行编制。

4. 安装工程预算

1)安装工程预算费用组成应符合《建筑安装工程费用项目组成》(建设部建标〔2013〕44号)的有关规定。

2)安装工程预算采用"设备及安装工程预算表",按构成单位工程的分部分项工程编制,根据设计施工图计算各分部分项工程工程量,按工程所在省(自治区、直辖市)或行业颁发的预算定额或单位估价表,以及建筑安装工程费用定额进行编制计算。

5. 设备及工具、器具购置费组成

1)设备购置费由设备原价和设备运杂费构成;工具、器具购置费一般以设备购置费为计算基数,按照规定的费率计算。

2)进口设备原价即该设备的抵岸价,引进设备费用分外币和人民币两种支付方式,外币部分按美元或其他国际主要流通货币计算。

3)国产标准设备原价即其出厂价,国产非标准设备原价有多种不同的计算方法,如综合单价法、成本计算估价法、系列设备插入估价法、分部组合估价法、定额估价法等。

4)工具、器具及生产家具购置费,是指按项目初步设计要求,保证初期正常生产必须购置的没有达到固定资产标准的设备、仪器、生产家具和备品备件等的购置费用。

6. 工程建设其他费用、预备费

工程建设其他费用、预备费及应列入建设项目施工图总预算中的几项费用的计算方法与计算顺序,应参照现行《建设项目设计概算编审规程》CECA/GC 2—2007规定编制。

7. 预算的调整

1)工程预算批准后,一般情况下不得调整。由于重大设计变更、政策性调整及不可抗力等原因造成的可以调整。

2)调整预算编制深度与要求、文件组成及表格形式应同原施工图预算。调整预算还应对工程预算调整的原因做详尽分析说明,所调整的内容在调整预算总说明中要逐项与原批准预算对比,并编制调整前后预算对比表,分析主要变更原因。在上报调整预算时,应同时提供有关文件和调整依据。

七、施工图预算文件组成及表格格式要求

施工图预算根据建设项目实际情况可采用三级预算编制或二级预算编制形式。当建设项目有多个单项工程时,应采用三级预算编制形式,三级预算编制形式由建设项目施工图总预算、单项工程综合预算、单位工程施工图预算组成。当建设项目只有一个单项工程时,应采用二级预算编制形式,二级预算编制形式由建设项目施工图总预算和单位工程施工图预算组成。

(1)三级预算编制形式的工程预算文件的组成

1)封面、签署页及目录。

2)编制说明。

3)总预算表。

4)综合预算表。

5）单位工程预算表。

6）附件。

（2）二级预算编制形式的工程预算文件的组成

1）封面、签署页及目录。

2）编制说明。

3）总预算表。

4）单位工程预算表。

5）附件。

（3）建设项目施工图预算文件的预算表格格式

1）总预算表。

2）其他费用表。

3）其他费用计算表。

4）综合预算表。

5）建筑工程取费表。

6）建筑工程预算表。

7）设备及安装工程取费表。

8）设备及安装工程预算表。

9）补充单位估价表。

10）主要设备材料数量及价格表。

11）分部工程工料分析表。

12）分部工程工种数量分析汇总表。

13）单位工程材料分析汇总表。

14）进口设备材料货价及从属费用计算表。

（4）调整预算表格规定

1）调整预算"正表"表格格式同上述。

2）调整预算对比表格。

①总预算对比表。

②综合预算对比表。

③其他费用对比表。

④主要设备材料数量及价格对比表。

（5）文件及表格签署要求

1）建设项目施工图预算文件签署页应按编制人、审核人、审定人等顺序签署，其中编制人、审核人、审定人还需加盖执业或从业印章。

2）表格签署要求：总预算表、综合预算表签编制人、审核人、项目负责人等，其他各表均签编制人、审核人。

3）建设项目施工图预算应经签署齐全后方能生效。

八、施工图预算文件及表格式样

1. 工程预算封面、签署页、目录、编制说明式样

（1）工程预算封面式样

工程预算封面式样

（工程名称）

设 计 预 算

档 案 号：

共 册　　第 册

【设计（咨询）单位名称】

证书号（公章）

年　月　日

(2)工程预签署页式样

工程预算签署页式样

(工程名称)

工　程　预　算

档　案　号：

共　册　　第　册

编　制　人：＿＿＿＿＿(执业或从业印章)＿＿＿＿＿

审　核　人：＿＿＿＿＿(执业或从业印章)＿＿＿＿＿

审　定　人：＿＿＿＿＿(执业或从业印章)＿＿＿＿＿

法定代表人或其授权人：＿＿＿＿＿＿＿＿＿＿＿＿＿

（3）工程预算目录式样

目　录

序　号	编　号	名　称	页　次
1		编制说明	
2		总预算表	
3		其他费用表	
4		预备费计算表	
5		专项费用计算表	
6		×××综合预算表	
7		×××综合预算表	
		…	
9		×××单项工程预算表	
10		×××单位工程预算表	
		…	
12		补充单位估价表	
13		主要设备、材料数量及价格表	
14		…	

（4）编制说明式样

编制说明式样

编 制 说 明

1. 工程概况
2. 主要技术经济指标
3. 编制依据
4. 工程费用计算表
　　建筑、设备、安装工程费用计算方法和其他费用计取的说明
5. 其他有关说明的问题

2. 工程预算表及附表式样

（1）总预算表

总预算表

总预算编号：_____　　　工程名称：_____　　　　（单位：万元）　共　页　第　页

序号	预算编号	工程项目或费用名称	设计规格或主要工程量	建筑工程费	设备购置费	安装工程费	其他费用	合计	其中:引进部分		占总投资比例(%)
									美元	折合人民币	
一		工程费用									
1		主要工程									
(1)	×××	×××××									
(2)	×××	×××××									
2		辅助工程									
(1)	×××	×××××									
3		配套工程									
(1)	×××	×××××									
二		其他费用									
1		×××××									
2		×××××									
三		预备费									
四		专项费用									
1		×××××									
2		×××××									
		建设项目预算总投资									

编制人：　　　　　　　　　审核人：　　　　　　　　　项目负责人：

（2）其他费用表

其他费用表

工程名称：_____　　　　　　　　（单位:万元）　共　页　第　页

序号	费用项目编号	费用项目名称	费用计算基数	费率(%)	金额	计算公式	备注
1							
2							
		合　计					

编制人：　　　　　　　　　　　审核人：

（3）其他费用计算表

其他费用计算表

其他费用编号：_____　　费用名称：_____　　　　　　（单位:万元）　共　页　第　页

序号	费用项目名称	费用计算基数	费率(%)	金额	计算公式	备注
	合　计					

编制人：　　　　　　　　　　　审核人：

（4）综合预算表

综合预算表

综合预算编号：_____ 工程名称（单项工程）：_____ （单位：万元）共 页 第 页

序号	预算编号	工程项目或费用名称	设计规模或主要工程量	建筑工程费	设备购置费	安装工程费	合计	其中:引进部分	
								美元	折合人民币
一		主要工程							
1	×××	××××××							
2	×××	××××××							
二		辅助工程							
1	×××	××××××							
2	×××	××××××							
三		配套工程							
1	×××	××××××							
2	×××	××××××							
		单项工程预算费用合计							

编制人： 审核人： 项目负责人：

（5）建筑工程取费表

建筑工程取费表

单项工程预算编号：_____ 工程名称（单位工程）：_____ 共 页 第 页

序号	工程项目或费用名称	表达式	费率（%）	合价（元）
1	定额直接费			
2	其中:人工费			
3	其中:材料费			
4	其中:机械费			
5	措施费			
6	企业管理费			

续表

序号	工程项目或费用名称	表达式	费率（%）	合价（元）
7	利润			
8	规费			
9	税金			
10	单位建筑工程费用			

编制人：　　　　　　　　　审核人：

（6）建筑工程预算表

建筑工程预算表

单项工程预算编号：_____　　　　工程名称（单位工程）：_____　　　　共　页第　页

序号	定额号	工程项目或定额名称	单位	数量	单价（元）	其中人工费（元）	合价（元）	其中人工费（元）
一		土石方工程						
1	×××	×××××						
2	×××	×××××						
二		砌筑工程						
1	×××	×××××						
2	×××	×××××						
三		楼地面工程						
1	×××	×××××						
2	×××	×××××						
		分部分项工程费						

编制人：　　　　　　　　　审核人：

（7）设备及安装工程取费表

设备及安装工程取费表

单项工程预算编号：_____　工程名称（单位工程）：_____　　　　共　页第　页

序号	工程项目或费用名称	表达式	费率（%）	合价（元）
1	定额直接费			
2	其中：人工费			
3	其中：材料费			—
4	其中：机械费			
5	其中：设备费			

续表

序号	工程项目或费用名称	表达式	费率(%)	合价(元)
6	措施费			
7	企业管理费			
8	利润			
9	规费			
10	税金			
11	单位设备及安装工程费用			

编制人：　　　　　　　　审核人：

(8)设备及安装工程预算表

设备及安装工程预算表

单项工程预算编号：_____　工程名称(单位工程)：_____　　　　共　页第　页

序号	定额号	工程项目或定额名称	单位	数量	单价(元)	其中人工费(元)	合价(元)	其中人工费(元)	其中设备费(元)	其中主材费(元)
一		设备安装								
1	×××	×××××								
2	×××	×××××								
二		管道安装								
1	×××	×××××								
2	×××	×××××								
三		防腐保温								
1	×××	×××××								
2	×××	×××××								
		定额直接费合计								

编制人：　　　　　　　　审核人：

（9）补充单位估价表

补充单位估价表

子目名称：_____

工作内容：_____

补充单位估价表编号				
基价				
人工费				
材料费				
机械费				
名　　称	单位	单价	数　　量	
综合工日				
材 料				
其他材料费				
机 械				

编制人：　　　　　　　　　　　　审核人：

（10）主要设备材料数量及价格表

主要设备材料数量及价格表

序号	设备材料名称	规格型号	单位	数量	单价(元)	价格来源	备注

编制人：　　　　　　　　　　　　审核人：

（11）分部工程工料分析表

分部工程工料分析表

项目名称：_____　　　　　　　　　　　编号：_____

序号	定额编号	分部(项)工程名称	单位	工程量	人工(工日)	主要材料					其他材料费(元)
						材料1	材料2	材料3	材料4	…	

编制人：　　　　　　　　　　审核人：

(12)分部工程工种数量分析汇总表

分部工程工种数量分析汇总表

项目名称：_____　　　　　　　　　　　编号：_____

序　号	工种名称	工日数	备注
1	木工		
2	瓦工		
3	钢筋工		
…	…		

编制人：　　　　　　　　　　审核人：

(13)单位工程材料分析汇总表

单位工程材料分析汇总表

项目名称：_____　　　　　　　　　　　编号：_____

序　号	材料名称	规　格	单　位	数　量	备注
1	红砖				
2	中砂				
3	河流石				
…	…				

编制人：　　　　　　　　　　审核人：

(14)进口设备材料货价及从属费用计算表

进口设备材料货价及从属费用计算表

序号	设备、材料规格、名称及费用名称	单位	数量	单价(美元)	外币金额(美元)					折合人民币(元)	人民币金额(元)						合计(元)
					货价	运输费	保险费	其他费用	合计		关税	增值税	银行财务费	外贸手续费	国内运杂费	合计	

编制人：　　　　　　　　　　　审核人：

(15)总预算对比表

总预算对比表

综合概算编号：＿＿＿＿＿　　　工程名称：＿＿＿＿＿　　　　　　　　(单位:万元)　共　页第　页

序号	工程项目或费用名称	概　算					预　算					差额(预算-概算)	备注
		建筑工程费	设备购置费	安装工程费	其他费用	合计	建筑工程费	设备购置费	安装工程费	其他费用	合计		
一	工程费用												
1	主要工程												
(1)	×××××												
(2)	×××××												
2	辅助工程												
(1)	×××××												
3	配套工程												
(1)	×××××												
二	其他费用												

续表

序号	工程项目或费用名称	概算					预算					差额（预算－概算）	备注
		建筑工程费	设备购置费	安装工程费	其他费用	合计	建筑工程费	设备购置费	安装工程费	其他费用	合计		
1	××××××												
2	××××××												
三	预备费												
四	专项费用												
1	××××××												
2	××××××												
	建设项目总投资												

编制人：　　　　　　　　　　　　　　　审核人：

(16)综合预算对比表

综合预算对比表

综合预算编号：_____　　工程名称：_____　　　　　　（单位:万元）　共　页　第　页

序号	工程项目或费用名称	概算				预算				差额（预算－概算）	调整的主要原因
		建筑工程费	设备购置费	安装工程费	合计	建筑工程费	设备购置费	安装工程费	合计		
一	主要工程										
1	××××××										
2	××××××										
二	辅助工程										
1	××××××										
2	××××××										
三	配套工程										
1	××××××										
2	××××××										
	单项工程费用合计										

编制人：　　　　　　　　　　　　　　　审核人：

(17)其他费用对比表

其他费用对比表

工程名称：_____　　　　　　　　　　　（单位：万元）　共　页第　页

序号	费用项目编号	费用项目名称	费用计算基数	费率(%)	概算金额	预算金额	差额	计算公式	调整主要原因	备注
1										
2										
		合计								

编制人：　　　　　　　　　　　　　　　　审核人：

(18)主要设备材料数量及价格对比表

主要设备材料数量及价格对比表

序号	概算						预算						差额	调整原因
	设备材料名称	规格型号	单位	数量	单价(元)	价格来源	设备材料名称	规格型号	单位	数量	单价(元)	价格来源		

编制人：　　　　　　　　　　　　　　　　审核人：

第二节　施工图预算的编制

一、施工图预算的编制步骤

1. 收集编制预算的基础文件和资料

这些基础文件和资料主要包括：

1)施工图设计文件。

2)施工组织设计文件。

3)设计概算文件。

4)建筑工程预算定额。

5)建设工程费用定额。

6)材料预算价格表。

7)工程承包合同文件。

8)预算工作手册等文件。

9)资料。

2. 熟悉预算基础文件

在编制工程预算时,必须认真、详细地熟悉和审查全部施工图设计文件,发现图纸中的错误和问题,在预算人员头脑中形成一个清晰、完整和系统的工程实物形象,以便加快预算工作速度。

按44号文规定费用的施工图预算编制程序。

按44号文规定的施工图预算编制程序(装饰预算)如图5-1所示。

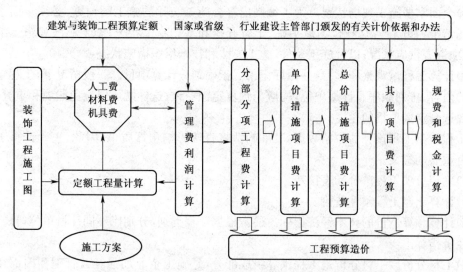

图5-1　按44号文规定建筑装饰工程预算编制程序示意图

其编制程序可以描述为：

1)根据施工图、预算定额、施工方案列出分部分项工程项目和单价措施项目,并进行定额工程量计算。

2)根据分部分项和单价措施项目名称,套用预算定额后,分别用工程量乘以定额对应单价,计算定额人工费、定额材料费、定额机具费。

3)根据分部分项和单价措施项目的定额人工费和规定的管理费率、利润率计算管理费和利润。

4)将分部分项的定额人工费、材料费、机具费、管理费和利润汇总成装饰单位工程分部分项工程费。

5)将单价措施项目定额人工费、材料费、机具费、管理费和利润汇总成单位工程单价措施项目费。

6)根据定额人工费(或定额人工费+定额机具费)和总价措施项目费费率,计算总价措施项目费。

7)根据分包工程的造价和费率计算其他项目费的总承包服务费。

8)根据有关规定计算其他项目费。

9)根据定额人工费(或定额人工费+定额机具费)和规费费率,计算规费。

10)根据分部分项工程费、单价措施项目费、总价措施项目费、其他项目费和规费之和及税率计算税金。

11)将分部分项工程费、单价措施项目费、总价措施项目费、其他项目费、规费、税金之和汇总为工程预算造价。

二、施工图预算编制的方法

1. 准备工作

1)熟悉施工组织设计文件。熟悉施工组织设计的要点,主要包括分部分项工程施工方案和施工方法;预制构件加工方法和运输方式;大型预制构件的安装方案和起重机械选样;脚手架形式和安装方面生产设备订货和运输方式;施工平面图布置要求和冬雨季施工措施。

2)全面掌握施工现场状况。为了编制出符合施工实际的施工图预算,必须全面掌握施工现场情况,如障碍物拆出,场地平整、土方开挖和基础施工状况;施工顺序和施工组织状况;各项资源供应状况;以及施工条件、施工方法和技术组织措施状况。

3)计算工程量观察和掌握,并做好记录。正确划分计算项目。一般情况下,工程量计算项目的内容、排列顺序和计量单位,均应与预算定额一致;这样既可以避免漏项和重算,更可以加快选套定额项目的速度。

工程量是工程预算的原始数据,其准确性将直接影响预算质量,因此,正确计算工程量将具有重要的意义。

4)确定分项工程单价和直接费。

5)计算土建工程预算造价。

6)计算预算造价的技术经济指标。通常根据工程类别,分别以不同计量单位,计算相应技术经济指标。

7)工料分析。工料分析是工程预算组成部分,是施工企业加强经营管理和内部经济核算的重要依据。

2. 具体操作

建设工程项目施工图预算由总预算、综合预算和单位工程预算组成。建设工程项目总预算由综合预算汇总而成;综合预算由组成本单项工程的单位工程预算汇总而成;单位工程预算包括建筑工程预算和设备及安装工程预算。

单位工程预算的编制方法有单价法、实物量法及综合法；其中单价法分为定额单价法和工程量清单单价法。

(1)单价法

1)定额单价法。

①定额单价法编制原理。定额单价法是用事先编制好的分项工程的单位估价表来编制施工图预算的方法。根据施工图设计文件和预算定额，按分部分项工程顺序先计算出分项工程量，然后乘以对应的定额单价，求出分项工程直接工程费；将分项工程直接工程费汇总为单位工程直接工程费；直接工程费汇总后另加措施费、间接费、利润、税金生成单位工程的施工图预算。

②定额单价法编制步骤。定额单价法编制施工图预算的基本步骤如下。

a. 准备资料，熟悉施工图纸。准备施工图纸、施工组织设计、施工方案、现行建筑安装定额、取费标准、统一工程量计算规则和地区材料预算价格等各种资料。在此基础上详细了解施工图样，全面分析工程各分部分项工程，充分了解施工组织设计和施工方案，注意影响费用的关键因素。

b. 计算工程量。工程量计算一般按如下步骤进行：

根据工程内容和定额项目，列出需计算工程量的分部分项工程；

根据一定的计算顺序和计算规则，列出分部分项工程量的计算式；

根据施工图纸上的设计尺寸及有关数据，代入计算式进行数值计算；

对计算结果的计量单位进行调整，使之与定额中相应的分部分项工程的计量单位保持一致。

c. 套用定额单价，计算直接工程费。核对工程量计算结果后，利用地区统一单位估价表中的分项工程定额单价，计算出各分项工程合价，汇总求出单位工程直接工程费。

单位工程直接工程费计算公式如下：

$$单位工程直接工程费＝\sum(分项工程量 \times 定额单价)$$

计算直接工程费时需注意以下几项内容：

分项工程的名称、规格、计量单位与定额单价或单位估价表中所列内容完全一致时，可以直接套用定额单价；

分项工程的主要材料品种与定额单价或单位估价表中规定材料不一致时，不可以直接套用定额单价；需要按实际使用材料价格换算定额单价；

分项工程施工工艺条件与定额单价或单位估价表不一致而造成人工、机械的数量增减时，一般调量不换价；

分项工程不能直接套用定额、不能换算和调整时，应编制补充单位估价表。

d. 编制工料分析表。根据各分部分项工程项目实物工程量和预算定额项目中所列的用工及材料数量，计算各分部分项工程所需人工及材料数量，汇总后算出该单位工程所需各类人工、材料的数量。

e. 按计价程序计取其他费用，并汇总造价。根据规定的税率、费率和相应的计取基础，分别计算措施费、间接费、利润、税金。将上述费用累计后与直接工程费进行汇总，求出单位工程预算造价。措施费、间接费、利润、税金的计取程序参考建筑安装工程费用项目的组成与计算。

f. 复核。对项目填列、工程量计算公式、计算结果、套用的单价、采用的取费费率、数字计算、数据精确度等进行全面复核，以便及时发现差错，及时修改，提高预算的准确性。

g. 编制说明、填写封面。编制说明主要应写明预算所包括的工程内容范围、依据的图纸编号、承包方式、有关部门现行的调价文件号、套用单价需要补充说明的问题及其他需说明的问题等。封面应写明工程编号、工程名称、预算总造价和单方造价、编制单位名称、负责人和编制日期以及审核单位的名称、负责人和审核日期等。

定额单价法的编制步骤如图 5-2 所示。

图 5-2　定额单价法的编制步骤

③定额单价法实例。定额单价法编制施工图预算采用的预算定额套用建筑工程单位估价表中有关分项工程的定额单价，并考虑了部分材料价差。

采用定额单价法编制某住宅楼基础工程预算书具体参见表 5-1 所示。

表 5-1　采用定额单价法编制某住宅楼基础工程预算书

工程定额编号	工程费用名称	计量单位	工程量	金额(元)	
				单价	合价
1-48	平整场地	100m²	20.21	112.55	2274.64
1-149	机械挖土	1000m²	2.78	1848.42	5138.61
8-15	碎石掺土垫层	10m³	31.45	1004.47	31590.58
8-25	C10 混凝土垫层	10m³	21.1	2286.4	48243.04
5-14	C20 带形钢筋混凝土基础(筋模)	10m³	37.23	2698.22	100454.73
5-479	C20 带形钢筋混凝土筋模	10m³	37.23	2379.69	88595.86
5-25	C20 独立式混凝土筋模	10m³	4.33	2014.47	8722.66
5-481	独立式混凝土	10m³	4.33	2404.48	10411.40
5-110	矩形柱筋模(1.8m)	10m³	0.92	5377.06	4946.90
5-489	矩形柱混凝土	10m³	0.92	3029.82	2787.43
5-8	带形无筋混凝土基础模板(C10)	10m³	5.43	604.38	3281.78
5-479	带形无筋混凝土	10m³	5.43	2379.69	12921.72
4-1	砖基础 M5 砂浆	10m³	3.5	1306.9	4574.15
9-128	基础防潮层平面	100m²	0.32	925.08	296.03
3-23	满堂红脚手架	100m²	10.3	416.16	4286.45
1-51	回填土	100m³	12.61	720.45	9084.87
16-36	挖土机场外运输				0.00
16-38	推土机场外运输				0.00
	C10 混凝土差价		265.3	84.9	22523.97
	C20 混凝土差价		424.8	101.14	42964.27
	商品混凝土运费		690.1	50	34505.00

续表 5-1

工程定额编号	工程费用名称	计量单位	工程量	金额（元）	
				单价	合价
（一）	项目直接工程费小计	元			437604.08
（二）	措施费	元			41650.00
（三）	直接费[（一）+（二）]	元			479254.08
（四）	间接费[（三）×10%]	元			47869.13
（五）	利润[（三）+（四）]×5%	元			26328.02
（六）	金[（三）+（四）+（五）]×3.41%	元			18853.50
（七）	造价总计[（三）+（四）+（五）+（六）]	元			571741.98

2）工程量清单单价法。工程量清单单价法是根据国家统一的工程量计算规则计算工程量，采用综合单价的形式计算工程造价的方法。

综合单价是指分部分项工程单价综合了直接工程费及直接工程费以外的多项费用内容。按照单价综合内容的不同，综合单价可分为全费用综合单价和部分费用综合单价。

①全费用综合单价。全费用综合单价即单价中综合了直接工程费、措施费、管理费、规费、利润和税金等，以各分项工程量乘以综合单价的合价汇总后，就生成工程承发包价。

②部分费用综合单价。我国目前实行的工程量清单计价采用的综合单价是部分费用综合单价，分部分项工程单价中综合了直接工程费、管理费、利润，以及一定范围内的风险费用，单价中未包括措施费、其他项目费、规费和税金，是不完全费用综合单价。以各分项工程量乘以部分费用综合单价的合价汇总，再加上项目措施费、其他项目费、规费和税金后，生成工程承发包价。

（2）实物量法

1）实物量法编制原理。实物量法是依据施工图纸和预算定额的项目划分及工程量计算规则，先计算出分部分项工程量，然后套用预算定额（实物量定额）来编制施工图预算的方法。

用实物量法编制施工图预算，主要是先用计算出的各分项工程的实物工程量，分别套取预算定额中工、料、机消耗指标，并按类相加，求出单位工程所需的各种人工、材料、施工机械台班的总消耗量，然后分别乘以当时当地各种人工、材料、机械台班的单价，求得人工费、材料费和施工机械使用费，再汇总求和。对于措施费、利润和税金等费用的计算则根据当时当地建筑市场供求情况予以具体确定。

2）实物量法编制步骤。采用实物量法编制施工图预算的步骤具体如下。

①准备资料、熟悉施工图纸。全面收集各种人工、材料、机械的当时当地的实际价格，应包括不同品种、不同规格的材料预算价格；不同工种、不同等级的人工工资单价；不同种类、不同型号的机械台班单价等。要求获得的各种实际价格应全面、系统、真实、可靠。具体可参考定额单价法相应步骤的内容。

②计算工程量。步骤和内容与定额单价法相同。

③套用消耗定额，计算人料机消耗量。定额消耗量中的"量"在相关规范和工艺水平等未有较大变化之前具有相对稳定性，据此确定符合国家技术规范和质量标准要求，并反映当

时施工工艺水平的分项工程计价所需的人工、材料、施工机械的消耗量。

　　根据预算人工定额所列各类人工工日的数量,乘以各分项工程的工程量,计算出各分项工程所需各类人工工日的数量,统计汇总后确定单位工程所需的各类人工工日消耗量。同理,根据材料预算定额、机械预算台班定额分别确定出单位工程各类材料消耗数量和各类施工机械台班数量。

　　④计算并汇总人工费、材料费、机械使用费。根据当时当地工程造价管理部门定期发布的或企业根据市场价格确定的人工工资单价、材料预算价格、施工机械台班单价分别乘以人工、材料、机械消耗量,汇总即为单位工程人工费、材料费和施工机械使用费。计算公式为:

　　单位工程直接工程费=∑(工程量×材料预算定额用量×当时当地材料预算价格)+∑(工程量×人工预算定额用量×当时当地人工工资单价)+∑(工程量×施工机械预算定额台班用量×当时当地机械台班单价)

　　⑤计算其他各项费用,汇总造价。对于措施费、间接费、利润和税金等的计算,可以采用与定额单价法相似的计算程序,只是有关的费率是根据当时当地建筑市场供求情况予以确定。将上述单位工程直接工程费与措施费、间接费、利润、税金等汇总即为单位工程造价。

　　⑥复核。检查人工、材料、机械台班的消耗量计算是否准确,有无漏算、重算或多算;套取的定额是否正确;检查采用的实际价格是否合理。其他内容可参考定额单价法相应步骤的介绍。

　　⑦编制说明、填写封面。本步骤的内容和方法与定额单价法相同。

　　实物量法的编制步骤可参见图5-3。

图5-3　实物量法的编制步骤

　　实物量法编制施工图预算的步骤与定额单价法基本相似,但在具体计算人工费、材料费和机械使用费及汇总三种费用之和方面有一定区别。实物量法编制施工图预算所用人工、材料和机械台班的单价都是当时当地的实际价格,编制出的预算可较准确地反映实际水平,误差较小,适用于市场经济条件波动较大的情况。由于采用该方法需要统计入工、材料、机械台班消耗量,还需搜集相应的实际价格,因而工作量较大、计算过程繁琐。但随着建筑市场的全面开放、价格信息系统的建立、竞争机制作用的发挥以及计算机的普及,实物法将是一种与统一"量"、指导"价"、竞争"费"的工程造价管理机制相适应,与国际建筑市场接轨,符合发展潮流的施工图预算与投标报价的编制方法。另外,采用实物法编制施工图预算的过程中,直接计算并统计了人工、材料和施工机械消耗量,为编制相应工程的施工材料供应计划和施工成本计划等提供了方便,并为施工过程中实施限额领料与成本控制提供依据。

　　3)实物量法实例。实物量法编制同一工程的预算,采用的定额与定额单价法采用的定额相同,但资源单价为当时当地的价格。

　　【示例】　采用实物量法编制某住宅楼基础工程预算书具体参见表5-2。

表 5-2　采用实物量法编制某住宅楼基础工程预算书

序号	人工、材料、机械费用名称	计量单位	实物工程数量	当时当地单价	合价
1	人工(综合工日)	工日	2049	35	71715.00
2	土石屑	m³	292.94	65	19041.10
3	黄土	m³	160.97	18	2897.46
4	C10 素混凝土	m³	265.3	175.1	46454.03
5	C20 钢筋混凝土	m³	417.6	198.86	83043.94
6	M5 砂浆	ms	8.26	128.59	1062.15
7	红砖	块	18125	0.2	3625.00
8	脚手架材料费				0.00
9	蛙式打夯机	台班	84.02	29.28	2460.11
10	挖土机	台班	7.34	600.53	4407.89
11	推土机	台班	0.75	465.7	349.28
12	其他机械费				84300.00
13	其他材料费				21200.00
14	基础防潮层				296.00
15	挖土机运费				3500.00
16	推土机运费				3057.00
17	混凝土差价				57487.00
18	混凝土运费				42964.00
(一)	项目直接工程费小计	元			447859.95
(二)	措施费	元			41650.00
(三)	直接费[(一)+(二)]	元			491558.95
(四)	间接费[(三)×10%]	元			48951.00
(五)	利润[(三)+(四)]×5%	元			26923.05
(六)	税金[(三)+(四)+(五)]×3.41%	元			19279.59
(七)	造价总计[(三)+(四)+(五)+(六)]	元			584663.59

(3)综合法

综合法就是采用单价法、实物法以至适用我国政策法令的一些国际工程造价计算方法来编制施工图预算。但是要实施该方法就必须依照工程项目的设计、施工具体情况,以遵守国家和地区的政策法令为前提,按实计取工程各项费用。

(4)按 44 号文费用划分施工图预算工程造价计算程序设计

1)依据 44 号文确定工程造价费用项目来划分。根据 44 号文确定的分部分项工程费、措施项目费、其他项目费、规费、税金的费用划分,来确定施工图预算工程造价的费用划分。

2)计算标准的确定。计算基数(础)可以是定额直接费,可以是定额人工费,也可以是定额人工费加定额机具费。究竟采用什么方法,具体由地区工程造价主管部门根据实际情况确定。

3)计价程序设计。根据建标[2013]44 号文件规定的费用项目划分和地区工程造价管理部门的规定,设计出的施工图预算工程造价计算程序见表 5-3。

表 5-3 建筑安装工程施工图预算造价计算程序

序号	费用名称			计算基数	计算式
1	分部分项工程费		人工费	分部分项工程量×定额基价	$\sum$(工程量×定额基价) (其中定额人工费:)
			材料费		
			机械费		
			管理费	分部分项工程定额人工费+ 定额机具费	$\sum$(分部分项工程定额人工费+ 定额机具费)×管理费率
			利润	分部分项工程定额人工费+ 定额机具费	$\sum$(分部分项工程定额人工费+ 定额机具费)×利润率
2	措施项目费	单价措施项目	人工费、材料费、机具费	单价措施工程量×定额基价	$\sum$(单价措施项目工程量 ×定额基价)
			单价措施项目 管理费、利润	单价措施项目定额人工费 +定额机具费	$\sum$(单价措施项目定额人工费+ 定额机具费)×(管理费率+利润率)
		总价措施	安全文明施工费	分部分项工程定额人工费+ 单价措施项目定额人工费	(分部分项工程、单价措施 项目定额人工费)×费率
			夜间施工增加费		
			二次搬运费		
			冬雨季施工增加费		
3	其他项目费		总承包服务费	招标人分包工程造价	
			……		
4	规费		社会保险费	分部分项工程定额人工费+ 单价措施项目定额人工费	(分部分项工程定额人工费+ 单价措施项目定额人工费)×费率
			住房公积金		
			工程排污费	按工程所在地规定计算	
5	人工价差调整			定额人工费×调整系数	
6	材料价差调整			见材料价差调整计算表	
7	税金			序1+序2+序3+序4+ 序5+序6	(序1+序2+序3+序4+ 序5+序6)×税率
	工程预算造价			(序1+序2+序3+序4+ 序5+序6+序7)	

三、编制施工图预算应注意的问题

施工图预算主要是以施工图为编制依据,而施工图是介于工程设计和实施阶段的产物。施工图预算不仅只是反映一个工程的经济文件,还能起到一个对工程造价控制的作用。因此,施工图预算编制的质量高低影响工程的实际造价的准确性。所以,要准确编制好施工图预算。

1. 做好准备工作

在编制施工图预算前要收集到与工程有关的各类资料,包括工程勘察地质报告、施工现场的环境、各类材料的运输情况等,使施工图预算造价与实际的工程造价更接近。

2. 认真熟悉图纸

施工图纸是建筑工程的"语言"。在计算之前,要认真熟悉图纸,认真阅读设计说明,了解设计者的意图。一般先粗看后精读,使该工程在头脑中形成立体图形,知道它的结构形式,内外装饰的要求,采用了哪些建筑材料等。看图顺序一般先由建筑施工图开始,使我们对该工程有一个大致的了解,最后看结构施工图,注重核对结构图和施工图的标高、尺寸是否一致,发现互相矛盾的地方或不清楚的地方要随时记录下来,在图纸会审时提出来,由设计单位解答清楚。

3. 熟练并掌握工程量计算规则,提高计算速度

要想又快又准地计算工程量,必须得熟练掌握工程量计算规则和计算方法。建筑工程的特点是图纸张数多、施工项目杂、需要计算的工程量大,因此,在计算工程量时一定要把计算式写清楚。在进行工程量合并时要按定额上对分项工程的划分标出每一个分项工程量的来源。计算方法:首先确定"三线一面"的尺寸作为基数,运用"统筹法"的基本原理来计算工程量,避免出现漏项、重复计算和计算错误等现象的发生,做到工程量计算既快又准。总之,建筑工程的工程量计算,是一项比较复杂的工作,它是土建预算编制的关键环节。计算方法正确,不但能提高计算工程量的速度,还能保证土建预算编制的质量,为确定合理的工程造价起到可靠保证。

4. 了解现行的施工规范,保证预算的准确性

为了准确地计算工程量,预算人员必须了解现行规范中的主要要求,否则容易出现漏算的现象。如有的施工图中,混凝土圈梁、地圈梁没有标明拐角处、T形接头处设置构造钢筋,构造柱与墙体的拉接筋,现浇板中的拉接筋下的架立筋等,如不了解施工规范,钢筋往往容易出现漏算。在单位工程中,钢筋的数量直接影响到预算的准确性。

5. 掌握现行的各种标准图集

因为图集的特点是一种可以重复利用的工具,熟练掌握标准图集的使用方法和常用数据,对快速、准确的计算工程量也是很关键的。因此,在平时的工作中,要注意常用数据的收集和整理。如现在由国家建设部批准使用的现浇混凝土框架、剪力墙、框架—剪力墙、框支剪力墙结构《混凝土结构施工图平面整体表示方法制图规则和构造详图》03G101—1标准图集,如果不熟练掌握它的计算规则、方法和各种数据,在计算工程量时即拖延了计算速度,又保证不了计算的质量。

6. 编制人员对工程相关信息要有一个"超前"认识

一项建设工程要经历决策、设计、实施三个阶段,施工图是实施阶段前的产物,这对建设单位来说要控制好工程造价,自己要对工程建设所需的资金做到"心中有数",还要求编制人员对工程的信息有一个"超前"的认识,具体表现为以下两个方面。

(1)对材料价格在工程期内的正确分析

随着市场经济制度改革的深入,建筑材料价格是由市场确定的,对材料价格分析是否正确将对工程造价的影响非常大的。因此,建设单位要编制一个与工程实际成本相接近的施工图预算,编制人员不仅要熟悉材料近期的价格,而且还要对未来的材料价格的走势做出一个正确的分析,只有这样建设单位才能清楚地认识到工程建设所需要的资金,这样有利于建设单位对资金的筹集,也有利于承发包双方的利益。

(2)对施工组织、变更量大小的认识

施工图是在实施阶段前的产物,它只是反映设计者们对拟建物的认识与追求。而作为预算人员,在认同设计者的意图时还应该从工程造价的角度上来考虑。因此,在施工图出来时预算人员应该仔细研究图纸,测算各种施工方案对造价的影响,以便在施工时做出正确的选择,找出图纸上与实际施工时产生矛盾或设计不合理的地方,使实施阶段完全能够"按图施工",减少工程的变更量。只有做到了"事前控制"才能更好地控制工程造价,使自己编制出来的预算更准确。

(3)对国家政策变动的预测

预算人员,要正确预测工程项目的工程造价,就要求我们对国家政策的变动作一个预测,建设单位编制的施工图预算也就是我们通常说的标底,可以帮建设单位控制工程造价,在经济高速发展的今天,国家对一些建筑工程规定收取的费用也随着经济的发展而变动。如人工费、各种规费及税金等的计取。因此,预算人员在编制施工图预算时必须要对国家政策的变动作一个正确的分析,使自己的取费更加正确合理。

综合上述,要准确编制好土建施工图预算,不仅要求预算人员要熟悉预结算编制的程序和方法,而且更重要的是熟悉建筑工程的相关知识,如施工工艺、施工技术、工程力学、材料等和相关的合同管理、法律文件,只有这样才能准确编制施工图预算。

四、运用施工组织设计编制施工图预算

施工组织设计是由施工技术人员根据工程特点、建筑工地实际情况及其他有关条件编制的,作为确定施工方案、指导施工进行现场平面布置等方面的依据。同时又是编制施工图预算的依据,如何运用施工组织设计编制施工图预算,将直接影响施工图预算的准确程度。

1. 编制施工图预算过程中有关施工组织设计的几个问题

1)编制施工预算过程中,应该注意施工组织设计中影响编制施工图预算的因素,以便准确的选用定额项目和子目,通常建筑工程施工组织设计包括以下几个内容。

①工程概况和施工条件。

②施工方案。

③施工进度计划。

④主要建筑材料、构件、劳动力、施工机具需用计划。

⑤施工平面图。

⑥质量和安全措施。

2)通过掌握施工组织设计内容可以了解到房屋建筑所需材料、构件劳动力、施工机具的堆放地点和仓库及管线临时设施的布置情况,从而为各种材料、构件、机具的运输距离的确定提供依据。同时,可以了解哪种材料、构件、机具需要二次搬运,工程的自然条件和技术经济条件如何等,由自然条件可知工程施工时期各月气温、土壤、地下水位及主导风向,由技术经济条件可知电力、给水、交通运输及构件加工等所采取的节省开支的措施。除此之外,对有些比较特殊复杂的工程和施工作业面比较窄小的工程,仅仅掌握这些还不足以指导编制施工图预算,还需要进一步掌握以下几方面的情况。

①运输工具。了解水平运输和垂直运输都采用哪些机械、吊车的型号、起重量的大小、回转半径有多大、卷扬机还是其他机械,对于特殊性工程机械的效能是否能够充分发挥出

来,技术人员要同预算人员一道在现场实地探测,对设备进行考核。测试后,与预算定额相比,作出一个施工图以外的预算造价。

②运输距离。了解余土、回填土、混凝土(钢筋混凝土)、金属及木构件运输和运输方法。

③预制构件的预制和吊装形式。了解预制构件是现场预制还是预制厂预制,吊装采用什么方式和方法,吊装时吊车的类型及台数等。

④土石方工程。了解工程的挖土方式,是机械挖土还是人工挖土,是否为人工施工的大型土石方工程以及余土、缺土和土方的倒运等情况,如果是特殊大型地下室的土方工程,就要通过施工编制设计的内容,对土石方采用什么设备挖土,开挖土方的前后顺序及开挖土方的深度和水位的高低。对挖土方有什么影响,进行了解分析,在挖土的过程中会出现什么问题,以便掌握施工的全部过程,确保挖土工程施工预算的完善性。比如某邮电工程,现场比较窄,施工位置三面临街,一面建筑物,形成一个井式的挖土方施工,由于位置比较特殊,它只有一面放坡,但是坡度还不能放的太大,主要现场没有位置,所以,从施工设计编制到实际挖土的过程都是在边研究边施工的过程。预算人员,应深入施工现场的每个施工环节,以及施工过程都要了解、掌握,为编制好施工预算提供依据,这样才能将此项工程的分部、分项工程、施工预算,体现出一个完整的工程造价。

⑤脚手架工程。主要了解脚手架的搭设形式和种类。

2. 运用施工组织设计编制施工图预算的条件

在编制施工图预算过程中,除定额中规定允许调整外,均不得因具体工程的施工组织操作方法和材料消耗与定额不同而改变。但对出现特殊的情况与定额规定不符,使施工企业无法进行施工或对工程质量有明显影响者,可经定额主管部门审定和批准方可调整。

凡是具备下列条件中的任何一项,都可以运用施工组织设计编制施工图预算。

1)建筑机械。按合理的施工组织设计必须使用特种机械时可以换算。

2)土石方工程。人工挖土方,挖地槽、地坑,需要放坡和支挡土板时,护坡桩等应根据施工组织设计的规定,如无规定又需放坡和支挡土板时,可按定额规定执行。基础工程施工中,所需要增加的工作面,按施工组织设计规定计算。如无规定时,可按定额规定执行。因场地狭小,无堆放土地点,挖土、土方的处理应根据施工组织设计规定的数量、运距及运输工具计算。土石方工程中运距应根据施工组织设计规定计算,如无施工组织设计,可按定额规定执行。

3)脚手架工程。单项脚手架应根据施工组织设计采用单排和双排脚手架,按相应定额执行。

4)构筑物工程。砖烟囱、烟道如设计要求采用加工楔形砖时,其数量应按施工组织设计规定的数量、列项目计算。

5)轨道铺设拆除。塔式起重机、打桩机的轨道铺拆,根据施工组织设计确定,按延长米计算。塔式起重机的台数及吨位大小也应根据施工组织设计确定。

6)超高脚手架。基价中未包括临时敷设措施,市政维护措施及埋深超过2.2m以上的深基础(地下室除外)的支模和浇灌混凝土所需的脚手架,如需搭设时,可按施工组织设计规定执行。

3. 深入施工现场,了解和掌握现场情况

单纯从施工组织设计中了解施工条件、施工方法、技术组织措施、施工设备器材供应等情况是不够的,况且施工组织设计不可能考虑到工程施工过程中的全部情况。比如土石方工程中出现的流砂、滑坡和塌方。构件吊装工程中,机械可能达不到要求等特殊情况,对这些情况工程中又是采用什么方法处理的。因此,为正确确定定额项目和子目,确保施工图预算的完善,还必须了解施工现场的具体情况。

施工图组织设计为编制施工图预算提供依据,而运用施工组织设计,不要受现行《建筑工程预算定额》有关规定的制约。所以,在编制施工图预算时,只有严格遵循定额的规定、标准,才能合理、准确地确定工程造价。

五、施工图预算的编制主体

1. 建设单位施工图预算

建设单位施工图预算是施工图设计阶段确定建设工程项目造价的依据,是设计文件的组成部分,建设单位在施工期间要根据施工图预算安排建设资金计划和使用建设资金,并且按照施工组织设计、施工工期、施工顺序、各个部分预算造价安排建设资金计划,以确保资金有效使用,从而保证项目建设顺利进行。

在建设单位,施工图预算是招投标的重要基础,既是工程量清单的编制依据,也是标底编制的依据。招标投标法实施以后,市场竞争日趋激烈,特别是推行工程量清单计价方法后,传统的施工图预算在投标报价中的作用将逐渐弱化;但是,由于现阶段人们对工程量清单计价方法掌握能力的限制,施工图预算还在招投标中大量应用,是招投标的重要基础,施工图预算的原理、依据、方法和编制程序,仍是投标报价的重要参考资料。同时,现阶段工程量清单计价基础资料系统还没有建立起来,特别是投标企业还没有自己的企业定额时,预算定额、预算编制模式和方法是工程量清单的编制依据。对于建设单位来说,标底的编制是以施工图预算为基础的,通常是在施工图预算的基础上考虑工程特殊施工措施费、工程质量要求、目标工期、招标工程的范围、自然条件等因素编制的。

2. 工程造价咨询公司编制施工图预算

工程造价咨询公司作为第三方为委托方做出施工图预算,其原理与建设单位编制预算一样,做预算时工程造价咨询公司尽可能客观、准确地展现其业务水平、素质和信誉。

对于工程造价管理部门而言,施工图预算是监督检查执行定额标准、合理确定工程造价、测算造价指数及审定招标工程标底的重要依据。

3. 施工单位编制施工图预算

施工图预算是施工企业内部在工程施工前,以单位工程为对象,根据施工劳动定额与补充定额编制的,用来确定一个单位工程中各楼层、各施工段上每一分部分项工程的人工、材料、机械台班需要量和直接费的文件。

在施工单位,施工图预算是确定投标报价的依据。在竞争激烈的建筑市场,施工单位需要根据施工图预算造价,结合企业的投标策略,确定投标报价。施工图预算是施工单位在施工前组织材料、机具、设备及劳动力供应的重要参考,是施工单位编制进度计划、统计完成工作量、进行经济核算的参考依据。施工图预算的工、料、机分析,为施工单位材料购置、劳动力及机具和设备的配备提供参考。施工图预算可作为向班组签发施工任务单和限额领料卡的依据;是计算工资和奖金、开展班组经济核算的依据;以便开展基层经济活动分析,进行"两算"对比。

施工图预算在施工单位起到的是控制施工成本的作用。施工单位根据施工图预算确定的中标价格来签订施工合同,是施工单位收取工程款的依据,施工单位只有合理利用各项资源,采取技术措施、经济措施和组织措施降低成本,将成本控制在施工图预算以内,施工单位才能获得良好的经济效益。

六、施工图预算的审查

施工图预算的审查是合理确定工程造价的必要程序及重要组成部分。但由于施工图预算的审查对象不同,要求的进度不同,投资规模不同,审查方法也不一样。在建筑安装工程中,土建工程占投资比例较高(工业建设约50%,民用建筑约80%,公共建筑约70%)。因而,审查的重点往往为土建工程施工图预算。

1. 施工图预算审查一般规定

1)施工图预算文件的审查,应当委托具有相应资质的工程造价咨询机构进行。

2)从事建设工程施工图预算审查的人员,应具备相应的执业(从业)资格,需在施工图预算审查文件上签署注册造价工程师执业资格专用章或造价员从业资格专用章,并出具施工图预算审查意见报告,报告要加盖工程造价咨询企业的公章和资质专用章。

2. 施工图预算审查的主要内容

1)审查施工图预算的编制是否符合现行国家、行业、地方政府有关法律、法规和规定要求。

2)审查工程量计算的准确性、工程量计算规则与计价规范规则或定额规则的一致性。

3)审查在施工图预算的编制过程中,各种计价依据使用是否恰当,各项费率计取是否正确;审查依据主要有施工图设计资料、有关定额、施工组织设计、有关造价文件规定和技术规范、规程等。

4)审查各种要素市场价格选用是否合理。

5)审查施工图预算是否超过概算以及进行偏差分析。

3. 常见施工图预算审核方法

施工图预算的审查可采用全面审查法、标准预算审查法、分组计算审查法、对比审查法、筛选审查法、重点审查法、分解对比审查法等。

(1)全面审核法

这种方法实际上是审查人重新编制施工图预算。首先,根据施工图全面计算工程量。然后,将计算的工程量与审核对象的工程量一一进行对比。同时,根据定额或单位估价表逐项核实审核对象的单价,这种方法常常适用于以下情况。

1)初学者审查的施工图预算。

2)投资不多的项目,如维修工程。

3)工程内容比较简单(分项工程不多)的项目,如围墙、道路挡土墙、排水沟等。

4)建设单位审查施工单位的预算或施工单位审核设计单位设计单价的预算。

这种方法的优点是审查后的施工图预算准确度较高;缺点是工作量大,实质是重复劳动。在投资规模较大。审核进度要求较紧的情况下,这种方法是不可取的,但建设单位为严格控制工程造价,仍常常采用这种方法。

(2)重点审查法

这种方法类同于全面审查法,与全面审核法之区别仅是审核范围不同而已。该方法有侧重的,有选择的根据施工图计算部分价值较高或占投资比例较大的分项工程量。如砖石结构(基础、墙体)、钢筋混凝土结构(梁、板、柱)、木结构(门窗)、钢结构(屋架、檩条、支撑),以及高级装饰等;而对其他价值较低或占投资比例较小的分项目工程,如普通装饰项目、零星项目(雨篷、散水、坡道、明沟、水池、垃圾箱)等,审核者往往有意忽略不计,重点核实与上述工程量相对应的定额单价,尤其重点审核定额子目中易混淆的单价(如构件断面、单体体积),其次是混凝土标号、砌筑、抹灰砂浆的标号核算。这种方法在审核时间较紧张的情况下,常常适用于建设单位审核施工单位的预算或施工单位审核设计单位的预算。

这种方法与全面审核法比较,工作量相对减少。

(3)分析对比审查法

由于上述两种方法类似编制施工图预算,工作量大,审查周期长,预算人员在长期的工作中摸索出另一种方法,即分析对比审核法。该方法是在总结分析预结算资料的基础上,找出同类工程造价及工料消耗的规律性,整理出用途不同、结构形式不同、地区不同的工程造价和工料消耗指标。然后,根据这些指标对审核对象进行分析对比,从中找出不符合投资规律的分部分项工程,针对这些子目进行重点审核,分析其差异较大的原因。常用的指标有以下几种类型:

1)单方造价指标(元/m³、元/m²、元/m……)。

2)分部工程比例:基础;楼板屋面;门窗;围护结构等各占定额直接费的比例。

3)各种结构比例:砖石;混凝土及钢筋混凝土;木结构;金属结构;装饰;土石方等各占定额直接费的比例。

4)专业投资比例:土建;给排水;采暖通风;电气照明等各专业占总造价的比例。

5)工料消耗指标:即钢材、木材、水泥、砂、石、砖、瓦、人工等主要工料的单方消耗指标。

(4)通病审查法

由于预算人员所处地位不同,对定额熟悉程度不同,在预算编制过程中,会不同程度地出现以下一些通病。

1)工程量计算错误。毛石、钢筋混凝土基础T形交接重叠处重复计算;楼地面孔洞所占面积没有扣除;墙体中的单梁及单柱所占面积没有扣除;不注意原始地坪标高,挖地槽、地坑土方常常出现"挖空气"现象,放坡计算不正确;钢筋计算常常不扣除保护层;梁、板、柱交接处受力筋或箍筋重复计算;现浇肋梁不扣板厚,设计变更部分该减的不减和漏减。

2)定额单价高套。不注意混凝土强度等级、石子粒径而引起的;不注意构件断面、单件体积而引起的;不注意砌筑、抹灰砂浆等级及配合比而引起的;水泥用量不按实际品种调整;有梁式条基高套基础梁定额,现浇肋梁高套框架梁定额;地坑、地槽、土方三者之间的界限不清;土石方的分类界限不清等问题。

3)项目重复:块料面层下找平层;满堂脚手架和抹灰脚手架;预制构件的铁件;属于建筑工程范畴的给排水设施。在采用综合定额预算的项目中,这种现象尤其普遍。

4)材料差价计算时漏算如空板等购入构件没有回扣等。

5)综合费用计算错误:包干费的工程按实调整时没有扣除原包干费;综合费项目内容与定额已考虑的内容重复;综合费用项目内容与冬雨季施工增加费,临时设施费中内容重复;甲供水电费未回扣。

由于上述通病具有普遍性,审查施工图预算时,可以顺藤摸瓜,剔除其不合理部分,补充完善预算内容,准确计算工程量,合理取定定额单价,以达到合理确定工程造价的目的。

(5)分组计算审查法

施工图预算项目繁多,数据各异,乍一看,好像各项目、各数据之间毫无关系,其实不然。这些项目和数据之间有着千丝万缕的联系,只要认真总结、仔细分析,就可以摸索出其规律。可以把有一定内在联系的项目编为一组,先详细审查某个分项工程量,再利用工程量之间具有相同或相似计算基础的关系,判断同组中其他几个分项工程量计算的准确程度,利用这种方法还能找出一些漏项和重项。常见的分组有:

1)与建筑面积相关的项目和工程量数据。

2)与基础土方相关的项目和工程量数据。

3)与墙体面积相关的项目和工程量数据。

4)其他相关项目与数据。

对于一些规律性较差的工程量数据,可以采用前述的重点审查法。分组计算审查法实质是工程量计算统筹法在预算审查工作中的应用。应用这种方法,可使审查速度大大加快,工作效率大大提高。

土建施工图预算审查是一项复杂而系统的工作,不同的审查对象、不同的时间要求、不同的审查目的,应选用不同的审查方法,只有充分理解上述审查方法,灵活地综合运用几种审查法,才能准确合理地确定土建施工图的预算造价。

对于土建工程施工决算的审查,比预算书的审查更为严格和细致,因为,后者仅作工程投资预估总量,而前者才是真实体现工程造价和成本的实际支出量,同时,由于施工的技术复杂性、市场价格的变动在工期中的反映和因各种原因引起的对设计图纸的局部修改等因素,决算与预算相比,一般会有一定或较大出入,故对决算的审查可以参考上述5种方法,以原预算为基础,重点核实施工中各种已经签证有效的修改通知和施工记录(特别是隐蔽工程记录),全面地审查整个决算内容,防止和杜绝网中漏算。

4. 施工图预算审查应注意的问题

(1)重视搜集完备的依据性文件

审查人员必须向有关部门和人员搜集完备的编制预算的依据文件、材料,有:

1)建筑和结构专业提交的全套土建施工图。

2)提交的土石方工程和道路、挡土墙、围墙等构筑物的平立剖图。

3)工程所在地区的综合预算定额、建筑材料预算价格、间接费用和计取费用的有关规定文件。

4)工程所在地的类似工程预算文件及技术经济指标(供参考)。

(2)抓住审查重点

1)工程量和单价的审查。审查时应注意:编制预算时所使用的综合预算定额是否适用于本工程;预算书中不得重列综合定额中已包含的工程量范围;是否按定额规定的规则计算工程量;防止出现张冠李戴,错套单价的现象。

各分部审核的重点不同,现按分部分述如下。

①土石方分部。应注意本分部仅适用于土石方、满堂基础及基础定额中未综合的土石方项目。

②基础分部。打桩分部的定额仅适用于工业和民用建筑的陆上桩基工程,不适用打试桩及在室内或支架上打桩。

审查时应注意有否漏列各类桩基所对应的机械进、退场费用及组装、拆卸费用。对于冲(钻)孔桩、灌注桩、人工挖孔桩等1m内的砍桩头费用,定额已包括,不得重列。超过1m砍桩头及吊运机械费用,不得漏计。

人工挖孔桩定额已包含扩孔5cm混凝土工程量,预算中不得重计,泥砂找平层工程量、挖孔桩的弃土工程量不得漏列。

③墙体分部。混凝土石墙定额仅适用于平墙。非平墙每m³应增加1.4工日。

墙基与墙身的分界线划分应符合规定。内墙、外墙、框架间墙与非框架间墙应分别计算。墙体工程量不应包括门、窗洞口及0.3m³以上的孔洞数量。

④脚手架分部。审查时应注意满堂脚手架的计算有否漏计增加层;住宅底层层高低于2.2m的不能计算脚手架;6层以上或檐高达20m以上应计算高层建筑增加费;临街房屋应增加防护措施增加费;天棚高度超过3.6m时应计算满堂脚手架;有装饰墙面(天棚)之一为装饰、刷浆或勾缝时满堂脚手架应计算50%;墙面和(天棚)均为勾缝或刷浆时应计算20%的满堂脚手架。砌女儿墙高度超过1.2m者应计算双排脚手架。

在高层建筑中,裙房和主楼由于标高不一,应分别套用相应脚手架定额。

⑤柱、梁、板分部。本分部适用于按图示尺寸以立方米实体积计算梁、板、柱的工程量。审查钢筋混凝土圈梁、过梁与板,圈梁、过梁与有梁板、平板的界线要分清楚,钢筋混凝土挑檐反口高度(或者悬挂檐高度)在1m以上者应按相应钢筋混凝土墙计算,小于1m者,按钢筋混凝土檐沟计算。

有梁板计算中要注意梁高必须扣除板厚,主梁长应扣柱位,次梁长应扣主梁宽。柱与板交接,当柱断面大于0.3m²者,应扣板中柱位(柱头)体积。

钢筋混凝土阳台、雨篷的长、宽超过定额规定范围及宽雨篷或带反梁雨篷,不能按阳台、雨篷套价,应按有梁板计算,钢筋混凝土量也由投影面积改为立方米体积计算。

⑥门、窗分部。门、窗工程量应与混凝墙中所扣除的门、窗面积相符;不同种类的门、窗(如门连窗)应分别套价。审查门、窗数量时要注意门窗表中数量与各层平面图的门、窗数之和是否相符。门、窗数量计算还要注意配套玻璃种类、厚度是否与定额相同,否则必须换算。

⑦楼地面分部。审查时要注意各层地面面积总和应与相应建筑面积相符。

地面是水磨石,防滑地砖面层时,计算面层工程量后还需另行进行换算。块料面层设计所采用材料与定额不符时应进行换算。当设墙裙时,应在相应的地面项目中扣除所含踢脚线含量。

⑧屋面分部。定额中屋面防水及檐沟防水已包括防水材料用量,如与定额不同时应予换算。定额中规定屋面隔热层垫砖高为3皮砖(12cm×12cm×18cm),如设计不同时应予换算。

屋面找坡:用砂浆防水层,找坡套用细石混凝土找平层,不用砂浆防水层,找坡就直接套细石混凝土面层。

屋面面积之和应和一层相应建筑面积相符。

⑨装修分部。审查时应注意勒脚装修有否漏计,檐口高度在3.6m以内的单层建筑外墙粉刷应扣卷扬机费;严格区分普通、中等、高级抹灰,按类套价;刷"106"(或水泥漆)等涂料

时,应扣除室内抹灰定额内的石灰浆含量;外墙面喷塑应增列打底子项;主梁净高超过50cm或梁天棚和梁净距在0.7m内的有梁板天棚,其抹灰工程量应乘1.4系数;块料面层按实铺面积计算。

⑩构配件分部。不得把阳台台板及墙合并套用栏杆单价,以引起造价增加。审查构配件项目时要注意不得漏计面层装饰工程量。

2)各项费用审查。各项费用计取基数应按一般工程项目、打桩项目、装修项目分别计算。

打桩:制作兼打桩按一般土建取费率的80%计算间接费;单独打桩按土建取费率的40%计算间接费。无论是"单打"和"制打"都以桩的制作和打桩的直接费合计数为计费基数。打桩不计取塔吊费用。

高级装饰:按规定其取费率为土建工程取费率的40%计算间接费。对无定额可套而用市场造价套价的特殊材料项目不能计取间接费只能计取税金。

(3)做好复核工作

完成预算审查之后,为了检验审核成果的可行性．必须采用类比法。即利用工程所在地的类似工程的技术经济指标进行分析比较,进行可行性判断。如差距过大,应寻找原因,如设计错误,应予纠正。

5. 竣工决算超施工图预算的原因分析及防治

在基本建设项目实施过程中,施工图预算超设计概算、竣工决算超施工图预算,所谓"节节高"现象普遍存在,特别是近年来,"竣工决算超施工图预算"的幅度呈增大的趋势,致使建设项目资金计划难以严格执行,影响了工程建设的顺利进行。因此,针对这一问题,深入分析其原因所在,并提出合理的解决办法,显得尤为必要。

(1)竣工决算超施工图预算的原因分析

1)施工图预算与竣工决算的"先天差异"。施工图预算与竣工决算在编制上有着明显的区别:首先,编制时间上施工图预算明显早于竣工决算,两者存在绝对的时差;其次,编制依据不同。竣工决算考虑全面,既考虑了施工图的实体消耗部分和施工阶段消耗部分,又考虑了图纸会审要增加内容,特殊施工方案的实施和设计的变更及现场签证也增加费用,还考虑了国家政策性调价和主要材料的价差等。而施工图预算只考虑了工程在理想状态下的实体消耗部分和施工阶段消耗部分,基本是按施工图编制出的理想模型,这充分说明两者存在着很大差异。

2)施工图预算与竣工决算在具体操作中存在的问题。

①施工图预算存在着"先天不足"与"后天失调"。施工图预算未考虑国家政策性调价。施工图预算编制时间明显早于竣工决算,有时甚至是3～4年。由于国家每年的政策性调价文件下发滞后,施工图预算未能充分考虑,而国家政策性调价一般呈上升的趋势,所以,必然导致竣工决算超出施工图预算。

施工图预算未考虑主要材料价差。在基本建设程序中,施工图设计与竣工验收中间还有做好建设准备、列入年度计划、组织施工和生产准备四个阶段,因此,施工图预算的编制未能考虑主要材料逐年递增的差价,这也是竣工决算超施工图预算的一个比较重要的原因。

施工图预算未考虑设计变更及现场签证。近年来,在建工程施工中出具核定单的现象较为普遍,这些核定单有设计人员提出的,也有甲、乙双方建议提出的,核定单数量越来多,增加的费用也越来越大。从类别上划分,有地质原因造成的衬砌型式改变、基础加深、抛填片石的;有工艺变更、改变结构形式、材料代换的;有提高装修标准、增加工程内容的等。往往是一项工程施工完毕,设计修改通知单就有几十张,乃至上百张,相应发生的费用也较大。这也是竣工决算超施工图预算的一个比较重要的因素。

施工图预算未考虑特殊施工技术措施费。工程造价主要是由工程实体消耗部分和施工手段消耗部分决定。若实体消耗部分是按施工图科学计算的,不应有较大出入。但是施工方法和施工手段则是千差万别的。对于必须采用特殊施工方案的工程,施工措施费造价往往也较高,这是竣工决算超施工图预算的重要原因。

②竣工决算不完善。主要材料控制价的制定存在很大弊端。定额规定的主要材料种类很多,但只提供了少部分主要材料控制价,大部分主要材料价格有很大的余地,造成只能凭乙方决算,存在很大弊端。另一方面,由于原材料价格上涨过快,造成主要材料价格不成比例地大幅度上涨,现有的主要材料控制价大部分已不适应市场行情,给决算工作带来一定的难度,也是造成竣工决算比施工图预算偏高的一个因素。

进入决算的核定单、现场签证等,其具体实施情况需加监督并及时反馈。工程项目的设计订单、现场核定单及现场签证只要甲、乙双方签章,设计单位和基建管理部门签章认可就可以进行竣工决算。由于决算审核人员的工作局限性,对已计价的核定单及现场签证实施情况难以了解清楚。若不加强监督并及时反馈,在决算中就可能未扣除未施工项目内容的工程造价或减少工程量项目内容的工程造价,这也会造成竣工决算不准确。

(2)竣工决算超施工图预算的防治

为了从根本上了解竣工决算超施工图预算现象,使施工图预算发挥其应有的指导作用,根据上文对主要原因的剖析,做到对症下药、预防为主,建议采取如下措施进行防治。

1)建立工程造价管理全过程跟踪负责机构。建设主管部门应有明确的优化投入产出的经济观念,下决心抓工程造价管理工作。建立工程造价管理全过程跟踪负责机构,避免业主、设计、监理、施工等单位相互孤立,各自为政,让此机构对工程的设计、概算、施工图预算、竣工决算等进行全面管理和控制。对施工过程中发生的一些价、量变动给予分析和控制,做到管理研究工作的先行性,促进各参建单位努力提高管理水平,让人为因素造成的失误逐步减少到零,以真正控制工程造价。

2)促使设计水平提升到一个新的高度。工程设计人员进行设计前,应广泛收集有关资料,详细了解工艺全过程,深思熟虑,严肃认真,努力做到方案、设计经济合理,减少失误。并且,在设计人员中加强设计过程的全面质量管理(TQC管理),加强概预算编制人员与设计人员的密切联系与配合。使设计图纸的技术、经济协调一致。特别要对设计变更加强管理,对工程造价有影响的设计变更要先算账,后变更,对人为因素造成的增加投资的变更应追究变更设计人员的责任,从而确保设计技术先进、经济合理、质量优良。

3)加强核定单管理。办理竣工决算时,决算审核部门发现诸多核定单中几乎都是增加工程量的,而看不到减少工程量的。建议一个项目出具的核定单要按一定顺序依次编号,决算时,在竣工资料中注明核定单张数,按编号顺序排列,全部反馈给施工图预算审核部门。这样既能计算增加的核定单,又能及时扣除减少工程量的核定单造价。

4)施工图预算应尽可能做到严密周全。施工图预算时,应尽可能做到项目齐全、工程量准确,动态因素及国家政策性调价尽可能充分考虑,并能够预见特殊工程的部分施工技术措施费。若能做到这一点，则施工图预算的指导作用将非常重要，竣工决算可参照最终施工预算审核，则"竣工决算超施工图预算"的现象将不复存在。

5）控制主要材料的价格。建设主管部门应将主要材料归口到一个专门机构进行管理，并对主要材料的种类、品种、生产厂家进行质量、供货时间、价格、运输方式等的调查与跟踪。通过对比、推敲制订出主要材料控制价，定期发布，适时调整。业主、设计、监理、施工等单位都应执行统一制订的主要材料价格。任何单位未经批准，不得擅自订购主要材料，否则，价差自负，这样可为国家节省大量投资。

6）强化施工管理，严把施工方案及现场签证审核关。对多种施工方案通过经济评估优化，找出最优施工方案，使不可避免的特殊技术措施费减少到最低程度。凡涉及费用增加的隐蔽工程记录、现场签证必须由设计单位和甲方业务主管领导签字认可。工程竣工时，应有专门机构将设计变更和特殊施工方案及现场签证的情况反馈给决算审核部门，使工程施工与工程造价相对应，防止出现漏洞。

7）统一工程量编制标准。为了使施工图上的材料表更具指导意义，更能为编制人员直接采用，设计人员提供材料表时，计算方法应与"工程量计算规则"相一致。施工图预算编制人员也应按"工程量计算规则"核查材料表后，认为准确无误后方可列入施工图预算，将工程量差异降到最低。另外，两个部门应互通信息，对一些模糊不清的问题及时得以澄清，避免人为因素造成的"先天不足"。

8）全面推行工程承包招、投标制度。实践证明，建设工程承发包推行招、投标制度，是控制投资的一种有效途径。通过招、投标进行竞争，采用新技术，优化设计方案，以最低工程投资发挥出最大使用功能，可以提高经营管理和施工技术水平，并且能有效地整合各种优势，从而提高质量，缩短工期，降低工程造价。增加投资收益。

第六章 建筑面积计算

第一节 建筑面积计算相关规定

一、建筑面积的概念

建筑面积是以平方米为计量单位反映房屋建筑规模的实物量指标,它广泛应用于基本建设计划、统计、设计、施工和工程概预算等各个方面,在建筑工程造价管理方面起着非常重要的作用,是房屋建筑计价的主要指标之一。

建筑面积包括使用面积、辅助面积和结构面积三部分。

1. 使用面积

使用面积是指建筑物各层平面中直接为生产或生活使用的净面积之和。例如,住宅建筑中的居室、客厅、书房、卫生间、厨房等。

2. 辅助面积

辅助面积是指建筑物各层平面中为辅助生产或辅助生活所占净面积之和。例如,住宅建筑中的楼梯、走道等。使用面积与辅助面积之和称有效面积。

3. 结构面积

结构面积是指建筑各层平面中的墙、柱等结构所占面积之和。

二、建筑面积的作用

1. 重要管理指标

建筑面积是建设投资、建设项目可行性研究、建设项目勘察设计、建设项目评估、建设项目招标投标、建筑工程施工和竣工验收、建设工程造价管理、建筑工程造价控制等一系列工作的重要计算指标。

2. 重要技术指标

建筑面积是计算开工面积、竣工面积、合格工程率、建筑装饰规模等重要的技术指标。

3. 重要经济指标

建筑面积是计算建筑、装饰等单位工程或单项工程的单位面积工程造价、人工消耗指标、机械台班消耗指标、工程量消耗指标的重要经济指标。

各经济指标的计算公式如下:

$$每平方米工程造价 = \frac{工程造价}{建筑面积}(元/m^2)$$

$$每平方米人工消耗 = \frac{单位工程用工量}{建筑面积}(工日/m^2)$$

$$每平方米材料消耗 = \frac{单位工程某材料用量}{建筑面积}(kg/m^2 、m^3/m^2 \ 等)$$

$$每平方米机械台班消耗 = \frac{单位工程某机械台班用量}{建筑面积}(台班/m^2 \ 等)$$

$$每平方米工程量=\frac{单位工程某工程量}{建筑面积}(m^2/m^2、m/m^2 等)$$

4. 重要计算依据

建筑面积是计算有关工程量的重要依据。例如,装饰用满堂脚手架工程量等。

综上所述,建筑面积是重要的技术经济指标,在全面控制建筑安装工程造价和建设过程中起着重要作用。

三、建筑面积计算规则

由于建筑面积是计算各种技术经济指标的重要依据,这些指标又起着衡量和评价建设规模、投资效益、工程成本等方面重要尺度的作用。因此,中华人民共和国住房和城乡建设部颁发了《建筑工程建筑面积计算规范》GB/T 50353—2013,规定了建筑面积的计算方法。

《建筑工程建筑面积计算规范》主要规定了三个方面的内容。

1)计算全部建筑面积的范围和规定。

2)计算部分建筑面积的范围和规定。

3)不计算建筑面积的范围和规定。

这些规定主要基于以下几个方面的考虑:

①尽可能准确地反映建筑物各组成部分的价值量。例如,有柱雨篷应按其结构板水平投影面积的1/2计算建筑面积;建筑物间有围护结构的走廊(增加了围护结构的工料消耗)应按其围护结构外围水平面积计算全面积。又如,多层建筑坡屋顶内和场馆看台下的建筑空间,结构净高在2.10m及以上的部位应计算全面积;结构净高在1.20m及以上至2.10m以下的部位应计算1/2面积;结构净高在1.20m以下的部位不应计算建筑面积。

②通过建筑面积计算规范的规定,简化建筑面积的计算过程。例如,附墙柱、垛等不计算建筑面积。

第二节 应计算建筑面积的范围

一、建筑物建筑面积计算

1. 计算规定

建筑物的建筑面积应按自然层外墙结构外围水平面积之和计算。结构层高在2.20m及以上的,应计算全面积;结构层高在2.20m以下的,应计算1/2面积。

2. 计算规定解读

1)建筑物可以是民用建筑、公共建筑,也可以是工业厂房。

2)建筑面积只包括外墙的结构面积,不包括外墙抹灰厚度、装饰材料厚度所占的面积。如图6-1所示,其建筑面积为 $S=a\times b$(外墙外边尺寸,不含勒脚厚度)。

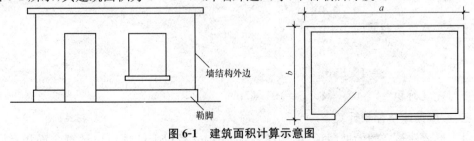

墙结构外边

勒脚

图6-1 建筑面积计算示意图

3)当外墙结构本身在一个层高范围内不等厚时,以楼地面结构标高处的外围水平面积计算。

二、局部楼层建筑面积计算

建筑物内设有局部楼层时,对于局部楼层的二层及以上楼层,有围护结构的应按其围护结构外围水平面积计算,无围护结构的应按其结构底板水平面积计算,且结构层高在2.20m 及以上的,应计算全面积,结构层高在 2.20m 以下的,应计算 1/2 面积。

1)单层建筑物内设有部分楼层的如图 6-2 所示。这时,局部楼层的围护结构墙厚应包括在楼层面积内。

2)本规定没有说不算建筑面积的部位,我们可以理解为局部楼层层高一般不会低于 1.20m。

【示例】 根据单层建筑物面积计算规则,如图 6-2 所示,试计算单层建筑物的建筑面积。

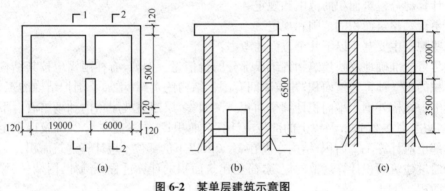

图 6-2 某单层建筑示意图

(a)平面图 (b)1—1 剖面图 (c)2—2 剖面图

解: 因为此建筑物高度大于 2.20m,依据规则:单层建筑物的建筑面积按其外墙勒脚以上结构外围水平面积计算。单层建筑物内设有局部楼层者,局部楼层的二层及以上楼层,有围护结构的按围护结构外围水平面积计算,层高在 2.20m 及以上者应计算全面积。

计算方法为:

$$建筑面积=(19+6+0.24)\times(15+0.24)+(6+0.24)\times(15+0.24)$$
$$=479.76m^2$$

【示例】 根据图 6-3 计算该建筑物的建筑面积(墙厚均为 240mm)。

解:
$$底层建筑面积=(8.0+5.0+0.24)\times(3.30+2.70+0.24)$$
$$=13.24\times6.24$$
$$=82.62m^2$$

$$楼隔层建筑面积=(5.0+0.24)\times(3.30+0.24)$$
$$=5.24\times3.54$$
$$=18.55m^2$$

全部建筑面积=82.62+18.55=101.17m^2

三、坡屋顶建筑面积计算

对于形成建筑空间的坡屋顶,结构净高在 2.10m 及以上的部位应计算全面积;结构净

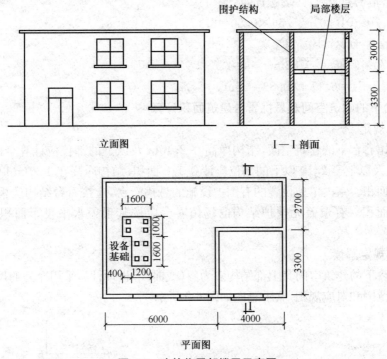

围护结构　　局部楼层

立面图　　　　　　Ⅰ—Ⅰ剖面

设备基础

平面图

图 6-3　建筑物局部楼层示意图

高在 1.20m 及以上至 2.10m 以下的部位应计算 1/2 面积;结构净高在 1.20m 以下的部位不应计算建筑面积。

　　多层建筑坡屋顶内和场馆看台下的空间应视为坡屋顶内的空间,设计加以利用时,应按其结构净高确定其建筑面积的计算;设计不利用的空间,不应计算建筑面积,其示意图如图 6-4 所示。

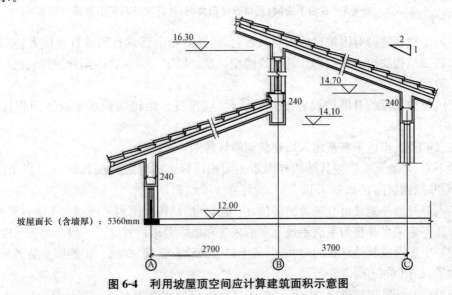

坡屋面长(含墙厚):5360mm

图 6-4　利用坡屋顶空间应计算建筑面积示意图

【示例】　根据图 6-4 中所示尺寸,计算坡屋顶内的建筑面积。

解：应计算 1/2 面积：$(A_轴 - B_轴)$

$S_1 = (2.70 - 01.40) \times 5.36 \times 0.50 = 6.17$

应计算全部面积：$(B_轴 - C_轴)$

$S_2 = 3.70 \times 5.36 = 19.83 \text{m}^2$

小计：$S_1 + S_2 = 6.17 + 19.83 = 26 \text{m}^2$

四、看台下的建筑空间及悬挑看台建筑面积计算

1. 计算规定

对于场馆看台下的建筑空间，结构净高在 2.10m 及以上的部位应计算全面积；结构净高在 1.20m 及以上至 2.10 以下的部位应计算 1/2 面积；结构净高在 1.20m 以下的部位不应计算建筑面积。室内单独设置的有围护设施的悬挑看台，应按看台结构底板水平投影面积计算建筑面积。有顶盖无围护结构的场馆看台应按其顶盖水平投影面积的 1/2 计算面积。

2. 计算规定解读

场馆看台下的建筑空间其上部结构多为斜（或曲线）板，所以，采用净高的尺寸划定建筑面积的计算范围和对应规则，其示意图如图 6-5 所示。

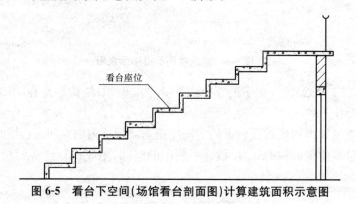

看台座位

图 6-5　看台下空间（场馆看台剖面图）计算建筑面积示意图

室内单独设置的有围护设施的悬挑看台，因其看台上部设有顶盖且可供人使用，所以，按看台板的结构底板水平投影计算建筑面积。这一规定与建筑物内阳台的建筑面积计算规定是一致。

室内单独设置的有围护设施的悬挑看台，应按看台结构底板水平投影面积计算建筑面积。

五、地下室、半地下室及出入口建筑面积计算

地下室、半地下室应按其结构外围水平面积计算。结构层高在 2.20m 及以上的，应计算全面积；结构层高在 2.20m 以下的，应计算 1/2 面积。

出入口外墙外侧坡道有顶盖的部位，应按其外墙结构外围水平面积的 1/2 计算面积。

1）地下室采光井是为了满足地下室的采光和通风要求设置的。一般在地下室围护墙上口开设一个矩形或其他形状的竖井，井的上口一般设有铁栅，井的一个侧面安装采光和通风用的窗子，如图 6-6 所示。

2）以前的计算规则规定：按地下室、半地室上口外墙外围水平面积计算，文字上不甚严密，"上口外墙"容易被理解成为地下室、半地下室的上一层建筑的外墙。因为，通常情况下，

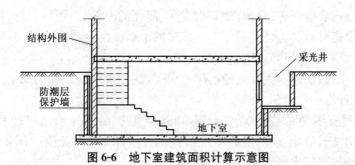

图 6-6　地下室建筑面积计算示意图

上一层建筑外墙与地下室墙的中心线不一定完全重叠,多数情况是凹进或凸出地下室外墙中心线。所以,要明确规定地下室、半地下室应以其结构外围水平面积计算建筑面积。

3)出入口坡道分有顶盖出入口坡道和无顶盖出入口坡道,出入口坡道顶盖的挑出长度,为顶盖结构外边线至外墙结构外边线的长度;顶盖以设计图纸为准,对后增加及建设单位自行增加的顶盖等,不计算建筑面积。顶盖不分材料种类(如钢筋混凝土顶盖、彩钢板顶盖、阳光板顶盖等)。地下室出入口如图 6-7 所示。

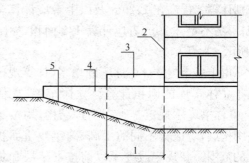

图 6-7　地下室出入口示意图
1. 计算 1/2 投影面积部位　2. 主体建筑　3. 出入口顶盖
4. 封闭出入口侧墙　5. 出入口坡道

【示例】　某地下室、半地下室坡地的建筑物面积如图 6-8 所示,层高为 2.8m。试计算此地下室建筑面积。

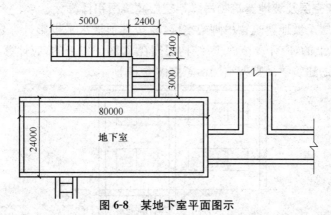

图 6-8　某地下室平面图示

解:依据《建筑工程建筑面积计算规范》(GB/T 50353—2013),此地下室的面积为:
$$S_{面积}=80\times24+(5+2.4)\times2.4+3\times2.4$$
$$=1944.96m^2$$

六、门厅、大厅、架空走廊、库房等面积计算

1)建筑物的门厅、大厅按一层计算建筑面积。门厅、大厅内设有回廊时,应按其结构底板水平面积计算。层高在 2.20m 及以上者应计算全面积;层高不足 2.20m 者应计算 1/2 面积。

　　"门厅、大厅内设有回廊"是指,建筑物大厅、门厅的上部(一般该大厅、门厅占两个或两个以上建筑物层高)四周向大厅、门厅中间挑出的走廊称为回廊。"层高不足2.20m者应计算1/2面积"应该指回廊层高可能出现的情况。

　　宾馆、大会堂、教学楼等大楼内的门厅或大厅,往往要占建筑物的二层或二层以上的层高,这时也只能计算一层面积。

　　2)建筑物间有围护结构的架空走廊,应按其围护结构外围水平面积计算。层高在2.20m及以上者应计算全面积;层高不足2.20m者应计算1/2面积。有永久性顶盖无围护结构的应按其结构底板水平面积的1/2计算。

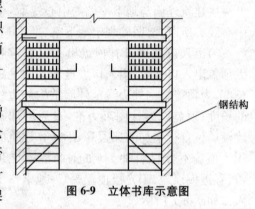

图6-9　立体书库示意图

　　3)立体书库、立体仓库、立体车库,无结构层的应按一层计算,有结构层的应按其结构层面积分别计算。层高在2.20m及以上者应计算全面积;层高不足2.20m者应计算1/2面积,如图6-9所示。

　　由于城市内立体车库不断增多,计算规范增加了立体车库的面积计算。立体车库、立体仓库、立体书库不规定是否有围护结构,均按是否有结构层,应区分不同的层高,确定建筑面积计算的范围。新规定改变了以前按书架层和货架层计算面积的规定。

　　4)有围护结构的舞台灯光控制室,应按其围护结构外围水平面积计算。层高在2.20m及以上者应计算全面积;层高不足2.20m者应计算1/2面积。

七、建筑物架空层及坡地建筑物吊脚架空层建筑面积计算

　　建筑物架空层及坡地建筑物吊脚架空层,应按其顶板水平投影计算建筑面积。结构层高在2.20m及以上的,应计算全面积;结构层高在2.20m以下的,应计算1/2面积。

　　1)建于坡地的建筑物吊脚架空层示意如图6-10所示。

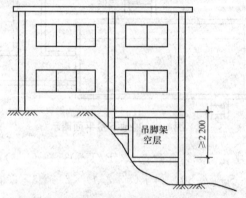

图6-10　坡地建筑物吊脚架空层示意

　　2)本规定既适用于建筑物吊脚架空层、深基础架空层建筑面积的计算,也适用于目前部分住宅、学校教学楼等工程在底层架空或在二楼或以上某个甚至多个楼层架空,作为公共活动、停车、绿化等空间的建筑面积的计算。架空层中有围护结构的建筑空间按相关规定计算。

八、门厅、大厅及设置的走廊建筑面积计算

建筑物的门厅、大厅应按一层计算建筑面积，门厅、大厅内设置的走廊应按走廊结构底板水平投影面积计算建筑面积。结构层高在2.20m及以上的，应计算全面积；结构层高在2.20m以下的，应计算1/2面积。

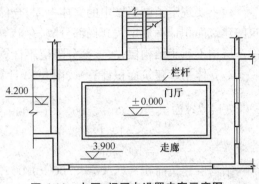

1)"门厅、大厅内设置的走廊"是指建筑物大厅、门厅的上部(一般该大厅、门厅占两个或两个以上建筑物层高)四周向大厅、门厅、中间挑出的走廊，如图6-11所示。

图6-11　大厅、门厅内设置走廊示意图

2)宾馆、大会堂、教学楼等大楼内的门厅或大厅，往往要占建筑物的二层或二层以上的层高，这时也只能计算一层面积。

3)"结构层高在2.20m以下的，应计算1/2面积"应该指门厅、大厅内设置的走廊结构层高可能出现的情况。

九、建筑物间的架空走廊建筑面积计算

对于建筑物间的架空走廊，有顶盖和围护设施的，应按其围护结构外围水平面积计算全面积；无围护结构、有围护设施的，应按其结构底板水平投影面积计算1/2面积。

架空走廊是指建筑物与建筑物之间，在二层或二层以上专门为水平交通设置的走廊。无围护结构架空走廊示意见图6-12a，有围护结构架空走廊示意见图6-12b。

(a)　　　　　　　　　　　　　　　(b)

图6-12　有围护结构架空走廊示意图

(a)有永久性顶盖架空走廊示意图　(b)有围护结构的架空走廊

十、建筑物内门厅、大厅建筑面积计算

计算规定如下：

建筑物的门厅、大厅按一层计算建筑面积。门厅、大厅内设有回廊时，应按其结构底板水平面积计算。层高在2.20m及以上者应计算全面积；层高不足2.20m者应计算1/2面积。

十一、立体书库、立体仓库、立体车库建筑面积计算

对于立体书库、立体仓库、立体车库，有围护结构的，应按其围护结构外围水平面积计算建筑面积；无围护结构、有围护设施的，应按其结构底板水平投影面积计算建筑面积。无结构层的应按一层计算，有结构层的应按其结构层面积分别计算。结构层高在2.20m及以上

的,应计算全面积;结构层高在 2.20m 以下的,应计算 1/2 面积。

1)主要规定了图书馆中的立体书库、仓储中心的立体仓库、大型停车场的立体车库等建筑的建筑面积计算规定。起局部分隔、存储等作用的书架层、货架层或可升降的立体钢结构停车层均不属于结构层,故该部分隔层不计算建筑面积。

2)立体书库建筑面积计算(按图 6-13 计算)如下:

$$底层建筑面积 = (3.00+5.00) \times (3.00+9.12) + \overset{楼梯}{3.0 \times 1.20}$$
$$= 8 \times 12.12 + 3.60$$
$$= 100.56 m^2$$
$$结构层建筑面积 = (5.00+3.00+9.00) \times 3.00 \times 0.50(层高 2m)$$
$$= 17.00 \times 3.00 \times 0.05$$
$$= 25.50 m^2$$

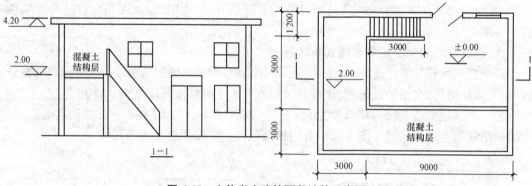

图 6-13　立体书库建筑面积计算示意图

十二、舞台灯光控制室建筑面积计算

有围护结构的舞台灯光控制室,应按其围护结构外围水平面积计算。结构层高在 2.20m 及以上的,应计算全面积;结构层高在 2.20m 以下的,应计算 1/2 面积。

如果舞台灯光控制室有围护结构且只有一层,那么就不能另外计算面积。因为整个舞台的面积计算已经包含了该灯光控制室的面积。

十三、落地橱窗建筑面积计算

附属在建筑物外墙的落地橱窗,应按其围护结构外围水平面积计算。结构层高在 2.20m 及以上的,应计算全面积;结构层高在 2.20m 以下的,应计算 1/2 面积。

落地橱窗是指突出外墙面,根基落地的橱窗。

十四、飘窗建筑面积计算

窗台与室内楼地面高差在 0.45m 以下且结构净高在 2.10m 及以上的凸(飘)窗,应按其围护结构外围水平面积计算 1/2 面积。

飘窗是突出建筑物外墙四周有围护结构的采光窗见图 6-14。旧版建筑面积计算规范规定是不计算建筑面积的。由于实际飘窗的结构净高可能要超过 2.1m,体现了建筑物的价值量。所以,规定了"窗台与室内楼地面高差在 0.45m 以下且结构净高在 2.10m 及以上的凸(飘)窗"应按其围护结构外围水平面积计算 1/2 面积。

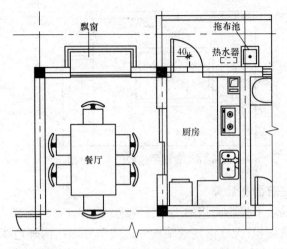

图 6-14　飘窗示意图

十五、走廊(挑廊)建筑面积计算

有围护设施的室外走廊(挑廊),应按其结构底板水平投影面积计算 1/2 面积;有围护设施(或柱)的檐廊,应按其围护设施(或柱)外围水平面积计算 1/2 面积。

1)走廊指建筑物底层的水平交通空间,如图 6-15a 所示。

2)挑廊是指挑出建筑物外墙的水平交通空间,如图 6-15a 所示。

3)檐廊是指设置在建筑物底层檐下的水平交通空间,如图 6-15b 所示。

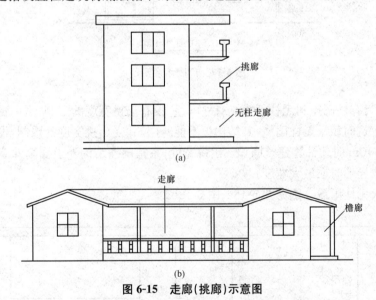

图 6-15　走廊(挑廊)示意图

(a)挑廊、无柱走廊示意图　(b)走廊、檐廊示意图

十六、门斗建筑面积计算

门斗应按其围护结构外围水平面积计算建筑面积,且结构层高在 2.20m 及以上的,应计算全面积;结构层高在 2.20m 以下的,应计算 1/2 面积。

门斗是指建筑物入口处两道门之间的空间,在建筑物出入口设置的起分隔、挡风、御寒等作用的建筑过渡空间。保温门斗一般有围护结构,如图 6-16 所示。

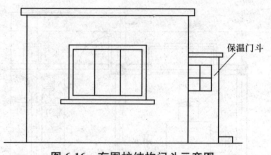

图 6-16　有围护结构门斗示意图

十七、门廊、雨篷建筑面积计算

门廊应按其顶板的水平投影面积的 1/2 计算建筑面积；有柱雨篷应按其结构板水平投影面积的 1/2 计算建筑面积；无柱雨篷的结构外边线至外墙结构外边线的宽度在 2.10m 及以上的，应按雨篷结构板的水平投影面积的 1/2 计算建筑面积。

1)门廊是在建筑物出入口，三面或二面有墙，上部有板（或借用上部楼板）围护的部位，如图 6-17 所示。

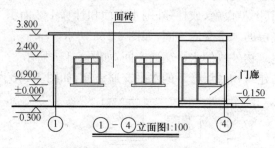

图 6-17　门廊示意图

2)雨篷分为有柱雨篷和无柱雨篷。有柱雨篷，没有出挑宽度的限制，也不受跨越层数的限制，均计算建筑面积。无柱雨篷，其结构板不能跨层，并受出挑宽度的限制，设计出挑宽度大于或等于 2.10m 时才计算建筑面积。出挑宽度，系指雨篷结构外边线至外墙结构外边线的宽度，弧形或异形时取最大宽度。

有柱雨篷、无柱雨篷分别见图 6-18a、图 6-18b。

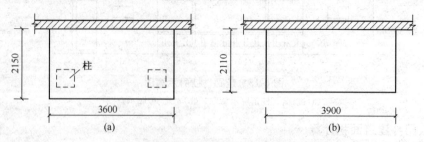

图 6-18　雨篷示意图(计算 1/2 面积)

(a)有柱雨篷示意图(计算 1/2 面积)　(b)无柱雨篷示意图(计算 1/2 面积)

【示例】　试计算图 6-19 中楼梯间的建筑面积。

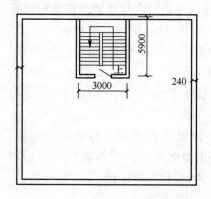

图 6-19　屋顶楼梯间示意图

解:依据《建筑工程面积计算规范》(GB/T 50353—2013),此楼梯间的面积为:

(1)当楼梯间层高小于 2.20m 时:

$$S_{面积}=(3.0+0.24)\times(5.9+0.24)\times\frac{1}{2}$$
$$=3.24\times6.14\times\frac{1}{2}$$
$$=9.95m^2$$

(2)当楼梯间层高大于等于 2.20m 时:

$$S_{面积}=(3.0+0.24)\times(5.9+0.24)$$
$$=3.24\times6.14$$
$$=19.90m^2$$

十八、楼梯间、水箱间、电梯机房建筑面积计算

设在建筑物顶部的、有围护结构的楼梯间、水箱间、电梯机房等,结构层高在 2.20m 及以上的应计算全面积;结构层高在 2.20m 以下的,应计算 1/2 面积。

1)如遇建筑物屋顶的楼梯间是坡屋顶时,应按坡屋顶的相关规定计算面积。

2)单独放在建筑物屋顶上的混凝土水箱或钢板水箱,不计算面积。

3)建筑物屋顶水箱间、电梯机房示意如图 6-20 所示。

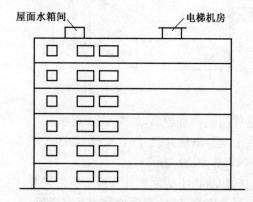

图 6-20　屋面水箱间、电梯机房示意图

十九、围护结构不垂直于水平面楼层建筑物建筑面积计算

围护结构不垂直于水平面的楼层,应按其底板面的外墙外围水平面积计算。结构净高在 2.10m 及以上的部位,应计算全面积;结构净高在 1.20m 及以上至 2.10m 以下的部位,应计算 1/2 面积;结构净高在 1.20m 以下的部位,不应计算建筑面积。

设有围护结构不垂直于水平面而超出底板外沿的建筑物,是指向外倾斜的墙体超出地板外沿的建筑物(图 6-21)。若遇有向建筑物内倾斜的墙体,应视为坡屋面,应按坡屋顶的有关规定计算面积。

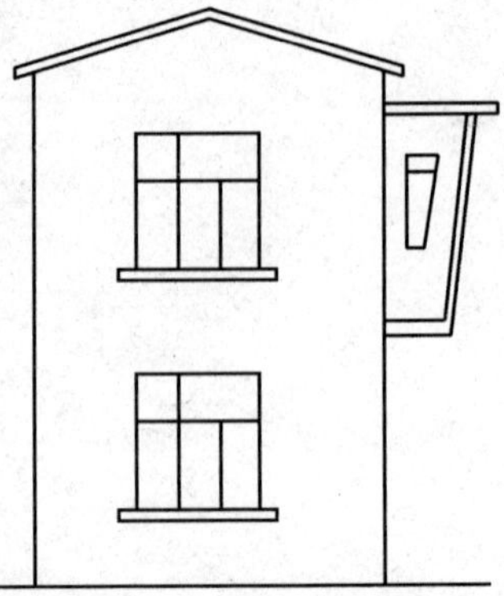

图 6-21　不垂直于水平面

二十、室内楼梯、电梯井、提物井、管道井等建筑面积计算

建筑物的室内楼梯、电梯井、提物井、管道井、通风排气竖井、烟道,应并入建筑物的自然层计算建筑面积。有顶盖的采光井应按一层计算面积,且结构净高在 2.10m 及以上的,应计算全面积;结构净高在 2.10m 以下的,应计算 1/2 面积。

1)室内楼梯间的面积计算,应按楼梯依附的建筑物的自然层数计算,合并在建筑物面积内。若遇跃层建筑,其共用的室内楼梯应按自然层计算面积;上下两错层户室共用的室内楼梯,应选上一层的自然层计算面积,如图 6-22 所示。

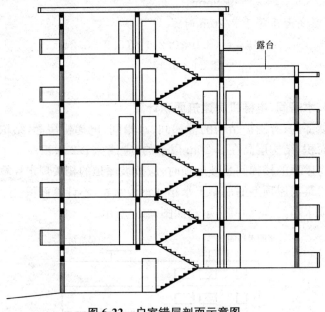

图 6-22　户室错层剖面示意图

2)电梯井是指安装电梯用的垂直通道,如图 6-23 所示。

【示例】　某建筑物共 15 层,电梯井尺寸(含壁厚)如图 6-23 所示,求电梯井面积。

解:$S = 2.80 \times 3.60 \times 15$ 层$= 151.2\text{m}^2$

3)有顶盖的采光井包括建筑物中的采光井和地下室采光井(图 6-24)。

4)提物井是指图书馆提升书籍、酒店提升食物的垂直通道。

5)垃圾道是指写字楼等大楼内,每层设垃圾倾倒口的垂直通道。

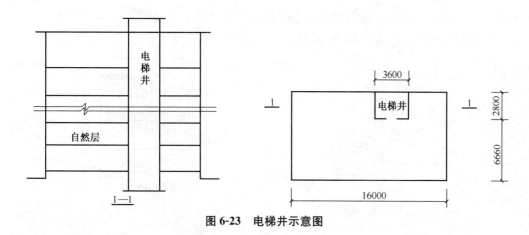

图 6-23 电梯井示意图

6)管道井是指宾馆或写字楼内集中安排给水排水、采暖、电线管道用的垂直通道。

二十一、室外楼梯建筑面积计算

室外楼梯应并入所依附建筑物自然层,按其水平投影面积的 1/2 计算建筑面积。

1)室外楼梯作为连接该建筑物层与层之间交通不可缺少的基本部件,无论从其功能还是工程计价的要求来说,均需计算建筑面积。层数为室外楼梯所依附的楼层数,即梯段部分投影到建筑物范围的层数。利用室外楼梯下部的建筑空间不得重复计算建筑面积;利用地势砌筑的为室外踏步,不计算建筑面积。

2)室外楼梯,最上层楼梯无永久性顶盖或不能完全遮盖楼梯的雨篷,上层楼梯不计算面积;上层楼梯可视为下层楼梯的永久性顶盖,下层楼梯应计算面积。如图 6-25 所示。

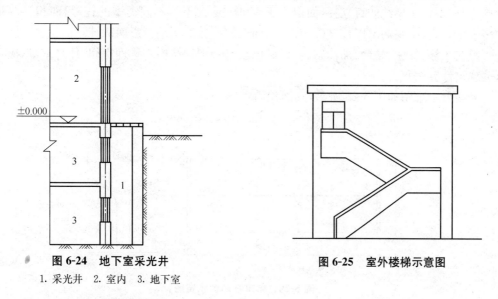

图 6-24 地下室采光井

1. 采光井 2. 室内 3. 地下室

图 6-25 室外楼梯示意图

二十二、阳台建筑面积计算

在主体结构内的阳台,应按其结构外围水平面积计算全面积;在主体结构外的阳台,应按其结构底板水平投影面积计算 1/2 面积。

1)建筑物的阳台,不论是凹阳台、挑阳台、封闭阳台,均按其是否在主体结构内来外划分,在主体结构外的阳台才能按其结构水平投影面积计算 1/2 建筑面积。

2)主体结构外阳台、主体结构内阳台示意图如图 6-26、图 6-27 所示。

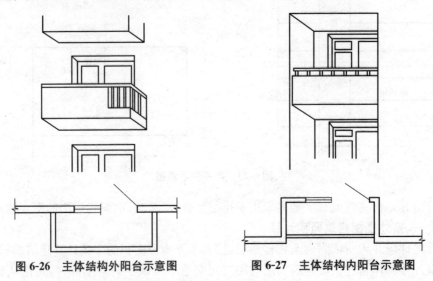

图 6-26　主体结构外阳台示意图　　图 6-27　主体结构内阳台示意图

二十三、车棚、货棚、站台、加油站等建筑面积计算

有顶盖无围护结构的车棚、货棚、站台、加油站、收费站等,应按其顶盖水平投影面积的 1/2 计算建筑面积。

1)车棚、货棚、站台、加油站、收费站等的面积计算,由于建筑技术的发展,出现许多新型结构,如柱不再是单纯的直立柱,而出现正 V 形、倒 Λ 形等不同类型的柱,给面积计算带来许多争议。为此,我们不以柱来确定面积,而依据顶盖的水平投影面积计算面积。

2)在车棚、货棚、站台、加油站、收费站内设有带围护结构的管理房间、休息室等,应另按有关规定计算面积。

3)站台示意图如图 6-28 所示,其面积为:

$$S=3.0\times6.00\times0.5=9.00\text{m}^2$$

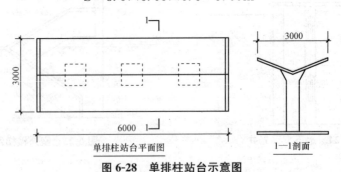

单排柱站台平面图　　　　　1—1剖面

图 6-28　单排柱站台示意图

二十四、幕墙作为围护结构的建筑面积计算

以幕墙作为围护结构的建筑物,应按幕墙外边线计算建筑面积。

1)幕墙以其在建筑物中所起的作用和功能来区分,直接作为外墙起围护作用的幕墙,按其外边线计算建筑面积。

2)设置在建筑物墙体外起装饰作用的幕墙,不计算建筑面积。

二十五、建筑物的外墙外保温层建筑面积计算

建筑物的外墙外保温层,应按其保温材料的水平截面积计算,并计入自然层建筑面积。

建筑物外墙外侧有保温隔热层的,保温隔热层以保温材料的净厚度乘以外墙结构外边线长度按建筑物的自然层计算建筑面积,其外墙外边线长度不扣除门窗和建筑物外已计算建筑面积构件(如阳台、室外走廊、门斗、落地橱窗等部件)所占长度。当建筑物外已计算建筑面积的构件(如阳台、室外走廊、门斗、落地橱窗等部件)有保温隔热层时,其保温隔热层也不再计算建筑面积。外墙是斜面者按楼面楼板处的外墙外边线长度乘以保温材料的净厚度计算。外墙外保温以沿高度方向满铺为准,某层外墙外保温铺设高度未达到全部高度时(不包括阳台、室外走廊、门斗、落地橱窗、雨篷、飘窗等),不计算建筑面积。保温隔热层的建筑面积是以保温隔热材料的厚度来计算的,不包含抹灰层、防潮层、保护层(墙)的厚度。建筑外墙外保温如图6-29所示。

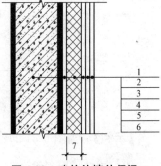

图6-29 建筑外墙外保温
1. 墙体 2. 粘结胶浆
3. 保温材料 4. 标准网
5. 加强网 6. 抹面胶浆
7. 计算建筑面积部位

二十六、变形缝建筑面积计算

与室内相通的变形缝,应按其自然层合并在建筑物建筑面积内计算。对于高低联跨的建筑物,当高低跨内部连通时,其变形缝应计算在低跨面积内。

1)变形缝是指在建筑物因温差、不均匀沉降以及地震而可能引起结构破坏变形的敏感部位或其他必要的部位,预先设缝将建筑物断开,令断开后建筑物的各部分成为独立的单元,或者是划分为简单、规则的段,并令各段之间的缝达到一定的宽度,以能够适应变形的需要。根据外界破坏因素的不同,变形缝一般分为伸缩缝、沉降缝和防震缝3种。

2)本条规定所指建筑物内的变形缝是与建筑物相联通的变形缝,即暴露在建筑物内,可以看得见的变形缝。

3)室内看得见的变形缝示意如图6-30所示。

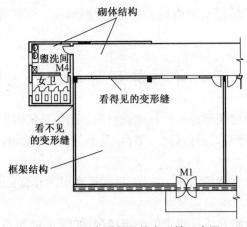

图6-30 室内看得见的变形缝示意图

4)高低联跨建筑物示意图如图 6-31 所示。

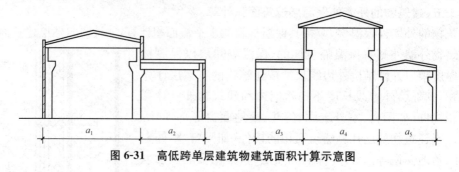

图 6-31　高低跨单层建筑物建筑面积计算示意图

【示例】 当图 6-31 的建筑物长为 L 时,试计算其建筑面积。

解:$S_{\text{高1}}=a_1\times L$

$S_{\text{高2}}=a_4\times L$

$S_{\text{低1}}=a_2\times L$

$S_{\text{低2}}=(a_3+a_5)\times L$

二十七、建筑物内的设备层、管道层、避难层等建筑面积计算

对于建筑物内的设备层、管道层、避难层等有结构层的楼层,结构层高在 2.20m 及以上的,应计算全面积;结构层高在 2.20m 以下的,应计算 1/2 面积。

1)高层建筑的宾馆、写字楼等,通常在建筑物高度的中间部位分设置管道、设备层等,主要用于集中放置水、暖、电、通风管道及设备。这一设备管道层应计算建筑面积,如图 6-32 所示。

2)设备层、管道层虽然其具体功能与普通楼层不同,但在结构上及施工消耗上并无本质区

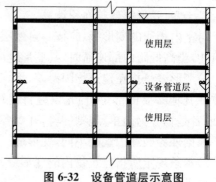

图 6-32　设备管道层示意图

别,规范定义自然层为"按楼地面结构分层的楼层",因此设备、管道楼层归为自然层,其计算规则与普通楼层相同。在吊顶空间内设置管道的,则吊顶空间部分不能被视为设备层、管道层。

第三节　不计算建筑面积的范围

1)与建筑物不相连的建筑部件不计算建筑面积。指的是依附于建筑物外墙外不与户室开门连通,起装饰作用的敞开式挑台(廊)、平台,及不与阳台相通的空调室外机搁板(箱)等设备平台部件。

2)建筑物的通道不计算建筑面积。骑楼、过街楼底层的开放公共空间和建筑物通道,不应计算建筑面积。

①骑楼是指楼层部分跨在人行道上的临街楼房,如图 6-33 所示。

②过街楼是指有道路穿过建筑空间的楼房,如图 6-34 所示。

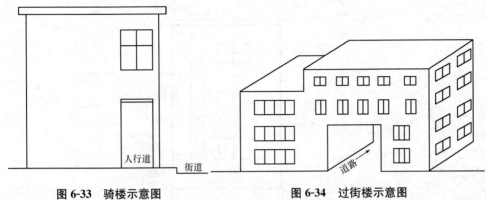

图 6-33　骑楼示意图　　　　　图 6-34　过街楼示意图

3)舞台及后台悬挂幕布和布景的天桥、挑台等不计算建筑面积。指的是影剧院的舞台及为舞台服务的可供上人维修、悬挂幕布、布置灯光及布景等搭设的天桥和挑台等构件设施。

4)露台、露天游泳池、花架、屋顶的水箱及装饰性结构构件不计算建筑面积。

5)建筑物内的操作平台、上料平台、安装箱和罐体的平台不计算建筑面积。

建筑物内不构成结构层的操作平台、上料平台(包括工业厂房、搅拌站和料仓等建筑中的设备操作控制平台、上料平台等),其主要作用为室内构筑物或设备服务的独立上人设施,因此,不计算建筑面积。建筑物内操作平台示意如图 6-35 所示。

6)勒脚、附墙柱、垛、台阶、墙面抹灰、装饰面、镶贴块料面层、装饰性幕墙,主体结构外的空调室外机搁板(箱)、构件、配件,挑出宽度在 2.10m 以下的无柱雨篷和顶盖高度达到或超过两个楼层的无柱雨篷不计算建筑面积,附墙柱、垛示意如图 6-36 所示。

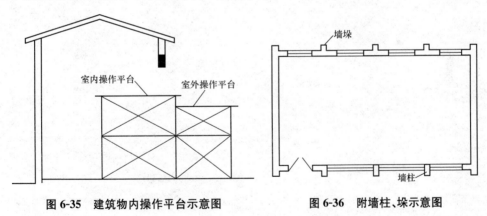

图 6-35　建筑物内操作平台示意图　　　　图 6-36　附墙柱、垛示意图

7)窗台与室内地面高差在 0.45m 以下且结构净高在 2.10m 以下的凸(飘)窗,窗台与室内地面高差在 0.45m 及以上的凸(飘)窗不计算建筑面积。

8)室外爬梯、室外专用消防钢楼梯不计算建筑面积。室外钢楼梯需要区分具体用途,如专用于消防楼梯,则不计算建筑面积;如果是建筑物唯一通道且兼用于消防,则需要按建筑面积计算规范的规定计算建筑面积。室外消防钢梯示意如图 6-37 所示。

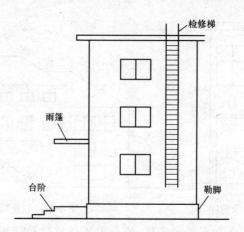

图 6-37　室外消防钢梯示意图

9)无围护结构的观光电梯不计算建筑面积。

10)建筑物以外的地下人防通道,独立的烟囱、烟道、地沟、油(水)罐、气柜、水塔、储油(水)池、储仓、栈桥等构筑物不计算建筑面积。

第七章 土石方工程工程量相关规定及计算

土石方工程包括平整场地,挖掘沟槽、基坑,挖土,回填土,运土和井点降水等项目内容。

第一节 土石方工程工程量计算

一、土石方工程工程量计算的资料确定

计算土石方工程量前,应确定下列各项资料:

1)土壤及岩石类别的确定。土石方工程土壤及岩石类别的划分,依工程勘测资料与《土壤及岩石分类表》对照后确定(该表在建筑工程预算定额中)。

2)地下水位标高及排(降)水方法。

3)土方、沟槽、基坑挖(填)土起止标高、施工方法及运距。

4)岩石开凿、爆破方法、石碴清运方法及运距。

5)其他有关资料。

土方体积,均以挖掘前的天然密实体积为准计算。如遇有必须以天然密实体积折算时,可按表7-1所列数值换算。

表7-1 土方体积折算表

虚方体积	天然密实度体积	夯实后体积	松填体积
1.00	0.77	0.67	0.83
1.30	1.00	0.87	1.08
1.50	1.15	1.00	1.25
1.20	0.92	0.80	1.00

注:查表方法实例:已知挖天然密实 $4m^3$ 土方,求虚方体积 V。

解: $V = 4.0 \times 1.30 = 5.20m^3$

挖土一律以设计室外地坪标高为准计算。

二、土石方工程工程量计算注意事项

1. 熟悉施工组织设计

土石方工程的施工方法不同,其工程量计算要求和所选套定额项目,均不相同;为此在计算工程量之前,要认真熟悉施工组织设计有关内容,明确具体施工方法,保证工程量计算的准确性。

2. 确定挖填方起点标高

通常挖填方起点标高,以施工图纸规定的室外设计地坪标高为准;该标高以下的挖土、应按挖沟槽、挖上方或挖地坑等分别计算,而该标高以上的挖土,均按山坡切土计算。

3. 熟悉土壤的类别

土壤或岩石类别不同,其工程量计算结果和所选套定额项目也不同;在计算工作开始

前,应按照工程地质勘查报告,认真确定土壤类别。建筑工程预算定额采用的土壤及岩石分类表,该表把土壤及岩石分为十类,其中经常遇到是一至四类土;在实际施工中,由于一类土所占比重很多,各地区多把一、二类土合并为一项,定名为普通土。

预算定额规定,土分为普通土(一、二类土)、坚土(三类土)、砂砾坚土(四类土)等三类。

4. 熟悉地下水位标高

地下水位高低,对土建工程预算影响很大;当地下水位标高超过基础底面标高时,通常结合具体情况,采取排除地下水措施,不可避免要增加工程费用。

5. 熟悉干湿土界线

干土和湿土的分界线,通常以工程地质勘查报告规定的地下水位标高为准,如无具体规定时,应以地下常水位标高为准;位于常水位标高以上的土为干土,位于常水位标高以下的土为湿土;对于同一基槽、基坑或管道沟内的干土和湿土,应分别计算其工程量,但在选套预算定额时,仍按其全部挖土深度计算。

【示例】 某工程地槽剖面图,如图 7-1 所示。地槽全深为 H,地下常水位以上挖土深度为 h_1,地下常水位以下挖土深度为 h_2,干土工程量计算深度为 h_1,而湿土工程量计算深度为 h_2,但在选套定额项目时,干土和湿土工程量均应按地槽全深 H 为挖土深度。

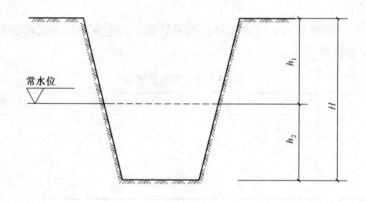

图 7-1 某工程地槽剖面图

6. 熟悉土壤的湿度

1)建筑工程预算定额规范人工挖土方、基槽和地沟均以干土为准;当人工挖湿土时,其所选套相应定额项目应乘以 1.18 系数。

2)机械挖土方,均以天然湿度(含水率在 25% 以内)土壤为准;如果土壤含水率超过 25% 时,其人工和机械两项均应乘以 1.15 系数。对于同一工程,如果其挖土方部位土壤湿度不同时,应按上述规定分别计算其工程量,选套相应定额项目计算。

7. 熟悉土壤放坡系数

实验研究表明:土壁稳定与土壤类别、含水率和挖土深度有关,当挖土深度不大时,可采用直立土壁的开挖方法,当挖土深度超过规定限度时,为保证土壁的稳定性,需要放坡,放坡时,采用放坡系数表示,即 1∶K,K 为放坡系数,见表 7-2 及图 7-2 所示。

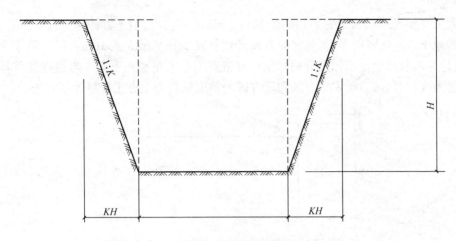

图 7-2　土壤放坡图示

表 7-2　土壤放坡系数

土的类别	放坡起点	人工挖土	机械挖土	
			在坑内作业	在坑外作业
一、二类土	1.2	1：0.5	1：0.33	1：0.75
三类土	1.5	1：0.33	1：0.25	1：0.67
四类土	2.0	1：0.25	1：0.10	1：0.33

注:①沟槽,基坑中土的类别不同时,分别按其放坡起点、放坡系数,依不同土壤厚度加权平均计算。
　　②计算放坡时,在交接处的重复工程量不予扣除,原槽、坑作基础垫层时,放坡自垫层上表面开始计算。

8. 熟悉基础施工时所需工作面宽度

基础施工时所需工作面宽度标准值见表 7-3。

表 7-3　基础施工所需工作面宽度计算表

基础材料	每边各增加工作面宽度(mm)
砖基础	200
浆砌毛石、条石基础	150
混凝土基础垫层支模板	300
混凝土基础支模板	300
基础垂直面做防水层	800(防水层面)

三、土石方工程工程量计算相关规定

1. 平整场地

人工平整场地,是指建筑场地挖、填土方厚度在±30cm 以内及找平(见图 7-3)。挖、填土方厚度超过±30cm 以外时,按场地土方平衡竖向布置图另行计算。

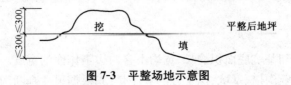

图 7-3　平整场地示意图

(1)说明

1)人工平整场地示意如图 7-4 所示,超过±30cm 的按挖、填土方计算工程量。

2)场地土方平衡竖向布置,是将原有地形划分成 20m×20m 或 10m×10m 若干个方格网,将设计标高和自然地形标高分别标注在方格点的右上角和左下角。再根据这些标高数据计算出零线位置,然后确定挖方区和填方区的精度较高的土方工程量计算方法。

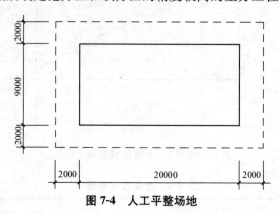

图 7-4　人工平整场地

平整场地工程量按建筑物外墙外边线(用 $L_{外}$ 表示)每边各加 2m,以平方米计算。

(2)方法

【示例】　根据图 7-4 计算人工平整场地工程量。

解:$S_{平}$=(9.0+2.0×2)×(20.0+2.0×2)=312m²

2. 挖掘沟槽、基坑土方的有关规定

(1)沟槽、基坑划分

1)凡图示沟槽底宽在 7m 以内,且沟槽长大于槽宽 3 倍以上的,为沟槽,如图 7-5 所示。

2)凡图示基坑底面积在 150m² 以内为基坑,如图 7-6 所示。

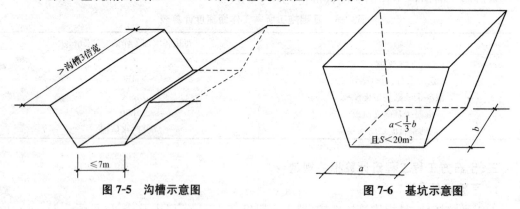

图 7-5　沟槽示意图　　　　　图 7-6　基坑示意图

3)凡图示沟槽底宽 7m 以外,坑底面积 150m² 以外,平整场地挖土方厚度在 30cm 以外,均按挖土方计算。

说明:

①图示沟槽底宽和基坑底面积的长、宽均不含两边工作面的宽度。

②根据施工图判断沟槽、基坑、挖土方的顺序是:先根据尺寸判断沟槽是否成立;若不成

立再判断是否属于基坑;若还不成立,就一定是挖土方项目。

(2)放坡系数

计算挖沟槽、基坑、土方工程量需放坡时,放坡系数按表 7-2 规定计算。

说明:

①放坡起点深是指,挖土方时,各类土超过表中的放坡起点深时,才能按表中的系数计算放坡工程量。例如,图 7-7 中若是三类土时,$H>1.50\text{m}$ 才能计算放坡。

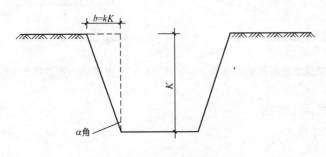

图 7-7　放坡示意图

②表 7-2 中,人工挖四类土超过 2m 深时,放坡系数为 1：0.25,含义是每挖深 1m,放坡宽度 6 就增加 0.25m。

③从图 7-7 中可以看出,放坡宽度 b 与深度 H 和放坡角度 α 之间的关系是正切函数关系,即 $\tan\alpha=\dfrac{b}{H}$,不同的土壤类别取不同的 α 角度值,所以,不难看出,放坡系数就是根据 $\tan\alpha$ 来确定的。例如,三类土的 $\tan\alpha\ \dfrac{b}{H}=0.33$。我们将 $\tan\alpha=K$ 来表示放坡系数,故放坡宽度 $b=KH$。

④沟槽放坡时,交接处重复工程量不予扣除,如图 7-8 所示。

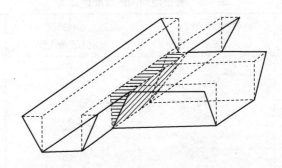

图 7-8　沟槽放坡时,交接处重复工程量示意图

⑤原槽、坑作基础垫层时,放坡自垫层上表面开始,如图 7-9 所示。

(3)支挡土板

挖沟槽、基坑需支挡土板时,其挖土宽度按图 7-10 所示计算工程量,单面加 10cm,双面加 20cm 计算。挡土板面积,按槽、坑垂直支撑面积计算。支挡土板后,不得再计算放坡。

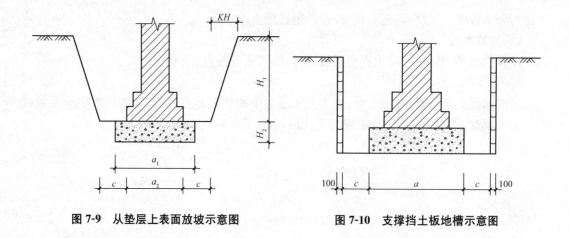

图 7-9　从垫层上表面放坡示意图　　　　图 7-10　支撑挡土板地槽示意图

（4）基础施工所需工作面

按表 7-3 规定计算。

（5）沟槽

挖沟槽长度，外墙按图示中心线长度计算；内墙按图示基础底面之间净长线长度计算；内外突出部分（垛、附墙烟囱等）体积并入沟槽土方工程量内计算。

人工挖土方深度超过 1.5m 时，按表 7-4 的规定增加工日。

表 7-4　人工挖土方超深增加工日表　　　　　　　　100m³

深 2m 以内	深 4m 以内	深 6m 以内
5.55 工日	17.60 工日	26.16 工日

控管道沟槽按图示中心线长度计算。沟底宽度，设计有规定的，按设计规定尺寸计算；设计无规定时，可按表 7-5 规定的宽度计算。

表 7-5　管道地沟沟底宽度计算表

管　径 （mm）	铸铁管、钢管、 石棉水泥管	混凝土、钢筋混凝土、 预应力混凝土管	陶土管
50～70	0.60	0.80	0.70
100～200	0.70	0.90	0.80
250～350	0.80	1.00	0.90
400～450	1.00	1.30	1.10
500～600	1.30	1.50	1.40
700～800	1.60	1.80	
900～1000	1.80	2.00	
1100～1200	2.00	2.30	
1300～1400	2.20	2.60	

注：①按上表计算管道沟土方工程量时，各种井类及管道（不含铸铁给排水管）接口等处需加宽增加的土方量不另行计算，底面积大于 20m² 的井类，其增加工程量并入管沟土方内计算。

　　②铺设铸铁给排水管道时其接口等处土方增加量，可按铸铁给排水管道地沟土方总量的 2.5％计算。

沟槽、基坑深度，按图示槽、坑底面至室外地坪深度计算；管道地沟按图示沟底至室外地坪深度计算。

3. 土方工程量计算

(1)地槽(沟)土方

1)有放坡地槽(图 7-11)。

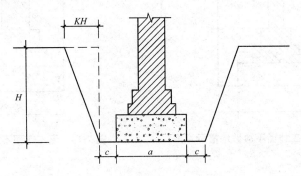

图 7-11　有放坡地槽示意图

计算公式：
$$V=(a+2c+KH)HL$$

式中　a——基础垫层深度；

　　　c——工作面宽度；

　　　H——地槽深度；

　　　K——放坡系数；

　　　L——地槽长度。

【示例】　如图 7-12 所示,底宽 1.2m,挖深 1.6m,土质为三类土,试计算人工挖地槽两侧边坡宽度。

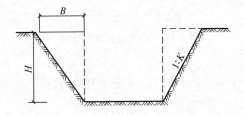

图 7-12　某人工挖地槽放坡示意图

解:已知:$K=0.33$,$H=1.8$m,则

每边放坡宽度 $B=1.8\times0.33$m$=0.59$m

地槽宽度 1.2m,放坡后上口宽度为：

$(1.2+0.59\times2)$m$=3.59$m

2)支撑挡土板地槽。

计算公式：
$$V=(a+2c+2\times0.10)HL$$

式中,变量含义同上。

3)有工作面不放坡地槽(图 7-13)。

计算公式：

$$V=(a+2c)HL$$

4)无工作面不放坡地槽(图7-14)。

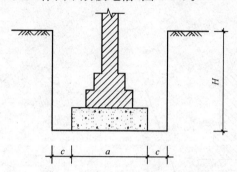

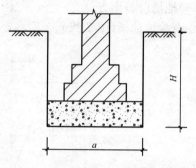

图7-13　有工作面不放坡地槽示意图　　　图7-14　无工作面不放坡地槽示意图

计算公式:

$$V=aHL$$

5)自垫层上表面放坡地槽(图7-15)。

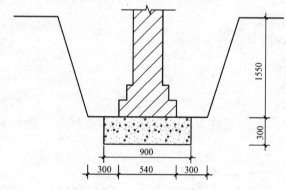

图7-15　自垫层上表面放坡

计算公式:

$$V=[a_1H_2+(a_2+2c+KH_1)H_1]L$$

(2)地坑土方

1)矩形不放坡地坑。

计算公式:

$$V=abH$$

2)矩形放坡地坑(图7-16)。

计算公式:

$$V=(a+2c+KH)(b+2c+KH)H+\frac{1}{3}K^2H^3$$

式中　a——基础垫层宽度;

　　　b——基础垫层长度;

　　　c——工作面宽度;

　　　H——地坑深度;

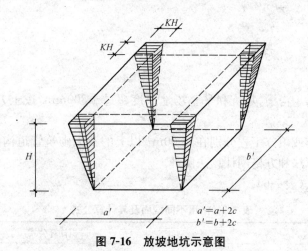

图 7-16　放坡地坑示意图

K——放坡系数。

3）圆形不放坡地坑。

计算公式：

$$V=\pi r^2 \times H$$

4）圆形放坡基坑（图 7-17）。

计算公式：

$$V=\frac{1}{3}\pi H[r^2+(r+KH)^2+r(r+KH)]$$

式中　r——坑底半径（含工作面）；

　　　H——坑深度；

　　　K——放坡系数。

（3）挖孔桩土方

人工挖孔桩土方应按图示桩断面积乘以设计桩中心线深度计算。

探孔桩的底部一般是球冠体（图 7-18）。

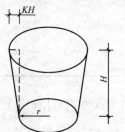 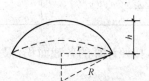

图 7-17　圆形放坡地坑示意图　　　　**图 7-18　球冠体示意图**

球冠体的体积计算公式为：

$$V=\pi h^2\left(R-\frac{h}{3}\right)$$

由于施工图中一般只标注 r 的尺寸，无 R 的尺寸，所以需变换一下求 R 的公式：

已知：$r^2=R^2-(R-h)^2$

故：$r^2 = 2Rh - h^2$

$\therefore \quad R = \dfrac{r^2 + h^2}{2h}$

（4）挖土方

挖土方是指不属于沟槽、基坑和平整场地厚度超过±300mm，按土方平衡竖向布置的挖方。

单位工程的挖方或填方工程分别在 2000m³ 以上的及无砌筑管道沟的挖土方时，常用的方法有横截面计算法和方格网计算法两种。

1）横截面计算法（表 7-6）。

表 7-6　常用不同截面及其计算公式

图　　示	面积计算公式
	$F = h(b + nh)$
	$F = h\left[b + \dfrac{h(m+n)}{2}\right]$
	$F = b\dfrac{h_1 + h_2}{2} + nh_1 h_2$
	$F = h_1\dfrac{a_1 + a_2}{2} + h_2\dfrac{a_2 + a_3}{2} + h_3\dfrac{a_3 + a_4}{2} + h_4\dfrac{a_4 + a_5}{2} + h_5\dfrac{a_5 + a_6}{2}$
	$F = \dfrac{1}{2}a(h_0 + 2h + \cdots + h_n)$ $h = h_1 + h_2 + h_3 + \cdots + h_n$

计算土方量，按照计算的各截面积，根据相邻两截面间距离，计算出土方量，其计算公式如下：

$$V = \frac{1}{2}(F_1 + F_2) \times L$$

式中　V——表示相邻两截面间的土方量（m²）；

　F_1、F_2——相邻两截面的填、挖方截面（m²）；

　　　L——相邻截面的距离（m）。

2）方格网计算法。在一个方格网内同时有挖土和填土时（挖土地段冠以"＋"号，填土地段冠以"－"号），应求出零点（即不填不挖点），零点相连就是划分挖土和填土的零界线（图

7-19)。计算零点可采用以下公式：

$$x=\frac{h_1}{h_1+h_4}\times a$$

式中　x——施工标高至零界线的距离；

　　h_1、h_4——挖土和填土的施工标高；

　　　　a——方格网的每边长度。

方格网内的土方工程量计算，有下列几个公式：

①四点均为填土和挖土（图7-20）。

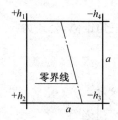 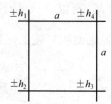 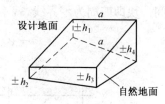

图7-19　零界线示意图　　　　图7-20　四点均为挖土或填土

公式为：　　　　　　$$\pm V=\frac{h_1+h_2+h_3+h_4}{4}\times a^2$$

式中　　　$\pm V$——为填土或挖土的工程量（m³）；

h_1、h_2、h_3、h_4——施工标高（m）；

　　　　　a——方格网的每边长度（m）。

②二点为挖土和二点为填土（图7-21）。

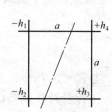 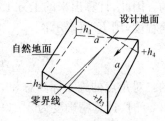

图7-21　二点为挖土和二点为填土

公式为：　　　　　$$+V=\frac{(h_1+h_2)^2}{4(h_1+h_2+h_3+h_4)}\times a^2$$

$$-V=\frac{(h_3+h_4)^2}{4(h_1+h_2+h_3+h_4)}\times a^2$$

③三点挖土和一点填土或三点填土一点挖土（图7-22）。

公式为：　　　$$+V=\frac{h_2^3}{6(h_1+h_2)(h_2+h_3)}\times a^2$$

$$-V=+V+\frac{a^2}{b}(2h_1+2h_2+h_4-h_3)$$

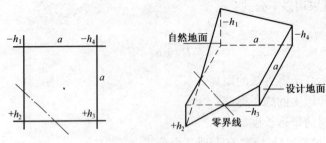

图 7-22　三点挖(填)土和一点填(挖)土

④二点挖土和二点填土成对角形(图 7-23)。

中间一块即四周为零界线,就不挖不填,所以,只要计算四个三角锥体,公式为:

$$\pm V = \frac{1}{6} \times 底面积 \times 施工标高$$

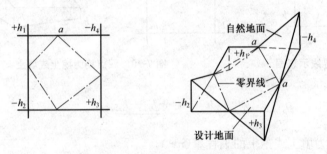

图 7-23　二点挖土和二点填土成对角形

以上土方工程量计算公式,是假设在自然地面和设计地面都是平面的条件,但自然地面很少符合实际情况的。因此,计算出来的土方工程量会有误差。为了提高计算的精确度,应检查一下计算的精确程度,用 K 值表示:

$$K = \frac{h_2 + h_4}{h_1 + h_3}$$

上式即方格网的二对角点的施工标高总和的比例。当 $K = 0.75 \sim 1.35$ 时,计算精确度为 5%;$K = 0.80 \sim 1.20$ 时,计算精确度为 3%;一般土方工程量计算的精确度为 5%。

(5)回填土

回填土分夯填和松填,按图示尺寸和下列规定计算。

1)沟槽、基坑回填土。沟槽、基坑回填土体积以挖方体积减去设计室外地坪以下埋设砌筑物(包括基础垫层、基础等)体积计算,如图 7-24 所示。

计算公式:$V = 挖方体积 - 设计室外地坪以下埋设砌筑物$

说明:如图 7-24 所示,在减去沟槽内砌筑的基础时,不能直接减去砖基础的工程量。因为砖基础与砖墙的分界线在设计室内地面,而回填土的分界线在设计室外地坪,所以要注意调整两个分界线之间相差的工程量。

即:回填土体积=挖方体积-基础垫层体积-砖基础体积+高出设计室外地坪砖基础体积

2)房心回填土。房心回填土即室内回填土,按主墙之间的面积乘以回填土厚度计算,如

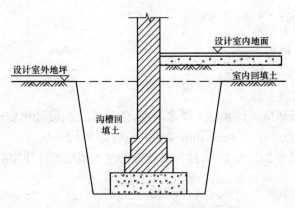

图 7-24　沟槽及室内回填土示意图

图 7-24 所示。

计算公式：V ＝室内净面积×（设计室内地坪标高－设计室外地坪标高－地面面层厚－
地面垫层厚）＝室内净面积×回填土厚

3）管道沟槽回填土。管道沟槽回填土，以挖方体积减去管道所占体积计算。管径在
500mm 以下的不扣除管道所占体积；管径超过 500mm 以上时，按表 7-7 的规定扣除管道所
占体积。

表 7-7　管道扣除土方体积表　　　　　　　　　　　　　　　　　　　（m³）

管道名称	管道直径/mm					
	501～600	601～800	801～1000	1001～1200	1201～1400	1401～1600
钢　　管	0.21	0.44	0.71			
铸铁管	0.24	0.49	0.77			
混凝土管	0.33	0.60	0.92	1.15	1.35	1.55

（6）运土

运土包括余土外运和取土。当回填土方量小于挖方量时，需余土外运；反之，须取土。
各地区的预算定额规定，土方的挖、填、运工程量均按自然密实体积计算，不换算为虚方
体积。

计算公式：运土体积＝总挖方量－总回填量

式中计算结果为正值时，为余土外运体积；为负值时，为取土体积。

土方运距按下列规定计算：

推土机运距：按挖方区重心至回填区重心之间的直线距离计算。

铲运机运土距离：按挖方区重心至卸土区重心加转向距离 45m 计算。

自卸汽车运距：按挖方区重心至填土区（或堆放地点）重心的最短距离计算。

4. 井点降水

井点降水分别以轻型井点、喷射井点、大口径井点、电渗井点、水平井点，按不同井管深
度的安装、拆除，以根为单位计算，使用按套、天计算。

井点套组成：

轻型井点:50 根为 1 套;

喷射井点:30 根为 1 套;

大口径井点:45 根为 1 套;

电渗井点阳极:30 根为 1 套;

水平井点:10 根为 1 套。

井管间距应根据地质条件和施工降水要求,依施工组织设计确定。施工组织设计没有规定时,可按轻型井点管距 0.8~1.6m,喷射井点管距 2~3m 确定。

使用天应以每昼夜 24h 为 1 天,使用天数应按施工组织设计规定的天数计算。

第二节 土石方工程工程量定额套用规定

一、土石方工程工程量定额说明

1. 定额项目内容

土石方工程包括单独土石方、人工土石方、机械土石方、平整、清理及回填等内容,共 159 个子目。

2. 定额调整

1)单独土石方定额项目,适用于自然地坪与设计室外地坪之间,且挖方或填方工程量大于 5000m³ 的土石方工程(也适用于市政、安装、修缮工程中的单独土石方工程)。土石方工程其他定额项目,适用于设计室外地坪以下的土石方(基础土石方)工程,以及自然地坪与设计室外地坪之间小于 5000m³ 的土石方工程。单独土石方定额项目不能满足需要时,可以借用其他土石方定额项目,但应乘以系数 0.9。单独土石方工程的挖、填、运(含借用基础土石方)等项目,应单独编制预、结算,单独取费。

2)土石方工程中的土壤及岩石按普通土、坚土、松石、坚石分类,与规范的分类不同。具体分类参见《山东省建筑工程消耗量定额》的《土壤及岩石(普氏)分类表》,其对应关系是普通土(Ⅰ、Ⅱ类土)、坚土(Ⅲ类土和Ⅳ类土)、松石(Ⅴ类土和Ⅵ类土)、坚石(Ⅶ类土~ⅩⅥ类土)。

3)人工土方定额是按干土(天然含水率)编制的。干湿土的划分,以地质勘测资料的地下常水位为界,以上为干土,以下为湿土。采取降水措施后,地下常水位以下的挖土,套用挖干土相应定额,人工乘以系数 1.10。

4)挡土板下挖槽坑土时,相应定额人工乘以系数 1.43。

5)桩间挖土,系指桩顶设计标高以下的挖土及设计标高以上 0.5m 范围内的挖土。挖土时不扣除桩体体积,相应定额项目人工、机械乘以系数 1.3。

6)人工修整基底与边坡,系指岩石爆破后人工对底面和边坡(厚度在 0.30m 以内)的清检和修整,并清出石渣。人工凿石开挖石方,不适用本项目。人工装车定额适用于已经开挖出的土石方的装车。

7)机械土方定额项目是按土壤天然含水率编制的。开挖地下常水位以下的土方时,定额人工、机械乘以系数 1.15(采取降水措施后的挖土不再乘该系数)。

8)机械挖土方,应满足设计砌筑基础的要求,其挖土总量的 95%,执行机械土方相应定额;其余按人工挖土。人工挖土套用相应定额时乘以系数 2。如果建设单位单独发包机械挖土方,挖方企业只能计算挖方总量的95％,其余部分由总包单位结算。

9)人力车、汽车的重车上坡降效因素,已综合在相应的运输定额中,不另行计算。挖掘机在垫板上作业时,相应定额的人工、机械乘以系数1.25。挖掘机下的垫板、汽车运输道路上需要铺设的材料,发生时,其人工和材料均按实另行计算。

二、土石方工程工程量定额规则

1. 土石方工程一般规定

1)土石方的开挖、运输,均按开挖前的天然密实体积,以立方米计算。土方回填,按回填后的竣工体积,以立方米计算。不同状态的土方体积,按表7-8换算。

表7-8　土方体积换算系数表

虚方	松填	天然密实	夯填
1.00	0.83	0.77	0.67
1.20	1.00	0.92	0.80
1.30	1.08	1.00	0.87
1.50	1.25	1.15	1.00

2)自然地坪与设计室外地坪之间的土石方,依据设计土方平衡竖向布置图,以立方米计算。

2. 基础土石方、沟槽、地坑的划分

1)沟槽。槽底宽度(设计图示的基础或垫层的宽度,下同)3m以内,且槽长大于3倍槽宽的为沟槽。如宽1m,长4m为槽。

2)地坑。底面积20m² 以内,且底长边小于3倍短边的为地坑。如宽2m,长6m为坑。

3)土石方。不属沟槽、地坑,或场地平整的为土石方。如宽3m,长8m为土方。

3. 基础土石方开挖深度计算规定

基础土石方开挖深度,自设计室外地坪计算至基础底面,有垫层时计算至垫层底面(如遇爆破岩石,其深度应包括岩石的允许超挖深度),如图7-25所示。当施工现场标高达不到设计要求时,应按交付施工时的场地标高计算。

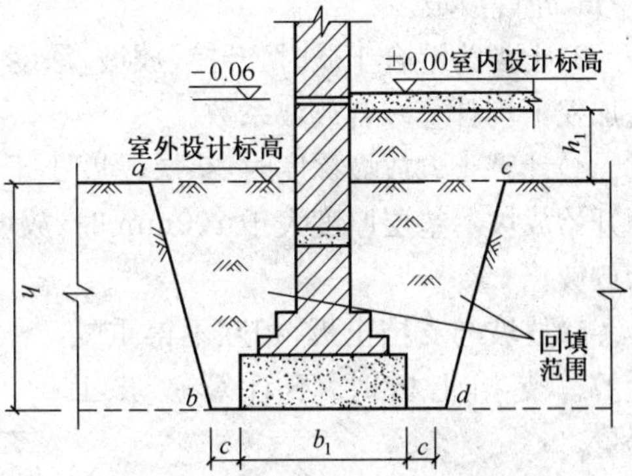

4. 基础工作面计算规定

1)基础施工所需的工作面,按表7-3计算。

图7-25　基础土石方开挖深度(h)

2)基础土方开挖需要放坡时,单边的工作面宽度是指该部分基础底坪外边线至放坡后同标高的土方边坡之间的水平宽度,如图7-26所示。

3)基础出几种不同的材料组成时,其工作面宽度是指按各自要求的工作面宽度的最大值。如图7-27所示,混凝土基础要求工作面大于防潮层和垫层的工作面,应先满足混凝土垫层宽度要求,再满足混凝土基础工作面要求;如果垫层工作面宽度超出了上部基础要求工

作面外边线,则以垫层顶面其工作面的外边线开始放坡。

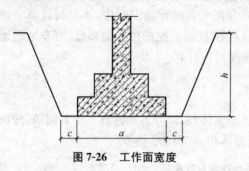

图 7-26　工作面宽度

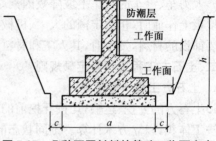

图 7-27　几种不同材料的基础工作面宽度

4)槽坑开挖需要支挡土板时,单边的开挖增加宽度,应为按基础材料确定的工作面宽度与支挡土板的工作面宽度之和。

5)混凝土垫层厚度大于 200mm 时,其工作面宽度按混凝土基础的工作面计算。

5. 土方开挖放坡计算规定

1)土方开挖的放坡深度和放坡系数,按设计规定计算。设计无规定时,按表 7-9 计算。

表 7-9　土方放坡系数表

土类	放坡系数		
	人工挖土	机械挖土	
		坑内作业	坑上作业
普通土	1∶0.50	1∶0.33	1∶0.65
坚土	1∶0.30	1∶0.20	1∶0.50

2)土类为单一土质时,普通土开挖(放坡)深度大于 1.2m、坚土开挖(放坡)深度大于 1.7m,允许放坡。

3)土类为混合土质时,开挖(放坡)深度大于 1.5m,允许放坡。放坡坡度按不同土类厚度加权平均计算综合放坡系数。

4)计算土方放坡深度时,垫层厚度小于 200mm,不计算基础垫层的厚度。即从垫层上面开始放坡。垫层厚度大于 200mm 时,放坡深度应计算基础垫层的厚度,即从垫层下面开始放坡。

5)放坡与支挡土板,相互不得重复计算。支挡土板时,不计算放坡工程量。

6)计算放坡时,放坡交叉处的重复工程量,不予扣除,如图 7-28 所示。若单位工程中计算的沟槽工程量超出大开挖工程量时,应按大开挖工程量,执行地槽开挖的相应子目。如实际不放坡或放坡小于定额规定时,仍按规定的放坡系数计算工程量(设计有规定除外)。

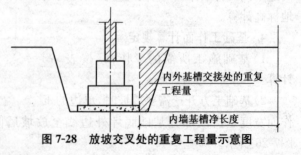

图 7-28　放坡交叉处的重复工程量示意图

6. 爆破岩石允许超挖量计算

爆破岩石允许超挖量分别为:松石 0.20m,坚石 0.15m。允许超挖量是指底面及四周共五个方向的超挖量,其体积(不论实际超挖多少)并入相应的定额项目工程量内。

7. 挖沟槽工程量计算

1)外墙沟槽,按外墙中心线长度计算;内墙沟槽,按图示基础(含垫层)底面之间净长度计算(不考虑工作面和超挖宽度),如图 7-29 所示;外、内墙突出部分的沟槽体积,按突出部分的中心线长度并入相应部位工程量内计算。

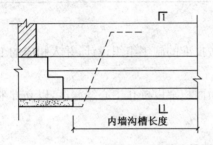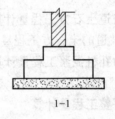

图 7-29　内墙沟槽净长度

2)管道沟槽的长度,按图示的中心线长度(不扣除井池所占长度)计算。管道宽度、深度按设计规定计算;设计无规定时,其宽度按表 7-10 计算。

3)各种检查井和排水管道接口等处,因加宽而增加的工程量均不计算(不含工作面底面积大于 20m² 的井池除外),但铸铁给水管道接口处的土方工程量,应按铸铁管道沟槽全部土方工程量增加 2.5% 计算。

表 7-10　管道沟槽底宽度表　　　　　　　　　m

管道公称直径 (mm 以内)	钢管、铸铁管、铜管、铝塑管、 塑料管(Ⅰ类管道)	混凝土管、水泥管、 陶土管(Ⅱ类管道)
100	0.60	0.80
200	0.70	0.90
400	1.00	1.20
600	1.20	1.50
800	1.50	1.80
1000	1.70	2.00
1200	2.00	2.40
1500	2.30	2.70

8. 人工修整基底与边坡工程量计算

人工修整基底与边坡,按岩石爆破的有效尺寸(含工作面宽度和允许超挖量),以平方米计算。

9. 人工挖桩孔工程量计算

人工挖桩孔,按桩的设计断面面积(不另加工作面)乘以桩孔中心线深度,以立方米计算。

10. 开挖冻土层工程量计算

人工开挖冻土、爆破开挖冻土的工程量,按冻结部分的土方工程量以立方米计算。在冬期施工时,只能计算一次挖冻土工程量。

11. 机械土石方运距计算

机械土石方的运距,按挖土区重心至填方区(或堆放区)重心间的最短距离计算。推土机、装载机、铲运机重车上坡时,其运距按坡道斜长乘表 7-11 系数计算。

表 7-11   重车上坡运距系数表

坡度/%	5～10	15 以内	20 以内	25 以内
系数	1.75	2.00	2.25	2.50

12. 行驶坡道土石方工程量计算

机械行驶坡道的土石方工程量,按批准的施工组织设计,并入相应的工程量内计算。

13. 运输钻孔桩泥浆工程量计算

运输钻孔桩泥浆,按桩的设计断面面积乘以桩孔中心线深度,以立方米计算。

14. 场地平整工程量计算

场地平整按下列规定以平方米计算:

1)建筑物(构筑物)按首层结构外边线,每边各加 2m 计算。

2)无柱檐廊、挑阳台、独立柱雨篷等,按其水平投影面积计算。

3)封闭或半封闭的曲折型平面,其场地平整的区域,不得重复计算。

4)道路、停车场、绿化地、围墙、地下管线等不能形成封闭空间的构筑物,不得计算。

15. 夯实与碾压工程量计算

原土夯实与碾压按设计尺寸,以平方米计算。填土碾压按设计尺寸,以立方米计算。

16. 回填土工程量计算

回填按下列规定以立方米计算:

1)槽坑回填体积,按挖方体积减去设计室外地坪以下的地下建筑物(构筑物)或基础(含垫层)的体积计算。

2)管道沟槽回填体积,按挖方体积减去表 7-12 所含管道回填体积计算。

表 7-12   管道折合回填体积表   m³/m

管道公称直径 (mm 以内)	500	600	800	1000	1200	1500
Ⅰ类管道	—	0.22	0.46	0.74	—	—
Ⅱ类管道	—	0.33	0.60	0.92	1.15	1.45

3)房心回填体积,以主墙间净面积乘以回填厚度计算。

17. 运土工程量计算

运土工程量以立方米计算(天然密实体积)。

18. 竣工清理工程量计算

竣工清理包括建筑物及四周 2m 以内的建筑垃圾清理、场内运输和指定地点的集中堆放,不包括建筑物垃圾的装车和场外运输。

竣工清理按下列规定以立方米计算:

1)建筑物勒脚以上外墙外围水平面积乘以檐口高度。有山墙者以山尖二分之一高度计算。

2)地下室(包括半地下室)的建筑体积,按地下室上口外围水平面积(不包括地下室采光井及敷贴外部防潮层的保护砌体所占面积)乘以地下室地坪至建筑物第一层地坪间的高度。地下室出入口的建筑体积并入地下室建筑体积内计算。

3)其他建筑空间的建筑体积计算规定如下:

①建筑物内按 1/2 计算建筑面积的建筑空间,如设计利用的净高在 1.20～2.10m 的坡屋顶内、场馆看台下,设计利用的无围护结构的坡地吊脚架空层、深基础架空层等;应计算竣工清理。

②建筑物内不计算建筑面积的建筑空间,如设计不利用的坡屋顶内、场馆看台下,坡地吊脚架空层、深基础架空层,建筑物通道等,应计算竣工清理。

③建筑物外可供人们正常活动的、按其水平投影面积计算场地平整的建筑空间,如有永久性顶盖无围护结构的无柱檐廊、挑阳台、独立柱雨篷等,应计算竣工清理。

④建筑物外可供人们正常活动的、不计算场地平整的建筑空间,如有永久性顶盖无围护结构的架空走廊、楼层阳台、无柱雨篷(篷下做平台或地面)等,应计算竣工清理。

⑤能够形成封闭空间的构筑物,如独立式烟囱、水塔、储水(油)池、储仓、筒仓等,应按照建筑物竣工清理的计算原则,计算竣工清理。

⑥化粪池、检查井、给水阀门井,以及道路、停车场、绿化地、围墙、地下管线等构筑物,不计算竣工清理。

第三节　土石方工程工程量清单设置规则及说明

一、土方工程

土方工程工程量清单项目设置、项目特征描述的内容、计量单位及工程量计算规则,应按表 7-13 的规定执行。

表 7-13　土方工程(编号:010101)

项目编码	项目名称	项目特征	计量单位	工程量计算规则	工作内容
010101001	平整场地	1. 土壤类别 2. 弃土运距 3. 取土运距	m²	按设计图示尺寸以建筑物首层建筑面积计算	1. 土方挖填 2. 场地找平 3. 运输
010101002	挖一般土方	1. 土壤类别 2. 挖土深度 3. 弃土运距	m³	按设计图示尺寸以体积计算	1. 排地表水 2. 土方开挖 3. 围护(挡土板)及拆除 4. 基底钎探 5. 运输
010101003	挖沟槽土方			按设计图示尺寸以基础垫层底面积乘以挖土深度计算	
010101004	挖基坑土方				
010101005	冻土开挖	1. 冻土厚度 2. 弃土运距		按设计图示尺寸开挖面积乘厚度以体积计算	1. 爆破 2. 开挖 3. 清理 4. 运输
010101006	挖淤泥、流砂	1. 挖掘深度 2. 弃淤泥、流砂距离		按设计图示位置、界限以体积计算	1. 开挖 2. 运输

续表 7-13

项目编码	项目名称	项目特征	计量单位	工程量计算规则	工作内容
010101007	管沟土方	1. 土壤类别 2. 管外径 3. 挖沟深度 4. 回填要求	1. m 2. m³	1. 以 m 为计量,按设计图示以管道中心线长度计算 2. 以立方米计量,按设计图示管底垫层面积乘以挖土深度计算;无管底垫层按管外径的水平投影面积乘以挖土深度计算。不扣除各类井的长度,并的土方并入	1. 排地表水 2. 土方开挖 3. 围护(挡土板)支撑 4. 运输 5. 回填

注:①挖土方平均厚度应按自然地面测量标高至设计地坪标高间的平均厚度确定。基础土方开挖深度应按基础垫层底表面标高至交付施工场地标高确定,无交付施工场地标高时,应按自然地面标高确定。

②建筑物场地厚度≤±300mm 的挖、填、运、找平,应按本表中平整场地项目编码列项。厚度>±300mm 的竖向布置挖土或山坡切土应按本表中挖一般土方项目编码列项。

③沟槽、基坑、一般土方的划分为:底宽≤7m 且底长>3 倍底宽为沟槽;底长≤3 倍底宽且底面积≤150m² 为基坑;超出上述范围则为一般土方。

④挖土方如需截桩头时,应按桩基工程相关项目列项。

⑤桩间挖土不扣除桩的体积,并在项目特征中加以描述。

⑥弃、取土运距可以不描述,但应注明由投标人根据施工现场实际情况自行考虑,决定报价。

⑦土壤的分类应按表 7-14 确定,如土壤类别不能准确划分时,招标人可注明为综合,由投标人根据地勘报告决定报价。

⑧土方体积应按挖掘前的天然密实体积计算。非天然密实土方应按表 7-8 折算。

⑨挖沟槽、基坑、一般土方因工作面和放坡增加的工程量(管沟工作面增加的工程量)是否并入各土方工程量中,应按各省、自治区、直辖市或行业建设主管部门的规定实施,如并入各土方工程量中,办理工程结算时,按经发包人认可的施工组织设计规定计算,编制工程量清单时,可按表 7-2、表 7-3、表 7-15 规定计算。

⑩挖方出现流砂、淤泥时,如设计未明确,在编制工程量清单时,其工程数量可为暂估量,结算时应根据实际情况由发包人与承包人双方现场签证确认工程量。

⑪管沟土方项目适用于管道(给排水、工业、电力、通信)、光(电)缆沟[包括人(手)孔、接口坑]及连接井(检查井)等。

表 7-14 土壤分类表

土壤分类	土壤名称	开挖方法
一、二类土	粉土、砂土(粉砂、细砂、中砂、粗砂、砾砂)、质黏土、弱中盐渍土、软土(淤泥质土、泥炭、泥炭质土)、软塑红黏土、冲填土	用锹,少许用镐、条锄开挖。机械能全部直接铲挖满载者
三类土	黏土、碎石土(圆砾、角砾)混合土、可塑红黏土、硬塑红黏土、强盐渍土、素填土、压实填土	主要用镐、条锄,少许用锹开挖。机械需部分刨松方能铲挖满载者或可直接铲挖但不能满载者
四类土	碎石土(卵石、碎石、漂石、块石)、坚硬红黏土、超盐渍土、杂填土	全部用镐、条锄挖掘,少许用撬棍挖掘。机械须普遍刨松方能铲挖满载者

注:本表土的名称及其含义按国家标准《岩土工程勘察规范》GB 50021—2001(2009 年版)定义。

表 7-15　管沟施工每侧所需工作面宽度计算表

管沟材料 ＼ 管道结构宽(mm)	≤500	≤1000	≤2500	>2500
混凝土及钢筋混凝土管道(mm)	400	500	600	700
其他材质管道(mm)	300	400	500	600

注:①本表按现行《全国统一建筑工程预算工程量计算规则》整理。
　　②管道结构宽:有管座的按基础外缘,无管座的按管道外径。

二、石方工程

石方工程工程量清单项目设置、项目特征描述的内容、计量单位及工程量计算规则,应按表 7-16 的规定执行。

表 7-16　石方工程(编号:010102)

项目编码	项目名称	项目特征	计量单位	工程量计算规则	工作内容
010102001	挖一般石方	1. 岩石类别 2. 开凿深度 3. 弃渣运距	m³	按设计图示尺寸以体积计算	1. 排地表水 2. 凿石 3. 运输
010102002	挖沟槽石方			按设计图示尺寸沟槽底面积乘以挖石深度以体积计算	
010102003	挖基坑石方			按设计图示尺寸基坑底面积乘以挖石深度以体积计算	
010102004	挖管沟石方	1. 岩石类别 2. 管外径 3. 挖沟深度	1. m 2. m³	1. 以米计量,按设计图示以管道中心线长度计算 2. 以立方米计量,按设计图示截面积乘以长度计算	1. 排地表水 2. 凿石 3. 回填 4. 运输

注:①挖石应按自然地面测量标高至设计地坪标高的平均厚度确定。基础石方开挖深度应按基础垫层底表面标高至交付施工现场地标高确定,无交付施工场地标高时,应按自然地面标高确定。
　　②厚度>±300mm 的竖向布置挖石或山坡凿石应按本表中挖一般石方项目编码列项。
　　③沟槽、基坑、一般石方的划分为:底宽≤7m 且底长>3 倍底宽为沟槽;底长≤3 倍底宽且底面积≤150m² 为基坑;超出上述范围则为一般石方。
　　④弃渣运距可以不描述,但应注明由投标人根据施工现场实际情况自行考虑,决定报价。
　　⑤岩石的分类应按表 7-17 确定。
　　⑥石方体积应按挖掘前的天然密实体积计算。非天然密实石方应按表 7-18 折算。
　　⑦管沟石方项目适用于管道(给排水、工业、电力、通信)、光(电)缆沟[包括:人(手)孔、接口坑]及连接井(检查井)等。

表 7-17　岩石分类表

岩石分类	代表性岩石	开挖方法
极软岩	1. 全风化的各种岩石 2. 各种半成岩	部分用手凿工具、部分用爆破法开挖

续表 7-17

岩石分类		代表性岩石	开挖方法
软质岩	软岩	1. 强风化的坚硬岩或较硬岩 2. 中等风化—强风化的较软岩 3. 未风化—微风化的页岩、泥岩、泥质砂岩等	用风镐和爆破法开挖
	较软岩	1. 中等风化—强风化的坚硬岩或较硬岩 2. 未风化—微风化的凝灰岩、千枚岩、泥灰岩、砂质泥岩等	用爆破法开挖
硬质岩	较硬岩	1. 微风化的坚硬岩 2. 未风化—微风化的大理岩、板岩、石灰岩、白云岩、钙质砂岩等	用爆破法开挖
	坚硬岩	未风化—微风化的花岗岩、闪长岩、辉绿岩、玄武岩、安山岩、片麻岩、石英岩、石英砂岩、硅质砾岩、硅质石灰岩等	用爆破法开挖

注:本表依据现行国家标准《工程岩体分级标准》《岩土工程勘察规范》整理。

表 7-18　石方体积折算系数表

石方类别	天然密实度体积	虚方体积	松填体积	码方
石方	1.0	1.54	1.31	
块石	1.0	1.75	1.43	1.67
砂夹石	1.0	1.07	0.94	

注:本表按现行建设部颁发《爆破工程消耗量定额》整理。

三、回填

回填工程量清单项目设置、项目特征描述的内容、计量单位及工程量计算规则,应按表 7-19 的规定执行。

表 7-19　回填(编号:010103)

项目编码	项目名称	项目特征	计量单位	工程量计算规则	工作内容
010103001	回填方	1. 密实度要求 2. 填方材料品种 3. 填方粒径要求 4. 填方来源、运距	m³	按设计图示尺寸以体积计算 　1. 场地回填:回填面积乘平均回填厚度 　2. 室内回填:主墙间面积乘回填厚度,不扣除间隔墙 　3. 基础回填:按挖方清单项目工程量减去自然地坪以下埋设的基础体积(包括基础垫层及其他构筑物)	1. 运输 2. 回填 3. 压实
010103002	余方弃置	1. 废弃料品种 2. 运距		按挖方清单项目工程量减利用回填方体积(正数)计算	余方点装料运输至弃置点

注:①填方密实度要求,在无特殊要求情况下,项目特征可描述为满足设计和规范的要求。

②填方材料品种可以不描述,但应注明由投标人根据设计要求验方后方可填入,并符合相关工程的质量规范要求。

③填方粒径要求,在无特殊要求情况下,项目特征可以不描述。

④如需买土回填应在项目特征填方来源中描述,并注明买土方数量。

【示例】　如图 7-30 所示,试计算此平整场地的工程量。

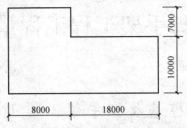

图 7-30　某建筑物底层平面图示(m)

解:

$$S_{面积}=(8+18+2\times2)\times(10+2\times2)+(8+2\times2)\times7$$
$$=420+84$$
$$=504m^2$$

四、土石方工程工程量计算示例

1. 挖掘沟槽、基坑土方工程量计算示例

【示例】　有一个工程沟槽长 100m,挖土深为 2m,属于三类土地,毛石基础宽 0.70m,有工作面,试计算此人工挖沟槽工程量。

解:　已知 $a=0.70$m,由于三类土,毛石基础每边各增加工作面宽度为 0.15m,$H=$2m,$L=100$m,K 取 0.33(三类土人工挖土放坡系数)。

$$V=L(a+22+KH)H$$
$$=100\times(0.7+2\times0.15+0.33\times2)\times2$$
$$=332m^3$$

2. 回填土土方工程量计算示例

【示例】　有一工程挖方体积为 400m³,基础及垫层体积为 250m³,试计算此工程回填土工程量。

解:　已知,$V_{挖}=400$m³,$V_{基}=250$m³。

$$V_{填}=V_{挖}-V_{基}$$
$$=400-250=150m^3$$

第八章 桩基及脚手架工程工程量相关规定及计算

第一节 桩基及脚手架工程工程量计算

一、预制钢筋混凝土桩

1. 打桩

打预制钢筋混凝土桩的体积,按设计桩长(包括桩尖,不扣除桩尖虚体积)乘以桩截面面积计算。管桩的空心体积应扣除。如管桩的空心部分按设计要求灌注混凝土或其他填充材料时,应另行计算。预制桩、桩靴如图 8-1 所示。

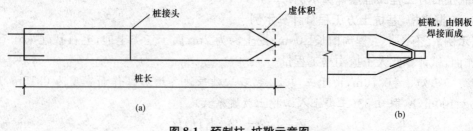

图 8-1 预制柱、桩靴示意图

(a)预制桩示意图 (b)桩靴示意图

2. 接桩

电焊接桩按设计接头,以个计算(图 8-2);硫磺胶泥接桩按桩断面积以平方米计算(图 8-3)。

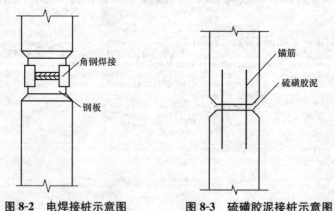

图 8-2 电焊接桩示意图   图 8-3 硫磺胶泥接桩示意图

3. 送桩

送桩按桩截面面积乘以送桩长度(即打桩架底至桩顶面高度或自桩顶面至自然地坪面另加 0.5m)计算。

4. 液压静力压桩机压预制钢筋混凝土方桩

液压静力压桩机压预制钢筋混凝土方桩工程量按不同桩长、土壤级别,以预制钢筋混凝土方桩的体积计算。

二、钢板桩

打桩机打钢板桩工程量按不同桩长、土壤级别,以钢板桩的重量计算。

打桩机拔钢板桩工程量按不同桩长、土壤级别,以钢板桩的重量计算。

安拆导向夹具工程量按导向夹具的长度计算。

三、灌注桩

1. 打孔灌注混凝土桩

打孔灌注混凝土桩工程量按不同打桩机类型、桩长、土壤级别,以灌注混凝土桩的体积计算。灌注混凝土桩体积,按设计桩长(包括桩尖)乘以钢管管箍外径断面面积计算,不扣除桩尖虚体积。

打孔后先埋入预制混凝土桩尖,再灌注混凝土者,桩尖部分另行计算。灌注桩体积按设计长度(自桩尖顶面至桩顶面的高度)乘以钢管管箍外径断面面积计算。

2. 长螺旋钻孔灌注混凝土桩

长螺旋钻孔灌注混凝土桩工程量按不同桩机形式、桩长、土壤级别,以钻孔灌注混凝土桩的体积计算。

钻孔灌注混凝土桩体积按设计桩长(包括桩尖)增加 0.25m 乘以桩断面面积计算。

3. 潜水钻机钻孔灌注混凝土桩

潜水钻机钻孔灌注混凝土桩工程量按不同桩直径、土壤级别,以灌注混凝土桩的体积计算。

4. 泥浆运输

泥浆运输工程量按不同运距,以钻孔体积计算。

5. 打孔灌注砂(碎石或砂石)桩

打孔灌注砂(碎石或砂石)桩工程量按不同打桩机形式、桩长、单桩体积、土壤级别,以灌注桩的体积计算。

灌注桩体积按设计桩长(包括桩尖)乘以钢管管箍外径断面面积计算,不扣除桩尖虚体积。

四、灰土挤密桩

灰土挤密桩工程量按不同桩长、土壤级别,以挤密桩的体积计算。

挤密桩体积按设计桩长乘以桩断面面积计算。

五、脚手架

建筑工程施工中所需搭设的脚手架,应计算工程量。

目前,脚手架工程量有两种计算方法,即综合脚手架和单项脚手架。具体采用哪种方法计算,应按本地区预算定额的规定执行。

1. 综合脚手架

为了简化脚手架工程量的计算,一些地区以建筑面积为综合脚手架的工程量。

综合脚手架不管搭设方式,一般综合了砌筑、浇筑、吊装、抹灰等所需脚手架材料的摊销量,综合了木制、竹制、钢管脚手架等,但不包括浇灌满堂基础等脚手架的项目。

综合脚手架一般按单层建筑物或多层建筑物分不同檐口高度来计算工程量,若是高层建筑,还须计算高层建筑超高增加费。

综合脚手架适用于一般工业与民用建筑工程,多层建筑物6层以内总高不超过20m,单层建筑物层高6m以内,总高不超过20m,均以建筑面积计算。室内净高在3.6m以上的装饰用架,6m以上的捣制混凝土柱、梁、墙用架,以及不能以建筑面积计算但又必须搭设的脚手架,均执行单项脚手架定额。

2. 单项脚手架

单项脚手架是根据工程具体情况按不同的搭设方式搭设的脚手架,一般包括单排脚手架、双排脚手架、里脚手架、满堂脚手架、悬空脚手架、挑脚手架、防护架、烟囱(水塔)脚手架、电梯井字架、架空运输道等。

单项脚手架的项目应根据批准了的施工组织设计或施工方案确定;如施工方案无规定,应根据预算定额的规定确定。

(1)单项脚手架工程量计算一般规则

1)建筑物外墙脚手架:凡设计室外地坪至檐口(或女儿墙上表面)的砌筑高度在15m以下的按单排脚手架计算;砌筑高度在15m以上的或砌筑高度虽不足15m,但外墙门窗及装饰面积超过外墙表面积60%以上时,均按双排脚手架计算。

采用竹制脚手架时,按双排计算。

2)建筑物内墙脚手架:凡设计室内地坪至顶板下表面(或山墙高度的1/2处)的砌筑高度在3.6m以下的(含3.6m),按里脚手架计算;砌筑高度超过3.6m以上时,按单排脚手架计算。

3)石砌墙体,凡砌筑高度超过1.0m以上时,按外脚手架计算。

4)计算内、外墙脚手架时,均不扣除门、窗洞口、空圈洞口等所占的面积。

5)同一建筑物高度不同时,应按不同高度分别计算。

①现浇钢筋混凝土柱,按柱图示周长尺寸另加3.6m,乘以柱高以平方米计算,套用相应外脚手架定额。

②现浇钢筋混凝土梁、墙,按设计室外地坪或楼板上表面至楼板底之间的高度,乘以梁、墙净长以平方米计算,套用相应双排外脚手架定额。

6)现浇钢筋混凝土框架柱、梁按双排脚手架计算。

7)围墙脚手架。凡室外自然地坪至围墙顶面的砌筑高度在3.6m以下的,按里脚手架计算;砌筑高度超过3.6m以上时,按单排脚手架计算。

8)室内顶棚装饰面距设计室内地坪在3.6m以上时,应计算满堂脚手架。计算满堂脚手架后,墙面装饰工程则不再计算脚手架。

9)滑升模板施工的钢筋混凝土烟囱、筒仓,不另计算脚手架。

10)砌筑储仓,按双排外脚手架计算。

11)储水(油)池,大型设备基础,凡距地坪高度超过1.2m以上时,均按双排脚手架计算。

12)整体满堂钢筋混凝土基础,凡其宽度超过3m以上时,按其底板面积计算满堂脚手架。

(2)砌筑脚手架工程量计算

1)外脚手架按外墙外边线长度,乘以外墙砌筑高度以平方米计算,突出墙面宽度在24cm以内的墙垛,附墙烟囱等不计算脚手架;宽度超过24cm以外时按图示尺寸展开计算,并入外脚手架工程量之内。

2)里脚手架按墙面垂直投影面积计算。

3)独立柱按图示柱结构外围周长另加 3.6m，乘以砌筑高度以平方米计算，套用相应外脚手架定额。

【示例】　某独立砖柱断面为 490mm×490mm，柱顶面高度为 2.8m，计算柱砌筑脚手架。

解：根据工程量计算规则，该柱的砌筑脚手架为：

$$(0.49\times4+3.6)\times2.8=15.57m^2$$

【示例】　某单层建筑物，一砖外墙，外包尺寸：纵墙长 20.24m，横墙宽 8.24m，室内顶棚净高 9.2m，求顶棚抹灰脚手架工程量。

解：顶棚抹灰脚手架工程量为：

$$基本层=(20.24-0.48)(8.25-0.48)=152.55m^2$$

增加层（定额取定基本层操作高度为 5.2m）：

$$(9.2-5.2)/1.2=3 个增加层（余 0.4m 舍去不计）$$

(3)现浇钢筋混凝土框架脚手架计算

1)现浇钢筋混凝土柱，按柱图示周长尺寸另加 3.6m，乘以柱高以平方米计算，套用外脚手架定额。

2)现浇钢筋混凝土梁、墙，按设计室外地坪或楼板上表面至楼板底之间的高度，乘以梁、墙净长以平方米计算，套用相应双排外脚手架定额。

(4)装饰工程脚手架工程量计算

1)满堂脚手架，按室内净面积计算，其高度在 3.6～5.2m 之间时，计算基本层；超过 5.2m 时，每增加 1.2m 按增加一层计算，不足 0.6m 的不计，算式表示如下：

$$满堂脚手架增加层=\frac{室内净高-5.2m}{1.2m}$$

【示例】　某大厅室内净高 10.00m，试计算满堂脚手架增加层数。

解：$满堂脚手架增加层=\dfrac{10.00-5.2}{1.2}=4 层$

2)挑脚手架、按搭设长度和层数，以延长米计算。

3)悬空脚手架，按搭设水平投影面积以平方米计算。

4)高度超过 3.6m 的墙面装饰不能利用原砌筑脚手架时，可以计算装饰脚手架。装饰脚手架按双排脚手架乘以 0.3 计算。

(5)其他脚手架

1)水平防护架，按实际铺板的水平投影面积计算。

2)垂直防护架，按自然地坪至最上一层横杆之间的搭设高度，乘以实际搭设长度，以平方米计算。

3)砌筑储仓脚手架，不分单筒或储仓组均按单筒外边线周长，乘以设计室外地坪至储仓上口之间高度，以平方米计算。

4)储水(抽)池脚手架，按外壁周长乘以室外地坪至池壁顶面之间高度，以平方米计算。

5)大型设备基础脚手架，按其外形周长乘地坪至外形顶面边线之间高度，以平方米计算。

6)架空运输脚手架,按搭设长度以延长米计算。

7)烟囱、水塔脚手架,区别不同高度以座计算;电梯井脚手架,按单孔以座计算;斜道区别不同高度以座计算。

(6)安全网

立挂式安全网按架网部分的实挂长度乘以实挂高度,以平方米计算。挑出式安全网按挑出的水平投影面积计算。

第二节　桩基及脚手架工程工程量定额套用规定

一、桩基及脚手架工程工程量定额说明

1. 配套定额的一般规定

1)单位工程的桩基础工程量在表 8-1 中的数量以内时,相应定额人工、机械乘以小型工程系数 1.05。

表 8-1　小型工程系数表

项　　目	单位工程的工程量
预制钢筋混凝土桩	100m³
灌注桩	60m³
钢工具桩	50t

2)打桩工程按陆地打垂直桩编制。设计要求打斜桩时,若斜度小于 1:6,相应定额人工、机械乘以系数 1.25;若斜度大于 1:6,相应定额人工、机械乘以系数 1.43。斜度是指在竖直方向上,每单位长度所偏离竖直方向的水平距离。预制混凝土桩,在桩位半径 15m 范围内的移动、起吊和就位,已包括在打桩子目内。超过 15m 时的场内运输,按定额构件运输 1km 以内子目的相应规定计算。

3)桩间补桩或在强夯后的地基上打桩时,相应定额人工、机械乘以系数 1.15。

4)打试验桩时,相应定额人工、机械乘以系数 2.0。定额不包括静测、动测的测桩项目,测桩只能计列一次,实际发生时,按合同约定价格列入。

5)打送桩时,相应定额人工、机械乘以表 8-2 系数。

表 8-2　送桩深度系数表

送桩深度	系数
2m 以内	1.12
4m 以内	1.25
4m 以外	1.50

预制混凝土桩的送桩深度,按设计送桩深度另加 0.50m 计算。

2. 截桩定额说明

截桩按所截桩的根数计算,套用相应定额。截桩、凿桩头、钢筋整理应分项计算。截桩子目,不包括凿桩头和桩头钢筋整理;凿桩头子目,不包括桩头钢筋整理。凿桩头按桩体高 $40d$(d 为桩主筋直径,主筋直径不同时取大者)乘桩断面以立方米计算,钢筋整理按所整理

的桩的根数计算。截桩长度不大于 1m 时,不扣减打桩工程量;长度大于 1m 时,其超过 1m 部分按实扣减打桩工程量,但不应扣减桩体及其场内运输工程量。成品桩体费用按双方认可的价格列入。

3. 灌注桩定额说明

1)灌注桩已考虑了桩体充盈部分的消耗量,其中灌注砂、石桩还包括级配密实的消耗量,不包括混凝土搅拌、钢筋制作、钻孔桩和挖孔桩的土或回旋钻机泥浆的运输、预制桩尖、凿桩头及钢筋整理等项目,但活瓣桩尖和截桩不另计算。灌注混凝土桩凿桩头,按实际凿桩头体积计算。

2)充盈部分的消耗量是指在灌注混凝土时实际混凝土体积比按设计桩身直径计算体积大的盈余部分的体积。

4. 深层搅拌水泥桩定额说明

深层搅拌水泥桩定额按 1 喷 2 搅施工编制,实际施工为 2 喷 4 搅时,定额人工、机械乘以系数 1.43。2 喷 2 搅、4 喷 4 搅分别按 1 喷 2 搅、2 喷 4 搅计算。高压旋喷(摆喷)水泥桩的水泥设计用量与定额不同时,可以调整。

5. 强夯与防护工程定额说明

1)强夯定额中每百平方米夯点数,指设计文件规定单位面积内的夯点数量。

2)防护工程的钢筋锚杆制作安装,均按相应有关规定执行。

二、桩基及脚手架工程工程量定额计算规则

1. 钢筋混凝土桩

1)预制钢筋混凝土桩按设计桩长(包括桩尖)乘以桩断面面积,以立方米计算。管桩的空心体积应扣除,按设计要求需加注填充材料时,填充部分另按相应规定计算。

2)打孔灌注混凝土桩、钻孔灌注混凝土桩,按设计桩长(包括桩尖,设计要求入岩时,包括入岩深度)另加 0.5m,乘以设计桩外径(钢管箍外径)截面积,以立方米计算。

3)夯扩成孔灌注混凝土桩,按设计桩长增加 0.3m,乘以设计桩外径截面积,另加设计夯扩混凝土体积,以立方米计算。

4)人工挖孔灌注混凝土桩的桩壁和桩芯,分别按设计尺寸以立方米计算。

2. 电焊接桩

电焊接桩按设计要求接桩的根数计算。硫磺胶泥接桩按桩断面面积,以平方米计算。桩头钢筋整理按所整理的桩的根数计算。

3. 灰土桩、砂石桩、水泥桩

灰土桩、砂石桩、水泥桩,均按设计桩长(包括桩尖)乘以设计桩外径截面积,以立方米计算。

4. 地基强夯

地基强夯区别不同夯击能量和夯点密度,按设计图示夯击范围,以平方米计算。设计无规定时,按建筑物基础外围轴线每边各加 4m 以平方米计算。

夯击击数是指强夯机械就位后,夯锤在同一夯点上下夯击的次数(落锤高度应满足设计夯击能量的要求,否则按低锤满拍计算)。

5. 砂浆土钉防护、锚杆机钻孔防护

砂浆土钉防护、锚杆机钻孔防护(不包括锚杆),按施工组织设计规定的钻孔入土(岩)深度,以米计算。喷射混凝土护坡区分土层与岩层,按施工组织设计规定的防护范围,以平方米计算。

6. 脚手架

1)计算内、外墙脚手架工程量时,均不扣除门、窗洞口、空圈洞口等所占的面积。

2)建筑物内墙脚手架,凡设计室内地坪至顶板下表面(或山墙高度的1/2处)的砌筑高度在3.6m以下的,按内脚手架计算;砌筑高度超过3.6m以上时,按单排脚手架计算。

3)同一建筑物高度不同时,应按不同高度分别计算。

4)室内顶棚装饰面距设计室内地坪在3.6m以上时,应计算满堂脚手架,计算满堂脚手架后,墙面装饰工程则不再计算脚手架。

5)砌筑储仓,按双排外脚手架计算。滑升模板施工的钢筋混凝土烟囱、筒仓,不另计算脚手架。

6)储水(油)池、大型设备基础,凡距地坪高度超过1.2m以上的,均按双排脚手架计算。

7)整体满堂钢筋混凝土基础,凡其宽度超过3m以上的,均按双排脚手架计算,按满堂脚手架基本层的50%套用。

8)架空运输,定额以宽2m为准,如架宽超过2m,应调整费用、材料等。

第三节　桩基及脚手架工程清单项目设置规则及说明

一、桩基
1. 打桩

打桩工程量清单项目设置、项目特征描述的内容、计量单位及工程量计算规则,应按表8-3的规定执行。

表8-3　打桩(编号:010301)

项目编码	项目名称	项目特征	计量单位	工程量计算规则	工作内容
010301001	预制钢筋混凝土方桩	1. 地层情况 2. 送桩深度、桩长 3. 桩截面 4. 桩倾斜度 5. 沉桩方法 6. 接桩方式 7. 混凝土强度等级	1. m 2. m³ 3. 根	1. 以米计量,按设计图示尺寸以桩长(包括桩尖)计算 2. 以立方米计量,按设计图示截面积乘以桩长(包括桩尖)以实体积计算 3. 以根计量,按设计图示数量计算	1. 工作平台搭拆 2. 桩机竖拆、移位 3. 沉桩 4. 接桩 5. 送桩
010301002	预制钢筋混凝土管桩	1. 地层情况 2. 送桩深度、桩长 3. 桩外径、壁厚 4. 桩倾斜度 5. 沉桩方法 6. 桩尖类型 7. 混凝土强度等级 8. 填充材料种类 9. 防护材料种类			1. 工作平台搭拆 2. 桩机竖拆、移位 3. 沉桩 4. 接桩 5. 送桩 6. 桩尖制作安装 7. 填充材料、刷防护材料

续表 8-3

项目编码	项目名称	项目特征	计量单位	工程量计算规则	工作内容
010301003	钢管桩	1. 地层情况 2. 送桩深度、桩长 3. 材质 4. 管径、壁厚 5. 桩倾斜度 6. 沉桩方法 7. 填充材料种类 8. 防护材料种类	1. t 2. 根	1. 以吨计量，按设计图示尺寸以质量计算 2. 以根计量，按设计图示数量计算	1. 工作平台搭拆 2. 桩机竖拆、移位 3. 沉桩 4. 接桩 5. 送桩 6. 切割钢管、精割盖帽 7. 管内取土 8. 填充材料、刷防护材料
010301004	截(凿)桩头	1. 桩类型 2. 桩头截面、高度 3. 混凝土强度等级 4. 有无钢筋	1. m³ 2. 根	1. 以立方米计量，按设计桩截面乘以桩头长度以体积计算 2. 以根计量，按设计图示数量计算	1. 截(切割)桩头 2. 凿平 3. 废料外运

注：①地层情况按 GB 50854—2013 规范的规定，并根据岩土工程勘察报告按单位工程各地层所占比例(包括范围值)进行描述。对无法准确描述的地层情况，可注明由投标人根据岩土工程勘察报告自行决定报价。

②项目特征中的桩截面、混凝土强度等级、桩类型等可直接用标准图代号或设计桩型进行描述。

③预制钢筋混凝土方桩、预制钢筋混凝土管桩项目以成品桩编制，应包括成品桩购置费，如果用现场预制，应包括现场预制桩的所有费用。

④打试验桩和打斜桩应按相应项目单独列项，并应在项目特征中注明试验桩或斜桩(斜率)。

⑤截(凿)桩头项目适用于规范 GB 50500—2013 附录 B、附录 C 所列桩的桩头截(凿)。

⑥预制钢筋混凝土管桩桩顶与承台的连接构造按规范 GB 50500—2013 附录 E 相关项目列项。

2. 灌注桩

灌注桩工程量清单项目设置、项目特征描述的内容、计量单位及工程量计算规则，应按表 8-4 的规定执行。

表 8-4　灌注桩(编号：010302)

项目编码	项目名称	项目特征	计量单位	工程量计算规则	工作内容
010302001	泥浆护壁成孔灌注桩	1. 地层情况 2. 空桩长度、桩长 3. 桩径 4. 成孔方法 5. 护筒类型、长度 6. 混凝土种类、强度等级	1. m 2. m³ 3. 根	1. 以米计量，按设计图示尺寸以桩长(包括桩尖)计算 2. 以立方米计量，按不同截面在桩上范围内以体积计算 3. 以根计量，按设计图示数量计算	1. 护筒埋设 2. 成孔、固壁 3. 混凝土制作、运输、灌注、养护 4. 土方、废泥浆外运 5. 打桩场地硬化及泥浆池、泥浆沟

续表 8-4

项目编码	项目名称	项目特征	计量单位	工程量计算规则	工作内容
010302002	沉管灌注桩	1. 地层情况 2. 空桩长度、桩长 3. 复打长度 4. 桩径 5. 沉管方法 6. 桩尖类型 7. 混凝土种类、强度等级	1. m 2. m³ 3. 根	1. 以米计量,按设计图示尺寸以桩长(包括桩尖)计算 2. 以立方米计量,按不同截面在桩上范围内以体积计算 3. 以根计量,按设计图示数量计算	1. 打(沉)拔钢管 2. 桩尖制作、安装 3. 混凝土制作、运输、灌注、养护
010302003	干作业成孔灌注桩	1. 地层情况 2. 空桩长度、桩长 3. 桩径 4. 扩孔直径、高度 5. 成孔方法 6. 混凝土种类、强度等级	1. m 2. m³ 3. 根	1. 以米计量,按设计图示尺寸以桩长(包括桩尖)计算 2. 以立方米计量,按不同截面在桩上范围内以体积计算 3. 以根计量,按设计图示数量计算	1. 成孔、扩孔 2. 混凝土制作、运输、灌注、振捣、养护
010302004	挖孔桩土(石)方	1. 地层情况 2. 挖孔深度 3. 弃土(石)运距	m³	按设计图示尺寸(含护壁)截面积乘以挖孔深度以立方米计算	1. 排地表水 2. 挖土、凿石 3. 基底钎探 4. 运输
010302005	人工挖孔灌注桩	1. 桩芯长度 2. 桩芯直径、扩底直径、扩底高度 3. 护壁厚度、高度 4. 护壁混凝土种类、强度等级 5. 桩芯混凝土种类、强度等级	1. m³ 2. 根	1. 以立方米计量,按桩芯混凝土体积计算 2. 以根计量,按设计图示数量计算	1. 护壁制作 2. 混凝土制作、运输、灌注、振捣、养护
010302006	钻孔压浆桩	1. 地层情况 2. 空钻长度、桩长 3. 钻孔直径 4. 水泥强度等级	1. m 2. 根	1. 以米计量,按设计图示尺寸以桩长计算 2. 以根计量,按设计图示数量计算	钻孔、下注浆管、投放骨料、浆液制作、运输、压浆
010302007	灌注桩后压浆	1. 注浆导管材料、规格 2. 注浆导管长度 3. 单孔注浆量 4. 水泥强度等级	孔	按设计图示以注浆孔数计算	1. 注浆导管制作、安装 2. 浆液制作、运输、压浆

注:①地层情况按相应规定,并根据岩土工程勘察报告按单位工程各地层所占比例(包括范围值)进行描述。对无法准确描述的地层情况,可注明由投标人根据岩土工程勘察报告自行决定报价。

②项目特征中的桩长应包括桩尖,空桩长度一孔深一桩长,孔深为自然地面至设计桩底的深度。

③项目特征中的桩截面(桩径)、混凝土强度等级、桩类型等可直接用标准图代号或设计桩型进行描述。

④泥浆护壁成孔灌注桩是指在泥浆护壁条件下成孔,采用水下灌注混凝土的桩。其成孔方法包括冲击钻成孔、冲抓锥成孔、回旋钻成孔、潜水钻成孔、泥浆护壁的旋挖成孔等。

⑤沉管灌注桩的沉管方法包括锤击沉管法、振动沉管法、振动冲击沉管法、内夯沉管法等。

⑥干作业成孔灌注桩是指不用泥浆护壁和套管护壁的情况下,用钻机成孔后,下钢筋笼,灌注混凝土的桩,适用于地下水位以上的土层使用。其成孔方法包括螺旋钻成孔、螺旋钻成孔扩底、干作业的旋挖成孔等。

⑦混凝土种类:指清水混凝土、彩色混凝土、水下混凝土等,如在同一地区既使用预拌(商品)混凝土,又允许现场搅拌混凝土时,也应注明(下同)。

⑧混凝土灌注桩的钢筋笼制作、安装,按规范 GB 50500—2013 附录 E 中相关项目编码列项。

二、脚手架

脚手架工程工程量清单项目设置、项目特征描述的内容、计量单位及工程量计算规则，应按表 8-5 的规定执行。

表 8-5　脚手架工程(编码:011701)

项目编码	项目名称	项目特征	计量单位	工程量计算规则	工作内容
011701001	综合脚手架	1. 建筑结构形式 2. 檐口高度	m²	按建筑面积计算	1. 场内、场外材料搬运 2. 搭、拆脚手架、斜道、上料平台 3. 安全网的铺设 4. 选择附墙点与主体连接 5. 测试电动装置、安全锁等 6. 拆除脚手架后材料的堆放
011701002	外脚手架	1. 搭设方式 2. 搭设高度 3. 脚手架材质		按所服务对象的垂直投影面积计算	1. 场内、场外材料搬运 2. 搭、拆脚手架、斜道、上料平台 3. 安全网的铺设 4. 拆除脚手架后材料的堆放
011701003	里脚手架				
011701004	悬空脚手架	1. 搭设方式 2. 悬挑宽度 3. 脚手架材质		按搭设的水平投影面积计算	
011701005	挑脚手架		m	按搭设长度乘以搭设层数以延长米计算	
011701006	满堂脚手架	1. 搭设方式 2. 搭设高度 3. 脚手架材质		按搭设的水平投影面积计算	
011701007	整体提升架	1. 搭设方式及启动装置 2. 搭设高度	m²	按所服务对象的垂直投影面积计算	1. 场内、场外材料搬运 2. 选择附墙点与主体连接 3. 搭、拆脚手架、斜道、上料平台 4. 安全网的铺设 5. 测试电动装置、安全锁等 6. 拆除脚手架后材料的堆放
011701008	外装饰吊篮	1. 升降方式及启动装置 2. 搭设高度及吊篮型号	m²	按所服务对象的垂直投影面积计算	1. 场内、场外材料搬运 2. 吊篮的安装 3. 测试电动装置、安全锁、平衡控制器等 4. 吊篮的拆卸

注:①使用综合脚手架时,不再使用外脚手架、里脚手架等单项脚手架;综合脚手架适用于能够按"建筑面积计算规则"计算建筑面积的建筑工程脚手架,不适用于房屋加层、构筑物及附属工程脚手架。

②同一建筑物有不同檐高时,按建筑物竖向切面分别按不同檐高编列清单项目。

③整体提升架已包括 2m 高的防护架体设施。

④脚手架材质可以不描述,但应注明由投标人根据工程实际情况按照国家现行标准《建筑施工扣件式钢管脚手架安全技术规范》JGJ 130、《建筑施工附着升降脚手架管理暂行规定》(建〔2000〕230 号)等规范自行确定。

【示例】 某办公楼C30预制钢筋混凝土方桩,103根,桩长50m,桩径$D=1000mm$,设计桩底标高为$-50.00m$,自然地坪标高为$-0.600m$,泥浆外运5km,桩孔不回填。求C30预制铡筋混凝土方桩工程量。

解: 根据预制钢筋混凝土方桩工程量的计算规则,C30预制钢筋混凝土方桩工程量:108根。

工程量清单计算,见表8-6。

表 8-6　工程量清单计算表

项目编码	项目名称	项目特征描述	计量单位	工程量
010301001	预制钢筋混凝土方桩	C30预制钢筋混凝土方桩,103根,桩长45m,桩径$D=1000mm$,设计桩底标高为$-50.000m$,自然地坪标高为$-0.600m$,泥浆外运5km,桩孔上部不回填	根	108

【示例】 有一工程桩基础采用C25静压沉管灌注桩,设计桩径为$\phi500mm$,设计单桩承载力50t,桩尖采用C40预制混凝土桩尖桩总根数300根,设计桩长30m(含桩尖),桩顶标高$-2.2m$,自然地坪标高$-0.35m$。试编制桩基础的工程量清单及报价(注:混凝土采用现场搅拌、非泵送碎石混凝土、钢筋笼暂不作要求计算)。

解:1. 工程量清单编制

本工程的静压沉管灌注桩属于混凝土灌注桩清单项目

该清单工程量按工程量计算规则计算为:$30×300=9000m$

编制工程量清单表如表8-7:

表 8-7　工程量清单表

序号	项目编码	项目名称	项目特征描述	计量单位	工程量	金额/元		
						综合单价	合价	其中:暂估价
1	010302002001	混凝土灌注桩	1. 土壤级别:普通土 2. 单桩长度、根数:30m以内、共300根 3. 桩截面:$\phi500mm$ 4. 混凝土强度等级:C25 5. 成孔方法:静压没管	m	9000			

2. 工程量清单计价单价分析(表8-8)

混凝土灌注桩项目发生的工程内容有:

成孔:$(30+2.0-0.35)×300=9555.00m$

混凝土制作、运输、灌注、振捣、养护:$0.25^2×\pi×(30+0.5)×300=1795.69m^3$

表 8-8　工程量清单计价单价分析表

| 序号 | 项目编码 | 项目名称 | 计量单位 | 工程量 | 综合单价组成 | | | | | 综合单价 | 合计 |
					人工费	材料费	机械使用费	企业管理费	利润		
1	010302002	混凝土灌注桩	m	9000.00							
1.1	010302002001	静压沉管灌注混凝土桩(桩长在15m以外,φ50cm以内)(碎石)	m	9555.00	3.67	6.73	9.26	1.03	0.41	21.10	201610.5
1.2	010302002002	C25沉管灌注混凝土桩现场混凝土(碎石)	m³	1795.69	43.20	253.41	22.16	5.23	6.48	330.48	593439.6
合计											795050.1

3. 分部分项清单计价表(表 8-9)

表 8-9　分部分项清单计价表

| 序号 | 项目编码 | 项目名称 | 项目特征描述 | 计量单位 | 工程量 | 金额/元 | | |
						综合单价	合价	其中:暂估价
1	010302002001	混凝土灌注桩	1. 土壤级别:普通土 2. 单桩长度、根数:30m以内、共300根 3. 桩截面:φ500mm 4. 混凝土强度等级:C25 5. 成孔方法:静压沉管	m	9000.00	88.34	795050.1	

第九章 砌筑工程工程量相关规定及计算

第一节 砌筑工程工程量计算

一、墙体

1. 计算墙体的规定

1)计算墙体时,应扣除门窗洞口、过人洞、空圈、嵌入墙身的钢筋混凝土柱、梁(包括过梁、圈梁及埋入墙内的挑梁)、砖平碹(图9-1)、平砌砖过梁和暖气包壁龛(图9-2)及内墙板头(图9-3)的体积,不扣除梁头、外墙板头(图9-4)、檩头、垫木、木楞头、沿椽木、木砖、门窗框走头(图9-5)、砖墙内的加固钢筋、木筋、铁件、钢管及每个面积在 0.3m² 以下的孔洞等所占的体积,突出墙面的窗台虎头砖(图9-6)、压顶线(图9-7)、烟囱根(图9-8、图9-9)、山墙泛水(图9-11)、门窗套(图9-12)及三皮砖以内的腰线和挑檐(图9-13)等体积不增加。

图9-1 砖平碹示意图

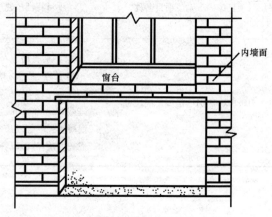

图9-2 暖气包壁龛示意图

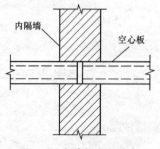

图9-3 内墙板头示意图

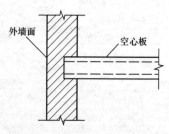

图9-4 外墙板头示意图

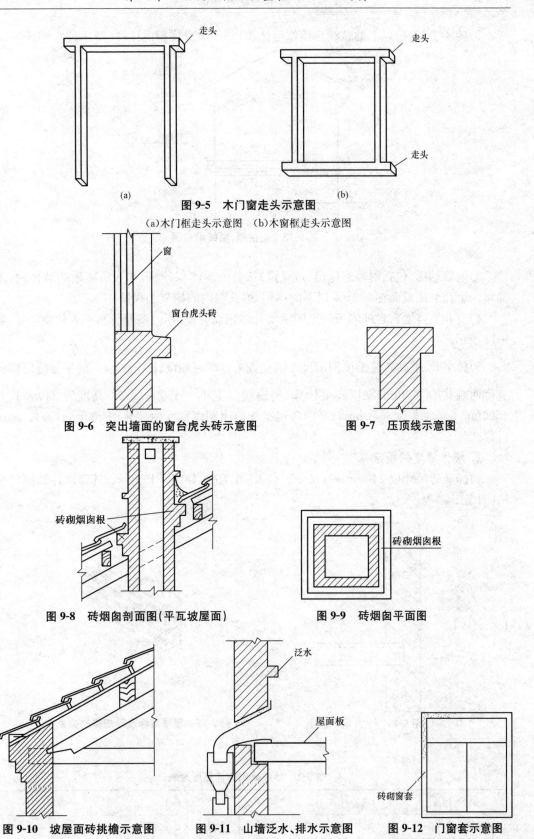

图 9-5　木门窗走头示意图

(a)木门框走头示意图　(b)木窗框走头示意图

图 9-6　突出墙面的窗台虎头砖示意图

图 9-7　压顶线示意图

图 9-8　砖烟囱剖面图（平瓦坡屋面）

图 9-9　砖烟囱平面图

图 9-10　坡屋面砖挑檐示意图

图 9-11　山墙泛水、排水示意图

图 9-12　门窗套示意图

2)砖垛、三皮砖以上的腰线和挑檐等体积,并入墙身体积内计算(图9-13)。

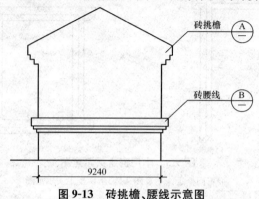

图9-13　砖挑檐、腰线示意图

3)附墙烟囱(包括附墙通风道、垃圾道)按其外形体积计算,并入所依附的墙体内,不扣除每一个孔洞横截面在0.1m²以下的体积,但孔洞内的抹灰工程量亦不增加。

4)女儿墙高度。自外墙顶面至图示女儿墙顶面高度,不同墙厚分别并入外墙计算,如图9-14所示。

5)砖平碹、平砌砖过梁按图示尺寸以立方米计算。如设计无规定时,砖平碹按门窗洞口宽度两端共加100mm,乘以高度计算(门窗洞口宽小于1500mm时,高度为240mm;大于1500mm时,高度为365 mm);平砌砖过梁按门窗洞口宽度两端共加500mm,高按440mm计算。

2. 墙体厚度的规定

1)标准砖尺寸以240mm×115mm×53mm为准,如图9-15所示,其砌体计算厚度按表9-1计算。

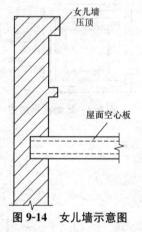

图9-14　女儿墙示意图

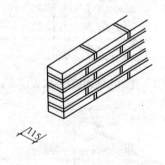

图9-15　墙厚与标准砖规格的关系
1/2砖砖墙示意图

表9-1　标准砖砌体计算厚度表

砖数(厚度)	1/4	1/2	3/4	1	1.5	2	2.5	3
计算厚度(mm)	53	115	180	240	365	490	615	740

2)使用非标准砖时,其砌体厚度应按砖实际规格和设计厚度计算。

二、砖基础

1)基础与墙(柱)身使用同一种材料时,以设计室内地面为界,如图 9-16 所示;有地下室者,以地下室室内设计地面为界,以下为基础,以上为墙(柱)身,如图 9-17 所示。

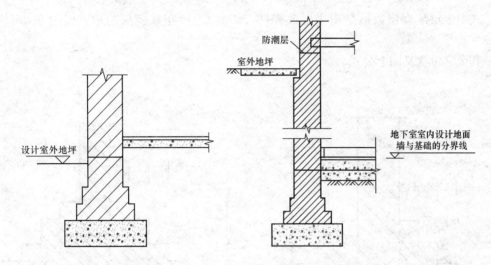

图 9-16　基础与墙身划分示意图　　　图 9-17　地下室的基础与墙身划分示意图

2)基础与墙身使用不同材料时,位于设计室内地面±300mm 以内时,以不同材料为分界线,超过±300mm 时,以设计室内地面为分界线。

3)砖、石围墙,以设计室外地坪为界线,以下为基础,以上为墙身。

2. 基础长度

外墙基础按外墙中心线长度计算;内墙墙基按内墙基净长计算。基础大放脚 T 形接头处的重叠部分以及嵌入基础的钢筋、铁件、管道、基础防潮层及单个面积在 0.3m² 以内孔洞所占体积不予扣除,但靠墙暖气沟的挑檐亦不增加。附墙垛基础宽出部分体积应并入基础工程量内。

砖砌挖孔桩护壁工程量按实砌体积计算。

3. 有放脚砖墙基础

1)等高式放脚砖基础(见图 9-18a)。

计算公式:

$$V_{基}=(基础墙厚×基础墙高+放脚增加面积)×基础长$$
$$=(d×h+\Delta S)×l$$
$$=[dh+0.126×0.0625n(n+1)]l$$
$$=[dh+0.0007875n(n+1)]l$$

式中　　　　0.0007875——一个放脚标准块面积;

　　0.0007878n(n+1)——全部放脚增加面积;

　　　　　　　　n——放脚层数;

　　　　　　　　d——基础墙厚;

h——基础墙高；

l——基础长。

2）不等高式放脚砖基础（图 9-18b）。

计算公式：

$$V_{\text{基}}=\{dh+0.007875[n(n+1)-\sum\text{半层放脚层数值}]\}\times l$$

式中半层放脚层数值是指半层放脚（0.063m 高）所在放脚层的值。如图 9-18b 中为 1+3=4。

其余字母含义同上公式。

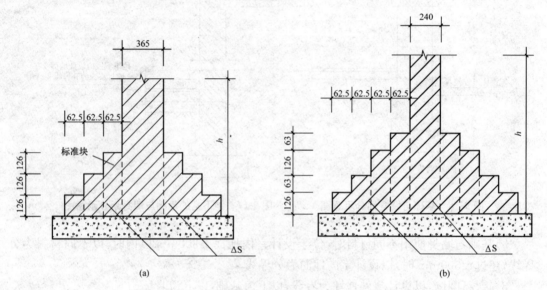

图 9-18　大放脚砖基础示意图

(a)等高式大放脚砖基础　　(b)不等高式大放脚砖基础

3）基础放脚 T 形接头重复部分（图 9-19）。

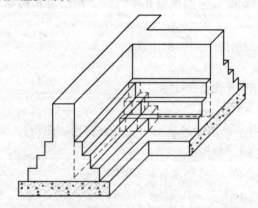

图 9-19　基础放脚 T 形接头重复部分示意图

标准砖大放脚基础，放脚面积 ΔS 见表 9-2。

表 9-2　砖墙基础大放脚面积增加表

放脚层数(n)	增加断面积 ΔS(m²)		放脚层数(n)	增加断面积 ΔS(m²)	
	等高	不等高 (奇数层为半层)		等高	不等高 (奇数层为半层)
一	0.01575	0.0079	十	0.8663	0.6694
二	0.04725	0.0394	十一	1.0395	0.7560
三	0.0945	0.0630	十二	1.2285	0.9450
四	0.1575	0.1260	十三	1.4333	1.0474
五	0.2363	0.1654	十四	1.6538	1.2679
六	0.3308	0.2599	十五	1.8900	1.3860
七	0.4410	0.3150	十六	2.1420	1.6380
八	0.5670	0.4410	十七	2.4098	1.7719
九	0.7088	0.5119	十八	2.6933	2.0554

注：①等高式 $\Delta S = 0.007875 n(n+1)$。

　　②不等高式 $\Delta S = 0.007878 [n(n+1) - \sum 半层层数值]$。

4. 条石、毛条石基础

条石基础断面如图 9-20 所示；毛条石基础断面如图 9-21 所示。

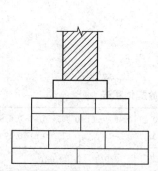

图 9-20　毛条石基础断面形状

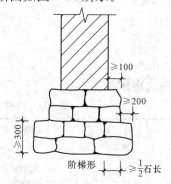

图 9-21　毛条石基础断面形状

5. 有放脚砖柱基础

有放脚砖柱基础工程量计算分为两部分：一是将柱的体积算至基础底；二是将柱四周放脚体积算出(图 9-22、图 9-23)。

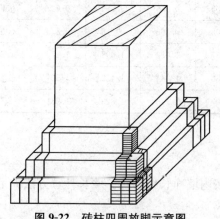

图 9-22　砖柱四周放脚示意图

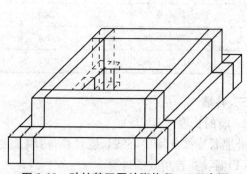

图 9-23　砖柱基四周放脚体积 ΔV 示意图

计算公式：

$$V_{柱基}=abh+\Delta V$$
$$=abh+n(n+1)[0.007875(a+b)+0.000328125(2n+1)]$$

式中　a——柱断面长；

　　　b——柱断面宽；

　　　h——柱基高；

　　　n——放脚层数；

　ΔV——砖柱四周放脚体积。

【示例】　某工程有 6 个等高式放脚砖柱基础,根据下列条件计算砖基础工程量：

柱断面　0.365m×0.365m

柱基高　1.85m

放脚层数　5 层

解：已知 $a=0.365m,b=0.365m,h=1.85,n=5$

$V_{柱基}=6$ 根柱基$\times\{0.365\times0.365\times1.85+5\times6\times[0.007875\times(0.365+0.365)+$

$0.000328125\times(2\times5+1)]\}$

　　　$=6\times(0.246+0.281)$

　　　$=6\times0.527$

　　　$=3.16m^3$

砖柱基四周放脚体积见表 9-3。

表 9-3　砖柱基四周放脚体积表　　　　　　　　　　　　　（m³）

a×b 放脚层数	0.24× 0.24	0.24× 0.365	0.365×0.365 0.24×0.49	0.365×0.49 0.24×0.615	0.49×0.49 0.365×0.615	0.49×0.615 0.365×0.74	0.365×0.865 0.615×0.615	0.615×0.74 0.49×0.865	0.74×0.74 0.615×0.865
一	0.010	0.011	0.013	0.015	0.017	0.019	0.021	0.024	0.025
二	0.033	0.038	0.045	0.050	0.056	0.062	0.068	0.074	0.080
三	0.073	0.085	0.097	0.108	0.120	0.132	0.144	0.156	0.167
四	0.135	0.154	0.174	0.194	0.213	0.233	0.253	0.272	0.292
五	0.221	0.251	0.281	0.310	0.340	0.369	0.400	0.428	0.458
六	0.337	0.379	0.421	0.462	0.503	0.545	0.586	0.627	0.669
七	0.487	0.543	0.597	0.653	0.708	0.763	0.818	0.873	0.928
八	0.674	0.745	0.816	0.887	0.957	1.028	1.095	1.170	1.241
九	0.910	0.990	1.078	1.167	1.256	1.344	1.433	1.521	1.61
十	1.173	1.282	1.390	1.498	1.607	1.715	1.823	1.931	2.04

三、砖墙

1. 墙的长度

外墙长度按外墙中心线长度计算,内墙长度按内墙净长线计算。墙长计算方法如下：

(1)墙长在转角处的计算

墙体在 90°转角时,用中轴线尺寸计算墙长,就能算准墙体的体积。

（2）T形接头的墙长计算

当墙体处于T形接头时，T形上部水平墙拉通算完长度后，垂直部分的墙只能从墙内边算净长。

（3）十字形接头的墙长计算

当墙体处于十字形接头状时，计算方法基本同T形接头，因此，十字形接头处分断的二道墙也应算净长。

2. 墙身高度的规定

（1）外墙墙身高度

斜（坡）屋面无檐口顶棚者算至屋面板底；有屋架，且室内外均有顶棚者（图9-24），算至屋架下弦底面另加200mm；无顶棚者算至屋架下弦底面另加300mm（图9-25），出檐宽度超过600mm时，应按实砌高度计算；平屋面算至钢筋混凝土板底（图9-26）。

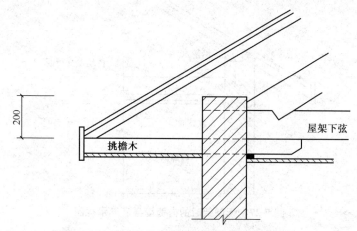

图9-24　室内外均有顶棚时的外墙高度示意图

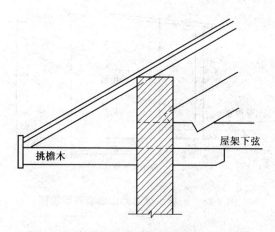

图9-25　有屋架无顶棚时的外墙高度示意图

（2）内墙墙身高度

内墙位于屋架下弦者，其高度算至屋架底；无屋架者（图9-27）算至顶棚底另加100mm；有钢筋混凝土楼板隔层者算至板底；有框架梁时算至梁底面。

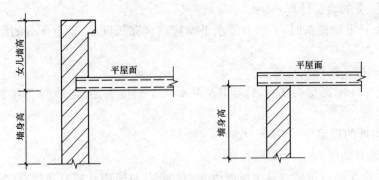

图 9-26 平屋面外墙墙身高度示意图

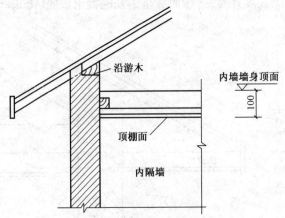

图 9-27 无屋架时的内墙墙身高度示意图

（3）内、外山墙墙身高度，按其平均高计算（图 9-28）。

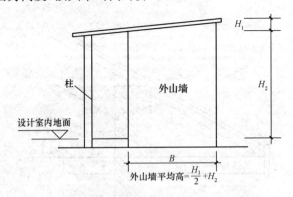

图 9-28 一坡水屋面外山墙墙高示意图

3. 框架间砌体

框架间砌体，分别内外墙以框架间的净空面积乘以墙厚计算。框架外表镶贴砖部分亦并入框架间砌体工程量内计算。

空花墙按空花部分外形体积以立方米计算，空花部分不予扣除，其中实体部分另行计算（图 9-29）。

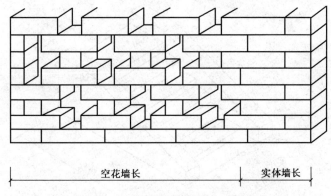

图 9-29　空花墙与实体墙划分示意图

4. 空斗墙、门窗洞口立边等砌体

空斗墙按外形尺寸以立方米计算,墙角、内外墙交接处,门窗洞口立边,窗台砖及屋檐处的实砌部分已包括在定额内,不另行计算。但窗间墙、窗台下、楼板下、梁头下等实砌部分,应另行计算,套零星砌体定额项目(图 9-30)。

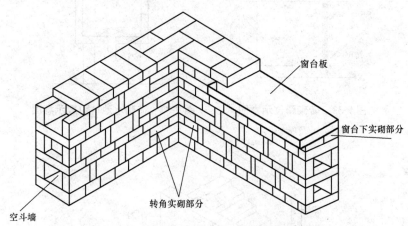

图 9-30　空斗墙转角及窗台下实砌部分示意图

另外,多孔砖、空心砖按图示厚度以立方米计算,不扣除其孔、空心部分体积。填充墙按外形尺寸以立方米计算,其中实砌部分已包括在定额内,不另计算。加气混凝土墙、硅酸盐砌块墙、小型空心砌块墙,按图示尺寸以立方米计算,按设计规定需要镶嵌砖砌体部分已包括在定额内,不另计算。

四、其他砌体

1)砖砌锅台、炉灶,不分大小,均按图示外形尺寸以立方米计算,不扣除各种空洞的体积。

说明:

①锅台,一般指大食堂、餐厅里用的锅灶;

②炉灶,一般指住宅里每户用的灶台。

2)砖砌台阶(不包括梯带)按水平投影面积以平方米计算(图 9-31)。

3)厕所蹲位、水槽腿、灯箱、垃圾箱、台阶挡墙或梯带、花台、花池、地垄墙及支撑地楞。

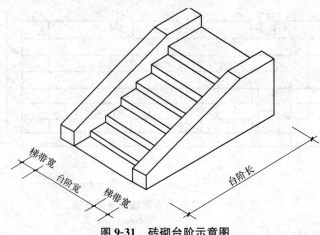

图 9-31 砖砌台阶示意图

木的砖墩,房上烟囱、屋面架空隔热层砖墩及毛石墙的门窗立边、窗台虎头砖等实砌体积,以立方米计算,套用零星砌体定额项目(图 9-32～图 9-34)。

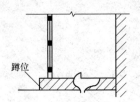

图 9-32 砖砌蹲位示意图

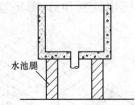

图 9-33 砖砌水池(槽)腿示意图

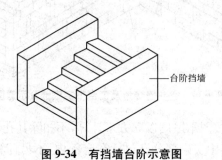

图 9-34 有挡墙台阶示意图

五、砖烟囱

1)筒身:圆形、方形均按图示筒壁平均中心线周长乘以厚度,并扣除筒身各种孔洞、钢筋混凝土圈梁、过梁等体积以立方米计算。其筒壁周长不同时可按下式分段计算:

$$V = \sum (H \times C \times \pi D)$$

式中　V——筒身体积;

　　　　H——每段筒身垂直高度;

　　　　C——每段筒壁厚度;

　　　　D——每段筒壁中心线的平均直径。

2)烟道、烟囱内衬按不同材料,扣除孔洞后,以图示实体积计算。

3)烟囱内壁表面隔热层,按筒身内壁并扣除各种孔洞后的面积以平方米计算;填料按烟囱内衬与筒身之间的中心线平均周长乘以图示宽度和筒高,并扣除各种孔洞所占体积(但不扣除连接横砖及防沉带的体积)后以立方米计算。

4)烟道砌砖:烟道与炉体的划分以第一道闸门为界,炉体内的烟道部分列入炉体工程量计算。

烟道拱顶(图 9-35)按实体积计算,其计算方法有两种:

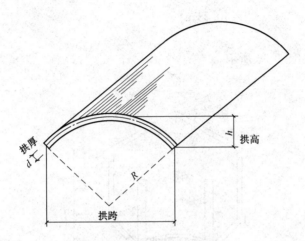

图 9-35　烟道拱顶示意图

方法一:按矢跨比公式计算。

计算公式:　　　　$V=$ 中心线拱跨×弧长系数×拱厚×拱长

$$=b\times P\times d\times L$$

注:烟道拱顶弧长系数表见表 9-4。表中弧长系数 P 的计算公式为(当 $h=1$ 时):

$$P=\frac{1}{90}\left(\frac{0.5}{b}+0.125b\right)\pi\arcsin\frac{b}{1+0.25b^2}$$

例:当矢跨比 $\dfrac{h}{l}=\dfrac{1}{7}$ 时,弧长系数 P 为:

$$P=\frac{1}{90}\left(\frac{0.5}{7}+0.125\times7\right)\times3.1416\times\arcsin\frac{7}{1+0.25\times7^2}$$

$$=1.054$$

【示例】　已知矢高为 1,拱跨为 7,拱厚为 0.15m,拱长 7.8m,求拱顶体积。

解:查表 9-4,知弧长系数 P 为 1.07

故:$V=7\times1.07\times0.15\times7.8=8.76\text{m}^3$

表 9-4　烟道拱顶弧长系数表

矢跨比 $\dfrac{h}{b}$	$\dfrac{1}{2}$	$\dfrac{1}{4}$	$\dfrac{1}{5}$	$\dfrac{1}{6}$	$\dfrac{1}{7}$	$\dfrac{1}{8}$	$\dfrac{1}{9}$	$\dfrac{1}{10}$	
弧长系数 P	1.57	1.27	1.16	1.10	1.07	1.05	1.04	1.03	1.02

方法二:按圆弧长公式计算。

计算公式:$V=$ 圆弧长×拱厚×拱长

$$=l \times d \times L$$

式中：

$$l=\frac{\pi}{180}R\theta$$

【示例】 某烟道拱顶厚 0.18m，半径 4.8m，θ 角为 180°，拱长 10m，求拱顶体积。

解：已知：$d=0.18\text{m}, R=4.8\text{m}, \theta=180°, L=15\text{m}$

$$V=\frac{3.1416}{180} \times 1.8 \times 180 \times 0.18 \times 15$$

$$=40.71\text{m}^3$$

六、砖砌水塔

砖砌水塔示意如图 9-36 所示。

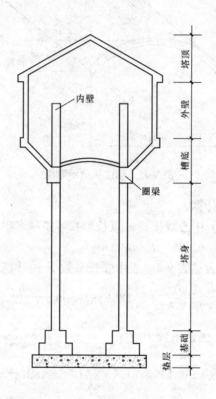

图 9-36　水塔各部分划分示意图

1)水塔基础与塔身划分：以砖基础的扩大部分顶面为界，以上为塔身，以下为基础，分别套用相应基础砌体定额。

2)塔身以图示实砌体积计算，并扣除门窗洞口和混凝土构件所占的体积，砖平拱磁及砖出檐等并入塔身体积内计算，套水塔砌筑定额。

3)砖水箱内外壁，不分壁厚，均以图示实砌体积计算，套相应的内外砖墙定额。

七、砌体内钢筋加固

砌体内钢筋加固根据设计规定，以吨计算，套用钢筋混凝土章节相应项目(图 9-37～图 9-39)。

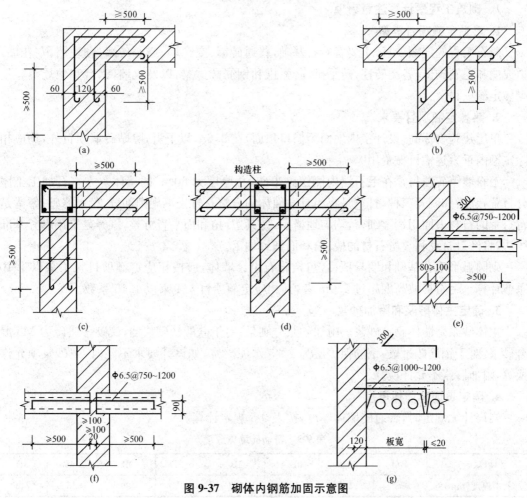

图 9-37 砌体内钢筋加固示意图

(a)砖墙转角处 (b)砖墙 T 形接头处 (c)有构造柱的墙转角处

(d)有构造柱的 T 形墙接头处 (e)板端与外墙连接 (f)板端内墙连接 (g)板与纵墙连接

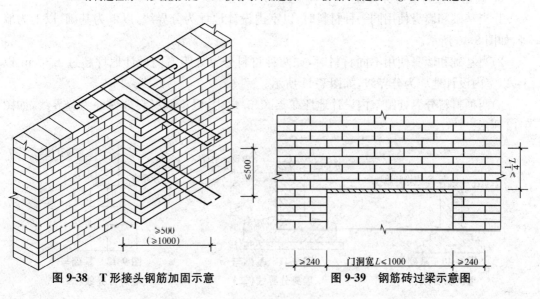

图 9-38 T 形接头钢筋加固示意　　**图 9-39 钢筋砖过梁示意图**

八、砌筑工程量计算注意事项

1. 熟悉定额项目类型

砖石工程的定额项目,主要有砖石基础,普通砖墙、空斗墙、空心砖墙,砌块墙,空花墙,填充墙和毛石砌体,各类砖柱,砖平拱、砖弧拱和钢筋砖过梁,以及火墙,锅台和炉灶等零星砌体定额项目。

2. 熟悉定额项目要求

单层建筑物标高(设计室内地面至檐口顶面)在 3.6m 以下者,除贴砖墙项目外,均应扣除定额内垂直运输机械费用。

毛石墙镶砖项目是在毛石墙内侧镶砌半砖,总厚度为 60cm 的墙体。方整石加工工序分打荒,錾凿和剁斧三种,打荒是将粗具六面体的方整石打去不规则部分,稍加修整;錾凿是将打荒的石材表面用钢錾细密,均匀地凿点,使其边,角和面平直方整,剁斧是采用剁斧基准线法,将经过打荒和錾凿石材的棱、角和面细致加工。

砌圆弧形毛石基础和墙身项目,包括砖石组合墙体,应按相应定额项目人工乘以 1.10 系数计算。毛石护坡高度超过 4.0m 者,其相应定额项目人工乘以 1.15 系数。

3. 确定主体砂浆和附加砂浆

主体砂浆是墙体砌筑砂浆。附加砂浆分别是:对于硅酸盐砌块墙,镶砌普通砖为 M5 混合砂浆;对于钢筋砖过梁,钢筋保护层为 1:3 水泥砂浆,如设计要求不同时,主砂浆项允许换算,附加砂浆不允许换算。

4. 确定普通砖墙体厚度

当设计无规定时,普通砖墙体厚度,按表 9-5 规定计算。

表 9-5　普通砖墙体厚度

墙厚(砖)	B/4	B/2	3B/4	1B	1.5B	2B	2.5B	3B
计算厚度(mm)	53	115	180	240	365	490	615	740

5. 确定基础与墙身分界线

1)当基础和墙身使用同一种材料时,以室内设计地坪为分界线,以下为基础,以上为墙身,如图 9-40 所示。

2)当基础和墙身使用不同材料时,如两种材料分界处距室内设计地坪超过 ±30cm 以上,以室内设计地坪为分界线,如图 9-41 所示。

3)两种材料分界处距室内设计地坪在 ±30cm 以内,以不同材料分界处为分界线,如图 9-42 所示。

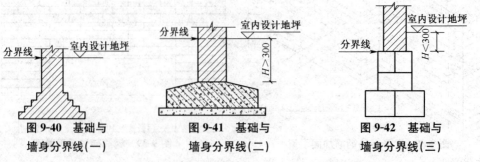

图 9-40　基础与墙身分界线(一)　　图 9-41　基础与墙身分界线(二)　　图 9-42　基础与墙身分界线(三)

第二节 砌筑工程工程量定额套用规定

一、砌筑工程工程量定额说明

1. 总说明

1)砌筑砂浆的强度等级、砂浆的种类,设计与定额不同时可换算,消耗量不变。

2)黏土砖、实心轻质砖设计采用非标准砖时可以换算,但每定额单位消耗量(块料与砂浆总体积)不变。

3)基础与墙身以设计室内地坪为界,设计室内地坪以下为基础,以上为墙身。若基础与墙身使用不同材料,且分界线位于设计室内地坪 300mm 以内时,300mm 以内部分并入相应墙身工程量内计算。有地下室者,以地下室室内地坪为界,以下为基础,以上为墙身。

4)围墙以设计室外地坪为界,室外地坪以下为基础,以上为墙身。

5)室内柱以设计室内地坪为界,以下为柱基础,以上为柱。若基础与柱身使用不同材料,且分界线位于设计室内地坪 300mm 以内时,300mm 以内部分并入相应柱身工程量内计算。室外柱以设计室外地坪为界,以下为柱基础,以上为柱。

6)挡土墙与基础的划分以挡土墙设计地坪标高低的一侧为界,以下为基础,以上为墙身。

7)定额中不包括施工现场的筛砂用工。砌筑砂浆中的过筛净砂,按每立方米 0.30 工日,另行计算。以净砂体积为工程量,套相应补充定额。

2. 砖砌体

1)实心轻质砖包括蒸压灰砂砖、蒸压粉煤灰砖、煤渣砖、煤矸石砖、页岩烧结砖、黄河淤泥烧结砖等。

2)砖砌体均包括原浆勾缝用工,加浆勾缝时,按装饰工程相应项目另行计算。

3)零星项目系指小便池槽、蹲台、花台、隔热板下砖墩、石墙砖立边和虎头砖等。

4)两砖以上砖挡土墙执行砖基础项目,两砖以内执行砖墙相应项目。

5)设计砖砌体中的拉结钢筋,按相应规定另行计算。

6)定额中砖规格是按 240mm×115mm×53mm 标准砖编制的,空心砖、多孔砖规格是按常用规格编制的,设计采用非标准砖、非常用规格砌筑材料,与定额不同时可以换算,但每定额单位消耗量(块料与砂浆总体积)不变。砌轻质砖子目,已掺砌了普通黏土砖或黏土多孔砖的项目,掺砌砖的种类和规格,设计与定额不同时,可以换算,掺砌砖的消耗量(块数折合体积)及其他均不变。未掺砌砖的项目,按掺砌砖的体积换算,其他不变。掺砌砖执行砖零星砌体子目。

7)各种轻质砖综合了以下种类的砖:

①实心轻质砖包括蒸压灰砂砖、蒸压粉煤灰砖、煤渣砖、煤矸石砖、页岩烧结砖、黄河淤泥烧结砖等。

②多孔砖包括粉煤灰多孔砖、烧结黄河淤泥多孔砖等。

③空心砖包括蒸压灰砂空心砖、粉煤灰空心砖、页岩空心砖、混凝土空心砖等。

8)多孔砖包括黏土多孔砖和粉煤灰、煤矸石等轻质多孔砖。定额中列出 KP 型砖 (240mm×115mm×90mm 和 178mm×115mm×90mm)和模数砖(190mm×90mm×

90mm、190mm×140mm×90mm 和 190mm×190mm×90mm)两种系列规格,并考虑了不够模数部分由其他材料填充。

9)黏土空心砖按其空隙率大小分承重型空心砖和非承重型空心砖,规格分别是 240mm×115mm×115mm、240mm×180mm×115mm、115mm×240mm×115mm 和 240mm×240mm×115mm。

10)空心砖和空心砌块墙中的混凝土芯柱、混凝土压顶及圈梁等,按相应章节另行计算。

11)多孔砖、空心砖和砌块,砌筑弧形墙时,人工乘以系数 1.1,材料乘以系数 1.03。

3. 构筑物

1)砖构筑物定额包括单项及综合项目。综合项目是按国标、省标的标准做法编制,使用时对应标准图号直接套用,不再调整。设计文件与标准图做法不同时,套用单项定额。

2)砖构筑物定额不包括土方内容,发生时按土石方相应定额执行。

3)构筑物综合项目中的化粪池及检查井子目,按国标图集 S2 编制。凡设计采用国家标准图集的,均按定额执行,不另调整。

4)水表池、沉砂池、检查井等室外给水排水小型构筑物,实际工程中,常依据省标图集 LS 设计和施工。凡依据省标准图集 LS 设计和施工的室外给水排水小型构筑物,均执行室外给水排水小型构筑物补充定额,不作调整。

5)砖地沟挖土方、回填土参照土石方工程项目。

4. 砌块

1)小型空心砌块墙定额选用 190 系列(砌块宽 $b=190$mm),若设计选用其他系列时,可以换算。

2)砌块墙中用于固定门窗或吊柜、窗帘盒、散热器等配件所需的灌注混凝土或预埋构件,按相应章节另行计算。

3)砌块规格按常用规格编制的,设计采用非常用规格砌筑材料,与定额不同时可以换算,但每定额单位消耗量(块料与砂浆总体积)不变。砌块子目,已掺砌了普通黏土砖或黏土多孔砖的项目,掺砌砖的种类和规格,设计与定额不同时,可以换算,掺砌砖的消耗量(块数折合体积)及其他均不变。未掺砌砖的项目,按掺砌砖的体积换算,其他不变。掺砌砖执行砖零星砌体子目。

5. 石砌体

1)定额中石材按其材料加工程度,分为毛石、整毛石和方整石。使用时应根据石料名称、规格分别套用。

2)方整石柱、墙中石材按 400mm(长)×220mm(高)×200mm(厚)规格考虑。设计不同时,可以换算。块料和砂浆的总体积不变。

3)方整石零星砌体子目,适用于窗台、门窗洞口立边、压顶、台阶、墙面点缀石等定额未列项目的方整石的砌筑。

4)毛石护坡高度超过 4m 时,定额人工乘以系数 1.15。

5)砌筑弧形基础、墙时,按相应定额项目人工乘以系数 1.1。

6)整砌毛石墙(有背里的)项目中,毛石整砌厚度为 200mm;方整石墙(有背里的)项目中,方整石整砌厚度为 220mn,定额均已考虑了拉结石和错缝搭砌。

6. 轻质墙板

1)轻质墙板,适用于框架、框剪结构中的内外墙或隔墙,定额按不同材质和墙体厚度分别列项。

2)轻质条板墙,不论空心条板或实心条板,均按厂家提供墙板半成品(包括板内预埋件,配套吊挂件、U 形卡等),现场安装编制。

3)轻质条板墙中与门窗连接的钢筋码和钢板(预埋件),定额已综合考虑,但钢柱门框、铝门框、木门框及其固定件(或连接件)按有关章节相应项目另行计算。

4)钢丝网架水泥夹心板厚是指钢丝网架厚度,不包括抹灰厚度。括号内尺寸为保温芯材厚度。

5)各种轻质墙板综合内容如下:

①GRC 轻质多孔板适用于圆孔板、方孔板,其材质适用于水泥多孔板、珍珠岩多孔板、陶粒多孔板等。

②挤压成型混凝土多孔板即 AC 板,适用于普通混凝土多孔板和粉煤灰混凝土多孔条板、陶粒混凝土多孔条板、炉碴与膨胀珍珠岩多孔条板等。

③石膏空心条板适用于石膏珍珠岩空心条板、石膏硅酸盐空心条板等。

④GRC 复合夹心板适用于水泥珍珠岩夹心板、岩棉夹心板等。

6)轻质墙板选用常用材质和板型编制的。轻质墙板的材质、板型设计等,与定额不同时可以换算,但定额消耗量不变。

二、砌筑工程工程量定额计算规则

1. 条形基础

外墙条形基础按设计外墙中心线长度、柱间条形基础按柱间墙体的设计净长度、内墙条形基础按设计内墙净长度乘以设计断面,以立方米计算,基础大放脚 T 形接头处的重叠部分,以及嵌入基础的钢筋、铁件、管道、基础防潮层、单个面积在 $0.3m^2$。以内的孔洞所占体积不予扣除,但靠墙暖气沟的挑檐亦不增加,洞口上的砖平碹亦不另算。附墙垛基础宽出部分体积并入基础工程量内。

2. 独立基础

独立基础按设计图示尺寸,以立方米计算。

3. 砖墙体

1)外墙、内墙、框架间墙(轻质墙板、镂空花格及隔断板除外)按其高度乘以长度乘以设计厚度,以立方米计算。框架外表贴砖部分并入框架间砌体工程量内计算。

2)计算墙体时,应扣除门窗洞口、过人洞、空圈以及嵌入墙身的钢筋混凝土柱(包括构造柱)、梁(包括过梁、圈梁、挑梁)、砖平碹、砖过梁(普通黏土砖墙除外)、暖气包壁龛的体积;不扣除梁头、外墙板头、檩头、垫木、木楞头、沿椽木、木砖、门窗走头,墙内的加固钢筋、木筋、铁件、钢管以及每个面积在 $0.3m^2$ 以内的孔洞等所占体积;突出墙面的窗台虎头砖、压顶线、山墙泛水、烟囱根、门窗套及三皮砖以内的腰线和挑檐等体积亦不增加。墙垛、三皮砖以上的腰线和挑檐等体积,并入墙身体积内计算。

3)女儿墙按外墙计算,砖垛、三皮砖以上的腰线和挑檐(对三皮砖以上的腰线和挑檐规范规定不计算)等体积,按其外形尺寸并入墙身体积计算。

4)附墙烟囱(包括附墙通风道、垃圾道,混凝土烟风道除外),按其外形体积并入所依附的墙体积内计算。计算时不扣除每一横截面在 0.1m² 以内的孔洞所占的体积,但孔洞内抹灰工程量也不增加。混凝土烟道、风道按设计混凝土砌块(扣除孔洞)体积,以立方米计算。计算墙体工程量时,应按混凝土烟风道工程量,扣除其所占墙体体积。

4. 砖平碹、平砌砖过梁

1)砖平碹、平砌砖过梁按图示尺寸,以立方米计算。如设计无规定时,砖平碹按门窗洞口宽度两端共加 100mm 乘以高度(洞口宽小于 1500mm 时,高度按 240mm;大于 1500mm时,高度按 365mm)乘以设计厚度计算。平砌砖过梁按门窗洞口宽度两端共加 500mm,高度按 440mm 计算。普通黏土砖平(拱)碹或过梁(钢筋除外),与普通黏土砖墙砌为一体时,其工程量并入相应砖砌体内,不单独计算。

2)方整石平(拱)碹,与无背里的方整石砌为一体时,其工程量并入相应方整石砌体内,不单独计算。

5. 镂空花格墙

镂空花格墙按设计空花部分外形面积(空花部分不予扣除),以平方米计算。混凝土镂空花格按半成品考虑。

6. 其他砌筑

1)砖台阶按设计图示尺寸,以立方米计算。

2)砖砌栏板按设计图示尺寸扣除混凝土压顶、柱所占的面积,以平方米计算。

3)预制水磨石隔断板、窗台板,按设计图示尺寸,以平方米计算。

4)砖砌地沟不分沟底、沟壁按设计图示尺寸,以立方米计算。

5)变压式排气烟道,自设计室内地坪或安装起点,计算至上一层楼板的上表面;顶端遇坡屋面时,按其高点计算至屋面板上表面,以延长米计算工程量(楼层交接处的混凝土垫块及垫块安装灌缝已综合在子目中,不单独计算)。

6)厕所蹲台、小便池槽、水槽腿、花台、砖墩、毛石墙的门窗砖立边和窗台虎头砖、锅台等定额未列的零星项目,按设计图示尺寸,以立方米计算,套用零星砌体项目。

7. 烟囱

(1)基础

基础与筒身的划分以基础大放脚为分界,大放脚以下为基础,以上为筒身。工程量按设计图纸尺寸,以立方米计算。

(2)烟囱筒身

1)圆形、方形筒身均按图示筒壁平均中心线周长乘以厚度,并扣除筒身 0.3m² 以上孔洞、钢筋混凝土圈梁、过梁等体积,以立方米计算。

2)砖烟囱筒身原浆勾缝和烟囱帽抹灰已包括在定额内,不另行计算。如设计要求加浆勾缝时。套用勾缝定额,原浆勾缝所含工料不予扣除。

3)烟囱的混凝土集灰斗(包括分隔墙、水平隔墙、梁、柱)、轻质混凝土填充砌块及混凝土地面,按有关章节规定计算,套用相应定额。

4)砖烟囱、烟道及其砖内衬,如设计要求采用楔形砖时,其数量按设计规定计算,套用相应定额项目。加工标准半砖和楔形半砖时,按楔形整砖定额的 1/2 计算。

5)砖烟囱砌体内采用钢筋加固时,其钢筋用量按设计规定计算,套用相应定额。

（3）烟囱内衬及内表面涂刷隔绝层

1）烟囱内衬，按不同内衬材料并扣除孔洞后，以图示实体积计算。

2）填料按烟囱筒身与内衬之间的体积，以立方米计算，不扣除连接横砖（防沉带）的体积。

3）内衬伸入筒身的连接横砖已包括在内衬定额内，不另行计算。

4）为防止酸性凝液渗入内衬及筒身间而在内衬上抹水泥砂浆排水坡的工料，已包括在定额内，不单独计算。

5）烟囱内表面涂刷隔绝层，按筒身内壁并扣除各种孔洞后的面积，以平方米计算。

6）烟囱内衬项目也适用于烟道内衬。

（4）烟道砌砖

1）烟道与炉体的划分以第一道闸门为界，炉体内的烟道部分列入炉体工程量内计算。

2）烟道中的混凝土构件，按相应定额项目计算。

3）混凝土烟道，以立方米计算（扣除各种孔洞所占体积），套用地沟定额（架空烟道除外）。

8. 砖砌水塔

1）水塔基础与塔身划分。以砖砌体的扩大部分顶面为界，以上为塔身，以下为基础。水塔基础工程量按设计尺寸，以立方米计算，套用烟囱基础的相应项目。

2）塔身以图示实砌体积计算，扣除门窗洞口和混凝土构件所占的体积，砖平拱碹及砖出檐等并入塔身体积内计算。

3）砖水箱内外壁，不分壁厚，均以图示实砌体积计算，套用相应的内外砖墙定额。

4）定额内已包括原浆勾缝，如设计要求加浆勾缝时，套用勾缝定额，原浆勾缝的工料不予扣除。

9. 检查井、化粪池及其他

1）砖砌井（池）壁不分厚度，均以立方米计算，洞口上的砖平拱碹等并入砌体体积内计算。与井壁相连接的管道及其内径在20cm以内的孔洞所占体积不予扣除。

2）渗井系指上部浆砌、下部干砌的渗水井。干砌部分不分方形、圆形，均以立方米计算。计算时不扣除渗水孔所占体积。浆砌部分套用砖砌井（池）壁定额。渗井是指地面以下用以排除地面雨水、积水或管道污水的井。水流入井内后逐渐自行渗入地层。

3）铸铁盖板（带座）安装以套计算。

10. 石砌护坡

1）石砌护坡按设计图示尺寸，以立方米计算。

2）乱毛石表面处理，按所处理的乱石表面积或延长米，以平方米或延长米计算。

11. 砖地沟

1）垫层铺设按照基础垫层相关规定计算。

2）砖地沟按图示尺寸，以立方米计算。

3）抹灰按零星抹灰项目计算。

12. 轻质墙板

按设计图示尺寸，以平方米计算。

第三节　砌筑工程工程量清单项目设置规则及说明

一、砖砌体

砖砌体工程量清单项目设置、项目特征描述的内容、计量单位及工程量计算规则,应按表 9-6 的规定执行。

表 9-6　砖砌体(编号:010401)

项目编码	项目名称	项目特征	计量单位	工程量计算规则	工作内容
010401001	砖基础	1. 砖品种、规格、强度等级 2. 基础类型 3. 砂浆强度等级 4. 防潮层材料种类	m³	按设计图示尺寸以体积计算 包括附墙垛基础宽出部分体积,扣除地梁(圈梁)、构造柱所占体积,不扣除基础大放脚 T 形接头处的重叠部分及嵌入基础内的钢筋、铁件、管道、基础砂浆防潮层和单个面积≤0.3m² 的孔洞所占体积,靠墙暖气沟的挑檐不增加 基础长度:外墙按外墙中心线,内墙按内墙净长线计算	1. 砂浆制作、运输 2. 砌砖 3. 防潮层铺设 4. 材料运输
010401002	砖砌挖孔桩护壁	1. 砖品种、规格、强度等级 2. 砂浆强度等级		按设计图示尺寸以立方米计算	1. 砂浆制作、运输 2. 砌砖 3. 材料运输

续表 9-6

项目编码	项目名称	项目特征	计量单位	工程量计算规则	工作内容
010401003	实心砖墙	1. 砖品种、规格、强度等级 2. 墙体类型 3. 砂浆强度等级、配合比	m³	按设计图示尺寸以体积计算 扣除门窗、洞口、嵌入墙内的钢筋混凝土柱、梁、圈梁、挑梁、过梁及凹进墙内的壁龛、管槽、暖气槽、消火栓箱所占体积，不扣除梁头、板头、檩头、垫木、木楞头、沿缘木、木砖、门窗走头、砖墙内加固钢筋、木筋、铁件、钢管及单个面积≤0.3m² 的孔洞所占的体积。凸出墙面有的腰线、挑檐、压顶、窗台线、虎头砖、门窗套的体积亦不增加。凸出墙面的砖垛并入墙体体积内计算 1. 墙长度：外墙按中心线、内墙按净长计算 2. 墙高度： (1)外墙：斜(坡)屋面无檐口天棚者算至屋面板底；有屋架且室内外均有天棚者算至屋架下弦底另加 200mm；无天棚者算至屋架下弦底另加 300mm，出檐宽度超过 600mm 时按实砌高度计算；与钢筋混凝土楼板隔层者算至板顶。平屋顶算至钢筋混凝土板底 (2)内墙：位于屋架下弦者，算至屋架下弦底；无屋架者算至天棚底另加 100mm；有钢筋混凝土楼板隔层者算至楼板顶；有框架梁时算至梁底 (3)女儿墙：从屋面板上表面算至女儿墙顶面(如有混凝土压顶时算至压顶下表面) (4)内、外山墙：按其平均高度计算 3. 框架间墙：不分内外墙按墙体净尺寸以体积计算 4. 围墙：高度算至压顶上表面(如有混凝土压顶时算至压顶下表面)，围墙柱并入围墙体积内	1. 砂浆制作、运输 2. 砌砖 3. 刮缝 4. 砖压顶砌筑 5. 材料运输
010401004	多孔砖墙				
010401005	空心砖墙				

续表 9-6

项目编码	项目名称	项目特征	计量单位	工程量计算规则	工作内容
010401006	空斗墙	1. 砖品种、规格、强度等级 2. 墙体类型 3. 砂浆强度等级、配合比	m³	按设计图示尺寸以空斗墙外形体积计算。墙角、内外墙交接处、门窗洞口立边、窗台砖、屋檐处的实砌部分体积并入空斗墙体积内	1. 砂浆制作、运输 2. 砌砖 3. 装填充料 4. 刮缝 5. 材料运输
010401007	空花墙			按设计图示尺寸以空花部分外形体积计算,不扣除空洞部分体积	
010401008	填充墙	1. 砖品种、规格、强度等级 2. 墙体类型 3. 填充材料种类及厚度 4. 砂浆强度等级、配合比		按设计图示尺寸以填充墙外形体积计算	
010401009	实心砖柱	1. 砖品种、规格、强度等级 2. 柱类型 3. 砂浆强度等级、配合比		按设计图示尺寸以体积计算。扣除混凝土及钢筋混凝土梁垫、梁头、板头所占体积	1. 砂浆制作、运输 2. 砌砖 3. 刮缝 4. 材料运输
010401010	多孔砖柱				
010401011	砖检查井	1. 井截面、深度 2. 砖品种、规格、强度等级 3. 垫层材料种类、厚度 4. 底板厚度 5. 井盖安装 6. 混凝土强度等级 7. 砂浆强度等级 8. 防潮层材料种类	座	按设计图示数量计算	1. 砂浆制作、运输 2. 铺设垫层 3. 底板混凝土制作、运输、浇筑、振捣、养护 4. 砌砖 5. 刮缝 6. 井池底、壁抹灰 7. 抹防潮层 8. 材料运输

续表 9-6

项目编码	项目名称	项目特征	计量单位	工程量计算规则	工作内容
010401012	零星砌砖	1. 零星砌砖名称、部位 2. 砖品种、规格、强度等级 3. 砂浆强度等级、配合比	1. m^3 2. m^2 3. m 4. 个	1. 以立方米计量,按设计图示尺寸截面积乘以长度计算 2. 以平方米计量,按设计图示尺寸水平投影面积计算 3. 以米计量,按设计图示尺寸长度计算 4. 以个计量,按设计图示数量计算	1. 砂浆制作、运输 2. 砌砖 3. 刮缝 4. 材料运输
010401013	砖散水、地坪	1. 砖品种、规格、强度等级 2. 垫层材料种类、厚度 3. 散水、地坪厚度 4. 面层种类、厚度 5. 砂浆强度等级	m^2	按设计图示尺寸以面积计算	1. 土方挖、运、填 2. 地基找平、夯实 3. 铺设垫层 4. 砌砖散水、地坪 5. 抹砂浆面层
010401014	砖地沟、明沟	1. 砖品种、规格、强度等级 2. 沟截面尺寸 3. 垫层材料种类、厚度 4. 混凝土强度等级 5. 砂浆强度等级	m	以米计量,按设计图示以中心线长度计算	1. 土方挖、运、填 2. 铺设垫层 3. 底板混凝土制作、运输、浇筑、振捣、养护 4. 砌砖 5. 刮缝、抹灰 6. 材料运输

注:①"砖基础"项目适用于各种类型砖基础:柱基础、墙基础、管道基础等。

②基础与墙(柱)身使用同一种材料时,以设计室内地面为界(有地下室者,以地下室室内设计地面为界),以下为基础,以上为墙(柱)身。基础与墙身使用不同材料时,位于设计室内地面高度≤±300mm 时,以不同材料为分界线,高度>±300mm 时,以设计室内地面为分界线。

③砖围墙以设计室外地坪为界,以下为基础,以上为墙身。

④框架外表面的镶贴砖部分,按零星项目编码列项。

⑤附墙烟囱、通风道、垃圾道应按设计图示尺寸以体积(扣除孔洞所占体积)计算并入所依附的墙体体积内。当设计规定孔洞内需抹灰时,应按零星抹灰项目编码列项。

⑥空斗墙的窗间墙、窗台下、楼板下、梁头下等的实砌部分,按零星砌砖项目编码列项。

⑦"空花墙"项目适用于各种类型的空花墙,使用混凝土花格砌筑的空花墙,实砌墙体与混凝土花格应分别计算,混凝土花格按混凝土及钢筋混凝土中预制构件相关项目编码列项。

⑧台阶、台阶挡墙、梯带、锅台、炉灶、蹲台、池槽、池槽腿、砖胎模、花台、花池、楼梯栏板、阳台栏板、地垄墙、≤0.3m² 的孔洞填塞等,应按零星砌砖项目编码列项。砖砌锅台与炉灶可按外形尺寸以个计算,砖砌台阶可按水平投影面积以平方米计算,小便槽、地垄墙可按长度计算,其他工程以立方米计算。

⑨砖砌体内钢筋加固,应按规范 GB 50500—2013 附录 E 中相关项目编码列项。

⑩砖砌体勾缝按规范 GB 50500—2013 附录 M 中相关项目编码列项。

⑪检查井内的爬梯按 GB 50500—2013 附录 E 中相关项目编码列项;井内的混凝土构件按本规范附录 E 中混凝土及钢筋混凝土预制构件编码列项。

⑫如施工图设计标注做法见标准图集时,应在项目特征描述中注明标注图集的编码、页号及节点大样。

二、砌块砌体

砌块砌体工程量清单项目设置、项目特征描述的内容、计量单位及工程量计算规则,应按表 9-7 的规定执行。

表 9-7 砌块砌体(编号:010402)

项目编码	项目名称	项目特征	计量单位	工程量计算规则	工作内容
010402001	砌块墙	1. 砌块品种、规格、强度等级 2. 墙体类型 3. 砂浆强度等级	m³	按设计图示尺寸以体积计算 扣除门窗、洞口、嵌入墙内的钢筋混凝土柱、梁、圈梁、挑梁、过梁及凹进墙内的壁龛、管槽、暖气槽、消火栓箱所占体积,不扣除梁头、板头、檩头、垫木、木楞头、沿缘木、木砖、门窗走头、砌块墙内加固钢筋、木筋、铁件、钢管及单个面积≤0.3m² 的孔洞所占的体积。凸出墙面的腰线、挑檐、压顶、窗台线、虎头砖、门窗套的体积亦不增加。凸出墙面的砖垛并入墙体体积内计算 1. 墙长度:外墙按中心线、内墙按净长计算 2. 墙高度: (1)外墙:斜(坡)屋面无檐口天棚者算至屋面板底;有屋架且室内外均有天棚者算至屋架下弦底另加 200mm;无天棚者算至屋架下弦底另加 300mm,出檐宽度超过 600mm 时按实砌高度计算;与钢筋混凝土楼板隔层者算至板顶;平屋面算至钢筋混凝土板底 (2)内墙:位于屋架下弦者,算至屋架下弦底;无屋架者算至天棚底另加 100mm;有钢筋混凝土楼板隔层者算至楼板顶;有框架梁时算至梁底 (3)女儿墙:从屋面板上表面算至女儿墙顶面(如有混凝土压顶时算至压顶下表面) (4)内、外山墙:按其平均高度计算 3. 框架间墙:不分内外墙按墙体净尺寸以体积计算 4. 围墙:高度算至压顶上表面(如有混凝土压顶时算至压顶下表面),围墙柱并入围墙体积内	1. 砂浆制作、运输 2. 砌砖、砌块 3. 勾缝 4. 材料运输
010402002	砌块柱			按设计图示尺寸以体积计算 扣除混凝土及钢筋混凝土梁垫、梁头、板头所占体积	

注:①砌体内加筋、墙体拉结的制作、安装,应按规范 GB 50500—2013 附录 E 中相关项目编码列项。

②砌块排列应上、下错缝搭砌,如果搭错缝长度满足不了规定的压搭要求,应采取压砌钢筋网片的措施,具体构造要求按设计规定。若设计无规定时,应注明由投标人根据工程实际情况自行考虑。

③砌体垂直灰缝宽>30mm 时,采用C20 细石混凝土灌实。灌注的混凝土应按相关项目编码列项。

三、石砌体

石砌体工程量清单项目设置、项目特征描述的内容、计量单位及工程量计算规则,应按表 9-8 的规定执行。

表 9-8　石砌体(编号:010403)

项目编码	项目名称	项目特征	计量单位	工程量计算规则	工作内容
010403001	石基础	1. 石料种类、规格 2. 基础类型 3. 砂浆强度等级	m³	按设计图示尺寸以体积计算 包括附墙垛基础宽出部分体积,不扣除基础砂浆防潮层及单个面积≤0.3m²的孔洞所占体积,靠墙暖气沟的挑檐不增加体积。基础长度:外墙按中心线,内墙按净长计算	1. 砂浆制作、运输 2. 吊装 3. 砌石 4. 防潮层铺设 5. 材料运输
010403002	石勒脚			按设计图示尺寸以体积计算,扣除单个面积>0.3m²的孔洞所占的体积	
010403003	石墙	1. 石料种类、规格 2. 石表面加工要求 3. 勾缝要求 4. 砂浆强度等级、配合比	m³	按设计图示尺寸以体积计算 扣除门窗、洞口、嵌入墙内的钢筋混凝土柱、梁、圈梁、挑梁、过梁及凹进墙内的壁龛、管槽、暖气槽、消火栓箱所占体积,不扣除梁头、板头、檩头、垫木、木楞头、沿缘木、木砖、门窗走头、石墙内加固钢筋、木筋、铁件、钢管及单个面积≤0.3m²的孔洞所占的体积。凸出墙面的腰线、挑檐、压顶、窗台线、虎头砖、门窗套的体积亦不增加。凸出墙面的砖垛并入墙体体积内计算 1. 墙长度:外墙按中心线、内墙按净长计算 2. 墙高度: (1)外墙:斜(坡)屋面无檐口天棚者算至屋面板底;有屋架且室内外均有天棚者算至屋架下弦底另加200mm;无天棚者算至屋架下弦底另加300mm,出檐宽度超过600mm时按实砌高度计算;有钢筋混凝土楼板隔层者算至板顶;平屋顶算至钢筋混凝土板底 (2)内墙:位于屋架下弦者,算至屋架下弦底;无屋架者算至天棚底另加100mm;有钢筋混凝土楼板隔层者算至楼板顶;有框架梁时算至梁底	1. 砂浆制作、运输 2. 吊装 3. 砌石 4. 石表面加工 5. 勾缝 6. 材料运输

续表 9-8

项目编码	项目名称	项目特征	计量单位	工程量计算规则	工作内容
010403003	石墙		m³	(3)女儿墙:从屋面板上表面算至女儿墙顶面(如有混凝土压顶时算至压顶下表面) (4)内、外山墙:按其平均高度计算 3.围墙:高度算至压顶上表面(如有混凝土压顶时算至压顶下表面),围墙柱并入围墙体积内	1. 砂浆制作、运输 2. 吊装 3. 砌石 4. 石表面加工 5. 勾缝 6. 材料运输
010403004	石挡土墙	1. 石料种类、规格 2. 石表面加工要求 3. 勾缝要求 4. 砂浆强度等级、配合比		按设计图示尺寸以体积计算	1. 砂浆制作、运输 2. 吊装 3. 砌石 4. 变形缝、泄水孔、压顶抹灰 5. 滤水层 6. 勾缝 7. 材料运输
010403005	石柱				1. 砂浆制作、运输 2. 吊装 3. 砌石 4. 石表面加工 5. 勾缝 6. 材料运输
010403006	石栏杆		m	按设计图示以长度计算	
010403007	石护坡		m³	按设计图示尺寸以体积计算	
010403008	石台阶	1. 垫层材料种类、厚度 2. 石料种类、规格 3. 护坡厚度、高度 4. 石表面加工要求 5. 勾缝要求 6. 砂浆强度等级、配合比			1. 铺设垫层 2. 石料加工 3. 砂浆制作、运输 4. 砌石 5. 石表面加工 6. 勾缝 7. 材料运输
010403009	石坡道		m²	按设计图示以水平投影面积计算	

续表 9-8

项目编码	项目名称	项目特征	计量单位	工程量计算规则	工作内容
010403010	石地沟、明沟	1. 沟截面尺寸 3. 土壤类别、运距 4. 垫层材料种类、厚度 5. 石料种类、规格 6. 石表面加工要求 7. 勾缝要求 8. 砂浆强度等级、配合比	m	按设计图示以中心线长度计算	1. 土方挖、运 2. 砂浆制作、运输 3. 铺设垫层 4. 砌石 5. 石表面加工 6. 勾缝 7. 回填 8. 材料运输

注：①石基础、石勒脚、石墙的划分：基础与勒脚应以设计室外地坪为界。勒脚与墙身应以设计室内地面为界。石围墙内外地坪标高不同时，应以较低地坪标高为界，以下为基础；内外标高之差为挡土墙时，挡土墙以上为墙身。

②"石基础"项目适用于各种规格（粗料石、细料石等）、各种材质（砂石、青石等）和各种类型（柱基、墙基、直形、弧形等）基础。

③"石勒脚""石墙"项目适用于各种规格（粗料石、细料石等）、各种材质（砂石、青石、大理石、花岗石等）和各种类型（直形、弧形）勒脚和墙体。

④"石挡土墙"项目适用于各种规格（粗料石、细料石、块石、毛石、卵石等）、各种材质（砂石、青石、石灰石等）和各种类型（直形、弧形、台阶形等）挡土墙。

⑤"石柱"项目适用于各种规格、各种石质、各种类型的石柱。

⑥"石栏杆"项目适用于无雕饰的一般石栏杆。

⑦"石护坡"项目适用于各种石质和各种石料（粗料石、细料石、片石、块石、毛石、卵石等）。

⑧"石台阶"项目包括石梯带（垂带），不包括石梯膀，石梯膀应按石挡土墙项目编码列项。

⑨如施工图设计标注做法见标准图集时，应在项目特征描述中注明标注图集的编码、页号及节点大样。

四、垫层

垫层工程量清单项目设置、项目特征描述的内容、计量单位及工程量计算规则，应按表 9-9 的规定执行。

表 9-9　垫层（编号：010404）

项目编码	项目名称	项目特征	计量单位	工程量计算规则	工作内容
010404001	垫层	垫层材料种类、配合比、厚度	m³	按设计图示尺寸以立方米计算	1. 垫层材料的拌制 2. 垫层铺设 3. 材料运输

注：除混凝土垫层应按规范 GB 50500—2013 附录 E 中相关项目编码列项外，没有包括垫层要求的清单项目应按本表垫层项目编码列项。

五、砌筑工程工程量计算示例

1）标准砖尺寸应为 240mm×115mm×53mm。

2）标准砖墙厚度应按表 9-10 计算。

表 9-10　标准墙计算厚度表

砖数（厚度）	1/4	1/2	3/4	1	$1\frac{1}{2}$	2	$2\frac{1}{2}$	3
计算厚度（mm）	53	115	180	240	365	490	615	740

【示例】　有一建筑物实心外墙，高 6m，墙厚为 365mm，中心线长度为 80.08m，如设此

外墙墙垛为 10 个,且墙垛的平面尺寸为 370mm×240mm,试计算此建筑物外墙的清单工程量。

解：依据题意得：

外墙＝$V_{墙体}$＋$V_{墙垛}$

$$V_{墙垛}=80.08×0.365×6=175.38m^3$$

$$V_{墙垛}=0.365×0.24×6×10=5.26m^3$$

所以，$V_{外墙}=175.38+5.26=180.64m^3$

【示例】 ××工程按设计规定采用毛石基础,如图 9-43 所示,求其工程量。

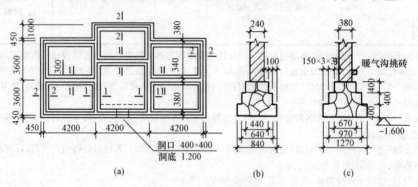

图 9-43　××工程示意图

(a)平面图　(b)1—1 剖面图　(c)2—2 剖面图

解：工程量清单与定额工程量计算规则相同。

$$L_{1-1}=(4.2+3.6+4.2+0.45×2+3.6+1.0+0.45×2)×2-0.38×4$$
$$=35.28m$$

$$L_{2-2}=(4.2-0.24)×2+(30-0.24)+(7.2-0.24×2)=44.4m$$

$$V_{1-1}=(0.44+0.64+0.84)×0.4×44.4=34.1m^3$$

$$V_{2-2}=(0.67+0.97+1.27)×0.4×35.28=36.69m^3$$

内外墙毛石基础工程量合计：

$$V=V_{1-1}+V_{2-2}=34.1+36.69=70.79m^3$$

工程量清单计算,见表 9-11。

表 9-11　工程量清单计算表

项目编码	项目名称	项目特征描述	计量单位	工程量
010403001	石基础	毛石基础,基础深 1.2m	m³	70.79

【示例】 某工程设计有断面为 450mm×450mm 的清水整毛石柱四根,水泥砂浆 M7.5 砌筑。柱高 4.0m,每根柱均有断面为 250mm×450mm 的钢筋混凝土梁穿过。清水整毛石柱面设计采用水泥砂浆勾平缝。试编制该石柱的工程量清单并报价。

解： 1. 工程量清单编制

石柱的清单工程量为:$(0.45×0.45×4.0-0.25×0.45×0.45)×4=3.04m^3$

编制工程量清单表见表 9-12。

表 9-12　工程量清单表

序号	项目编码	项目名称	项目特征描述	计量单位	工程量	金额(元)		其中:暂估价
						综合单价	合价	
1	010305005001	石柱	(1)勾缝要求:平缝 (2)砂浆强度等级、配合比:水泥砂浆 M7.5 (3)柱截面:450mm×450mm (4)石料种类、规格:方整石	m³	3.04			

2. 工程量清单计价单价分析

石柱项目发生的工程内容有:

1)清水整毛石柱:工程量同清单 3.04m。

2)整毛石外墙面水泥砂浆平缝:0.45×4×4.0×4=28.8m²

清单计价分析见表 9-13。

表 9-13　清单计价表

序号	项目编码	项目名称	计量单位	工程量	综合单价组成					综合单价	合计
					人工费	材料费	机械使用费	企业管理费	利润		
1	010403005	石柱	m³	3.04							
1.1	010403005001	清水整毛石柱	m³	3.04	141.04	321.48	0.26	24.02	9.74	496.54	1509
1.2	010403005002	整毛石外墙面水泥砂浆平缝	m²	28.8	3.90	1.13	0.01	0.43	0.11	5.58	161
	合计										1670

3. 分部分项清单计价表

分部分项清单计价见表 9-14。

表 9-14　分部分项清单计价表

序号	项目编码	项目名称	项目特征描述	计量单位	工程量	金额(元)		其中:暂估价
						综合单价	合价	
1	010403005	石柱	(1)勾缝要求:平缝 (2)砂浆强度等级、配合比:水泥砂浆 M7.5 (3)柱截面:450mm×450mm (4)石料种类、规格:方整石	m³	3.04	549.34	1670	

第十章 混凝土及钢筋混凝土工程 工程量相关规定及计算

第一节 混凝土及钢筋混凝土工程工程量计算

一、现浇混凝土

1. 计算规定

混凝土工程工程量除另有规定者外，均按图示尺寸实体体积以立方米计算。不扣除构件内钢筋、预埋铁件及墙、板中 $0.3m^2$ 内的孔洞所占体积。

2. 基础

现浇混凝土基础如图 10-1～图 10-5 所示。

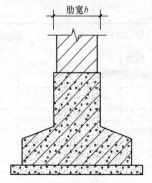

图 10-1 有肋带形基础

$h/b > 4$ 时，肋按墙计算

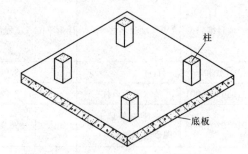

图 10-2 板式(筏形)满堂基础

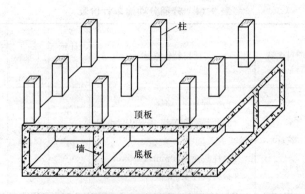

图 10-3 箱形满堂基础

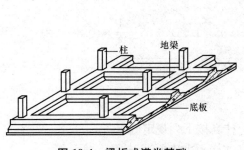

图 10-4　梁板式满堂基础

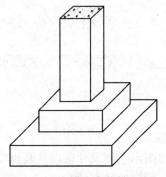

图 10-5　钢筋混凝土独立基础

1)有肋带形混凝土基础(图 10-1),其肋高与肋宽之比在 4:1 以内的,按有肋带形基础计算;超过 4:1 时,其基础底板按板式基础计算,以上部分按墙计算。

2)箱形满堂基础应分别按无梁式满堂基础、柱、墙、梁、板有关规定计算,套相应定额项目(图 10-3)。

3)设备基础除块体外,其他类型设备基础分别按基础、梁、柱、板、墙等有关规定计算,套相应的定额项目。

4)独立基础。钢筋混凝土独立基础与柱在基础上表面分界,如图 10-5 所示。

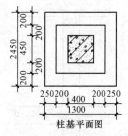

图 10-6　柱基示意图

【示例】　根据图 10-6 计算 5 个钢筋混凝土独立柱基工程量。

解:$V = [1.30 \times 1.25 \times 0.30 + (0.2 + 0.4 + 0.2) \times (0.2 + 0.45 + 0.2) \times 0.25] \times 3$

$= (0.488 + 0.170) \times 3$

$= 3.28 \text{m}^3$

5)杯形基础。现浇钢筋混凝土杯形基础(图 10-7)的工程量分四个部分计算:

①底部立方体;②中部棱台体;③上部立方体;④最后扣除杯口空心棱台体。

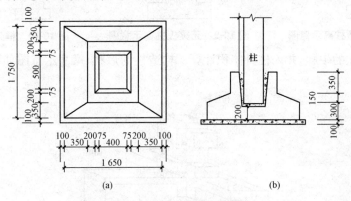

(a)　　　　　　　　　　　　(b)

图 10-7　杯形基础示意图

(a)平面图　(b)剖面图

【示例】　根据图 10-7 计算现浇钢筋混凝土杯形基础工程量。

解:$V =$ 下部立方体＋中部棱台体＋上部立方体－杯口空心棱台体

$$=1.65\times1.75\times0.30+\frac{1}{3}\times0.15\times[1.65\times1.75+0.95\times1.05+$$

$$\sqrt{(1.65\times1.75)\times(0.95\times1.05)}]+0.95\times1.05\times0.35-\frac{1}{3}\times(0.8-0.2)\times$$

$$[0.4\times0.5+0.55\times0.65+\sqrt{(0.4\times0.5)\times(0.55\times0.65)}]$$

$$=1.33m^3$$

3. 柱

柱按图示断面尺寸乘以柱高以立方米计算。柱高按下列规定确定：

1）有梁板的柱高（图 10-8），应自柱基上表面（或楼板上表面）至柱顶高度计算。

2）无梁板的柱高（图 10-9），应自柱基上表面（或楼板上表面）至柱帽下表面之间的高度计算。

3）框架柱的柱高（图 10-10），应自柱基上表面至柱顶高度计算。

4）构造柱按全高计算，与砖墙嵌接部分的体积并入柱身体积内计算。

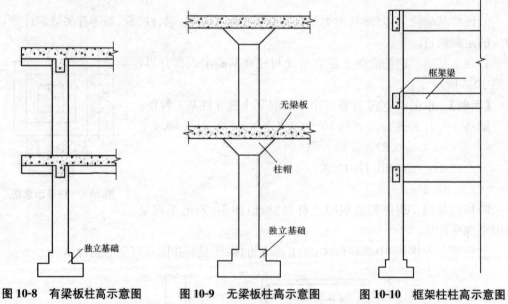

图 10-8　有梁板柱高示意图　　　图 10-9　无梁板柱高示意图　　　图 10-10　框架柱柱高示意图

5）依附柱上的牛腿，并入柱身体积计算。构造柱的形状、尺寸示意图如图 10-11、图 10-12 所示。

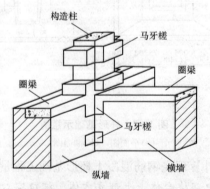

图 10-11　构造柱与砖墙嵌接部分体积（马牙槎）示意图

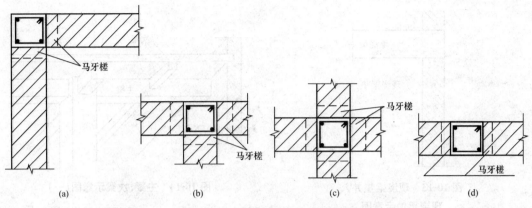

图 10-12　不同平面形状构造柱示意图
(a) 90°转角　(b)T 形接头　(c)十字形接头　(d)一字形

构造柱体积计算公式：

当墙厚为 240mm 时：

$$V=构造柱高×(0.24×0.24+0.03×0.24×马牙槎边数)$$

【示例】　根据下列数据计算构造柱体积。

90°转角形:墙厚 240,柱高 14.0m

T 形接头:墙厚 240,柱高 16.0m

十字形接头:墙厚 365,柱高 18.0m

一字形:墙厚 240,柱高 10.0m

解:(1) 90°转角

$$V=14.0×(0.24×0.24+0.03×0.24×2 边)$$
$$=1.008m^3$$

(2)T 形

$$V=16.0×(0.24×0.24+0.03×0.24×3 边)$$
$$=1.27m^3$$

(3)十字形

$$V=20.0×(0.365×0.365+0.03×0.365×4 边)$$
$$=3.53m^3$$

(4)一字形

$$V=10.0×(0.24×0.24+0.03×0.24×2 边)$$
$$=0.72m^3$$

小计:0.864+1.188+3.186+0.684=5.92m³

4. 梁

现浇梁如图 10-13～图 10-15 所示。

梁按图示断面尺寸乘以梁长以立方米计算,梁长按下列规定确定:

1)梁与柱连接时,梁长算至柱侧面。

2)主梁与次梁连接时,次梁长算至主梁侧面。

3)伸入墙内梁头、梁垫体积并入梁体积内计算。

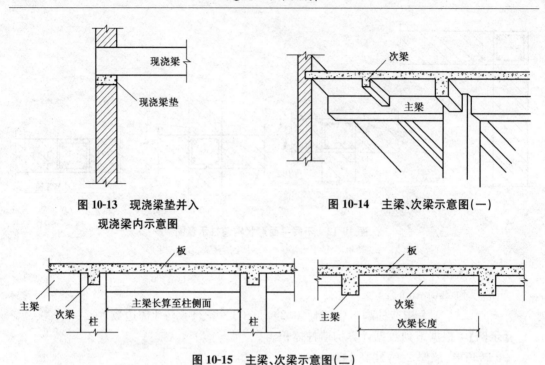

图 10-13　现浇梁垫并入
现浇梁内示意图

图 10-14　主梁、次梁示意图(一)

图 10-15　主梁、次梁示意图(二)

5. 板

现浇板按图示面积乘以板厚以立方米计算。

1)有梁板包括主、次梁与板,按梁板体积之和计算。

2)无梁板按板和柱帽体积之和计算。

3)平板按板实体积计算。

4)现浇挑檐、天沟与板(包括屋面板、楼板)连接时,以外墙为分界线,与圈梁(包括其他梁)连接时,以梁外边线为分界线。外墙边线以外或梁外边线以外为挑檐、天沟(图 10-16)。

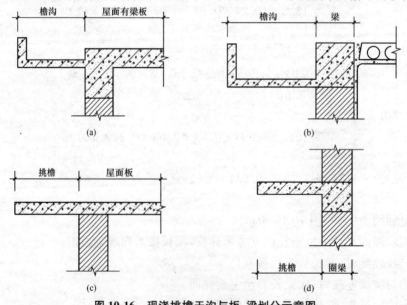

图 10-16　现浇挑檐天沟与板、梁划分示意图

(a)屋面檐沟　(b)屋面檐沟　(c)屋面挑檐　(d)挑檐

5)各类板伸入墙内的板头并入板体积内计算。

6. 墙

现浇钢筋混凝土墙按图示中心线长度乘以墙高及厚度,以立方米计算。应扣除门窗洞口及 $0.3m^2$ 以外孔洞的体积,墙垛及突出部分并入墙体积内计算。

7. 整体楼梯

现浇钢筋混凝土整体楼梯,包括休息平台、平台梁、斜梁及楼梯的连接梁,按水平投影面积计算,不扣除宽度小于 500mm 的楼梯井,伸入墙内部分不另增加。

说明:平台梁、斜梁比楼梯板厚,好像少算了;不扣除宽度小于 500mm 楼梯井,好像多算了;伸入墙内部分不另增加等等。

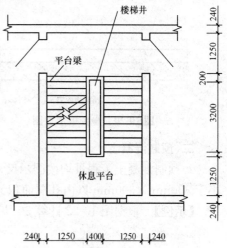

图 10-17　楼梯平面图

【示例】　某工程现浇钢筋混凝土楼梯(图 10-17)包括休息平台至平台梁,试计算该楼梯工程量(建筑物 5 层,共 4 层楼梯)。

解:$S = (1.23+0.50+1.23) \times (1.23+3.00+0.20) \times 4$

$= 2.96 \times 4.43 \times 4 = 13.113 \times 4 = 52.45m^2$

8. 阳台、雨篷(悬挑板)

阳台、雨篷(悬挑板),按伸出外墙的水平投影面积计算,伸出外墙的牛腿不另计算。带反挑檐的雨篷按展开面积并入雨篷内计算。各示意图如图 10-18、图 10-19 所示。

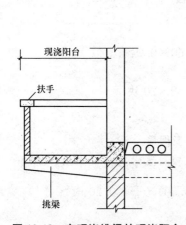

图 10-18　有现浇挑梁的现浇阳台

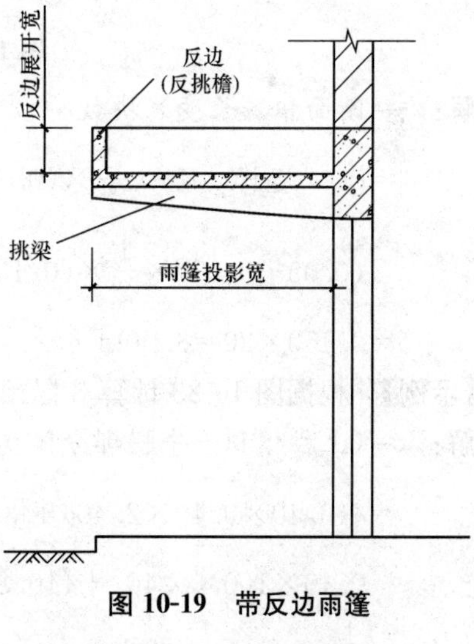

图 10-19　带反边雨篷

9. 栏杆、栏板

栏杆按净长度以延长米计算。伸入墙内的长度已综合在定额内。栏板以立方米计算,伸入墙内的栏板,合并计算。

10. 预制板

预制板补现浇板缝时,按平板计算。

11. 预制钢筋混凝土框架柱现浇接头（包括梁接头）

按设计规定断面和长度以立方米计算。

12. 现浇叠合板、梁

现浇叠合板、梁示意如图 10-20、图 10-21 所示。

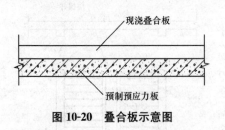

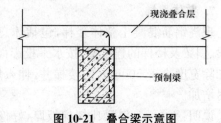

图 10-20　叠合板示意图　　　　　　图 10-21　叠合梁示意图

二、预制混凝土

1）预制混凝土工程量均按图示尺寸实体体积以立方米计算，不扣除构件内钢筋、铁件及小于 300mm×300mm 以内孔洞面积。

【示例】　根据图 10-22 计算 20 块预制天沟板的工程量。

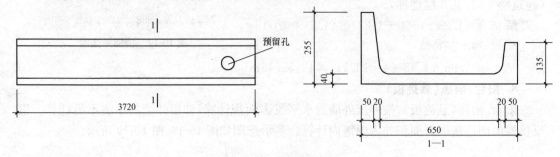

图 10-22　预制天沟板

解：V ＝断面积×长度×块数

$$=[(0.05+0.07)\times\frac{1}{2}\times(0.25-0.04)+0.60\times0.04+$$

$$(0.05+0.07)\times\frac{1}{2}\times(0.13-0.04)]\times3.58\times20\ 块$$

$$=0.150\times20=3.00\text{m}^3$$

【示例】　根据图 10-23 计算 8 根预制工字形柱的工程量。

解：V ＝（上柱体积＋牛腿部分体积＋下柱外形体积－工字形槽口体积）×根数

$$=\{(0.40\times0.40\times2.40)+[0.40\times(1.0+0.80)\times\frac{1}{2}\times0.20+$$

$$0.40\times1.0\times0.40]+(10.8\times0.80\times0.40)-$$

$$\frac{1}{2}\times(8.5\times0.50+8.45\times0.45)\times0.15\times2\ 边\}\times8$$

$$=(0.384+0.232+3.456-1.208)\times8$$

$$=2.864\times8$$

$$=22.91\text{m}^3$$

2）预制桩按桩全长（包括桩尖）乘以桩断面（空心桩应扣除孔洞体积）以立方米计算。

3)混凝土与钢杆件组合的构件,混凝土部分按构件实体积以立方米计算,钢构件部分按吨计算,分别套相应的定额项目。

三、钢筋

1. 钢筋工程量有关规定

1)钢筋工程应区别现浇、预制构件、不同钢种和规格,分别按设计长度乘以单位质量,以 t 计算。

2)计算钢筋工程量时,设计已规定钢筋搭接长度的,按规定搭接长度计算;某些地区预算定额规定,设计未规定搭接长度的,已包括在预算定额的钢筋损耗率内,不另计算搭接长度。

2. 钢筋长度的确定

钢筋长＝构件长－保护层厚度×2＋弯钩长×2＋弯起钢筋增加值 $\Delta L \times 2$

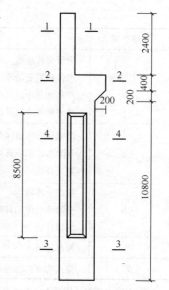

图 10-23　预制工字形柱

1)钢筋的混凝土保护层。受力钢筋的混凝土保护层,应符合设计要求;当设计无具体要求时,不应小于受力钢筋直径,并应符合表 10-1 的要求。

表 10-1　混凝土保护层的最小厚度　　　　　　　　　　　　（mm）

环境类别	板、墙	梁、柱	环境类别	板、墙	梁、柱
一	15	20	三 a	30	40
二 a	20	25	三 b	40	50
二 b	25	35			

注:①表中混凝土保护层厚度指最外层钢筋外边缘至混凝土表面的距离,适用于设计使用年限为 50 年的混凝土结构。
　②构件中受力钢筋的保护层厚度不应小于钢筋的公称直径。
　③设计使用年限为 100 年的混凝土结构,一类环境中,最外层钢筋的保护层厚度不应小于表中数值的 1.4 倍;二、三类环境中,应采取专门的有效措施。
　④混凝土强度等级不大于 C25 时,表中保护层厚度数值应增加 5。
　⑤基础底面钢筋的保护层厚度,有混凝土垫层时应从垫层顶面算起,且不应小于 40mm。

2)混凝土结构环境类别见表 10-2。

3)纵向钢筋弯钩长度计算。HPB300 级钢筋末端需要做 180°弯钩时,其圆弧弯曲直径 D 不应小于钢筋直径 d 的 2.5 倍,平直部分长度不宜小于钢筋直径 d 的 3 倍(图 10-24);HRB335 级、HRB400 级钢筋的弯弧内直径不应小于钢筋直径的 4 倍,弯钩的弯后平直部分应符合设计要求。

表 10-2　混凝土结构的环境类别

环境类别	条　件
一	室内干燥环境 无侵蚀性静水浸没环境
二 a	室内潮湿环境 非严寒和非寒冷地区的露光环境 非严寒和非寒冷地区与无侵蚀性的水或土壤直接接触的环境 严寒和寒冷地区的冰冻线以下与无侵蚀性的水或土壤直接接触的环境

续表 10-2

环境类别	条　件
二 b	于湿交替环境 水位频繁变动环境 严寒和寒冷地区的露天环境 严寒和寒冷地区冰冻线以上与无侵蚀性的水或土壤直接接触的环境
三 a	严寒和寒冷地区冬季水位变动区环境 受除冰盐影响环境 海风环境
三 b	盐渍土环境 受除冰盐作用环境 海岸环境
四	海水环境
五	受人为或自然的侵蚀性物质影响的环境

注：①室内潮湿环境是指构件表面经常处于结露或湿润状态的环境。

②严寒和寒冷地区的划分应符合现行国家标准《民用建筑热工设计规范》CB 50176 的有关规定。

③海岸环境和海风环境宜根据当地情况，考虑主导风向及结构所处迎风、背风部位等因素的影响，由调查研究和工程经验确定。

④受除冰盐影响环境是指受到除冰盐盐雾影响的环境；受除冰盐作用环境是指被除冰盐溶液溅射的环境以及使用除冰盐地区的洗车房、停车楼等建筑。

⑤暴露的环境是指混凝土结构表面所处的环境。

①钢筋弯钩增加长度基本公式如下：

$$L_x = \left(\frac{n}{2}d + \frac{d}{2}\right)\pi \times \frac{x}{180°} + zd - \left(\frac{n}{2}d + d\right)$$

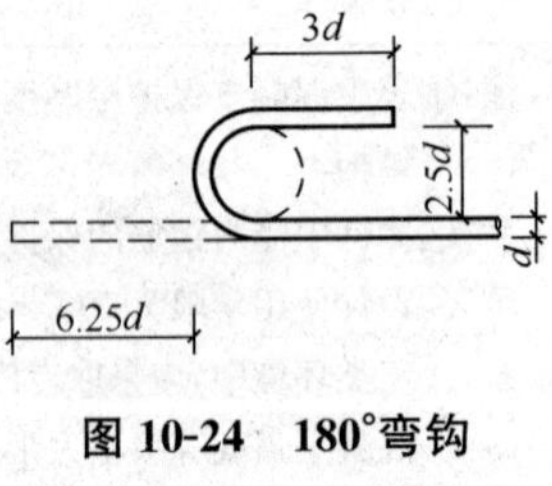

式中　L——钢筋弯钩增加长度，mm；

　　　n——弯钩弯心直径的倍数值；

　　　d——钢筋直径，mm；

　　　x——弯钩角度；

　　　z——以 d 为基础的弯钩末端平直长度系数，mm。

图 10-24　180°弯钩

②纵向钢筋 180°弯钩增加长度（当弯心直径＝2.5d，z＝3 时）的计算。根据图 10-24 和基本公式计算 180°弯钩增加长度。

$$\begin{aligned}
L_{180} &= \left(\frac{2.5}{2}d + \frac{d}{2}\right)\pi \times \frac{180°}{180°} + 3d - \left(\frac{2.5}{2}d + d\right) \\
&= 1.75d\pi \times 1 + 3d - 2.25d \\
&= 5.498d + 0.75d \\
&= 6.248d
\end{aligned}$$

取值为 6.25d。

③纵向钢筋 90°弯钩（当弯心直径＝4d，z＝12 时）的计算。根据图 10-25a 和基本公式计算 90°弯钩增加长度。

$$L_{90} = \left(\frac{4}{2}d + \frac{d}{2}\right)\pi \times \frac{90}{180°} + 12d - \left(\frac{4}{2}d + d\right)$$

$$=2.5d\pi\times\frac{1}{2}+12d-3d$$
$$=3.927d+9d$$
$$=12.927$$

取值为 12.93d。

④纵向钢筋 135°弯钩(当弯心直径＝4d，z＝5 时)的计算。根据图 10-25b 和基本公式计算 90°弯钩增加长度。

$$L_{135}=\left(\frac{4}{2}d+\frac{d}{2}\right)\pi\times\frac{135°}{180°}+5d-\left(\frac{4}{2}d+d\right)$$
$$=2.5d\pi\times0.75+5d-3d$$
$$=5.891d+2d$$
$$=7.891$$

取值为 7.89d。

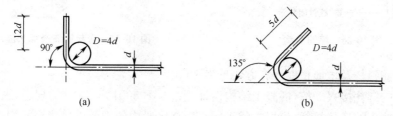

图 10-25　90°和 135°弯钩

(a)末端带 90°弯钩　(b)末端带 135°弯钩

4)箍筋弯钩。箍筋的末端应作弯钩，弯钩形式应符合设计要求。当设计无具体要求时，用 HPB300 级钢筋或冷拔低碳钢丝制作的箍筋，其弯钩的弯曲直径应大于受力钢筋直径，且不小于箍筋直径的 2.5 倍。弯钩平直部分的长度，对一般结构，不宜小于箍筋直径的 5 倍;对有抗震要求的结构，不应小于箍筋直径的 10 倍(图 10-26)。

①箍筋 135°弯钩(当弯心直径＝2.5d，z＝5 时)的计算。根据图 10-26 和基本公式计算 135°弯钩增加长度。

$$L_{135}=\left(\frac{2.5}{2}d+\frac{d}{2}\right)\pi\times\frac{135°}{180°}+5d-\left(\frac{2.5}{2}d+d\right)$$
$$=1.75d\pi\times0.75+5d-2.25d$$
$$=4.123d+2.75d$$
$$=6.873d$$

取值为 6.87d。

②箍筋 135°弯钩(当弯心直径＝2.5d，z＝10 时)的计算。根据图 10-26 和基本公式计算 135°弯钩增加长度。

$$L_{135}=\left(\frac{2.5}{2}d+\frac{d}{2}\right)\pi\times\frac{135°}{180°}+10d-\left(\frac{2.5}{2}d+d\right)$$
$$=1.75d\pi\times0.75+10d-2.25d$$
$$=4.123d+7.75d$$
$$=11.873d$$

取值为 11.89d。

5)弯起钢筋增加长度。弯起钢筋的弯起角度,一般有 30°、45°、60°三种,其弯起增加值是指斜长与水平投影长度之间的差值,如图 10-27 所示。

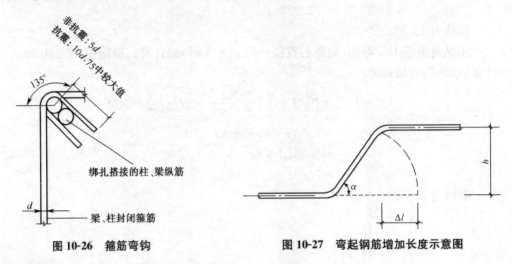

图 10-26　箍筋弯钩　　　　　　图 10-27　弯起钢筋增加长度示意图

弯起钢筋斜长及增加长度计算方法见表 10-3。

6)钢筋的绑扎接兴。按《混凝土结构设计规范》GB 50010—2010 的规定,纵向受拉钢筋的绑扎搭接接头的搭接长度,应根据位于同一连接区段内的钢筋搭接接头面积百分率,且不应小于 300mm,按表 10-4 中规定计算。

表 10-3　弯起钢筋斜长及增加长度计算表

形状		30°	45°	60°
计算方法	斜边长 s	$2h$	$1.414h$	$1.155h$
	增加长度 $s-l=\Delta l$	$0.268h$	$0.414h$	$0.577h$

表 10-4　纵向受拉钢筋的绑扎搭接接头的搭接长度

纵向受拉钢筋绑扎搭接长度 l_l、l_{lE}				注:
抗震	非抗震			1. 当直径不同的钢筋搭接时,l_l、l_{lE} 按直径较小的钢筋计算
$l_{lE}=\zeta_l l_{aE}$	$l_l=\zeta_l l_a$			2. 任何情况下不应小于 300mm
纵向受拉钢筋搭接长度修正系数 ζ_l				3. 式中 ζ_l 为纵向受拉钢筋搭接长度修正系数
纵向钢筋搭接接头面积百分率（%）	≤25	50	100	当纵向钢筋搭接接头百分率为表的中间值时,可按内插法取值
ζ_l	1.2	1.4	1.6	

3. 钢筋锚固

钢筋的锚固长度是指受力钢筋依靠其表面与混凝土的粘结作用或端部构造的挤压作用而达到设计承受应力所需的长度。

根据 11G101-1 标准图规定,钢筋的锚固长度应按表 10-5～表 10-7 的要求计算。

表 10-5　受拉钢筋基本锚固长度 l_{ab}、l_{abE}

钢筋种类	抗震等级	混凝土强度等级								
		C20	C25	C30	C35	C40	C45	C50	C55	≥C60
HPB300	一、二级(l_{abE})	45d	39d	35d	32d	29d	28d	26d	25d	24d
	三级(l_{abE})	41d	36d	32d	29d	26d	25d	24d	23d	22d
	四级(l_{abE}) 非抗震(l_{ab})	39d	34d	30d	28d	25d	24d	23d	22d	21d
HRB335 HRBF335	一、二级(l_{abE})	44d	38d	33d	31d	29d	26d	25d	24d	24d
	三级(l_{abE})	40d	35d	31d	28d	26d	24d	23d	22d	22d
	四级(l_{abE}) 非抗震(l_{ab})	38d	33d	29d	27d	25d	23d	22d	21d	21d
HRB400 HRBF400 RRB400	一、二级(l_{abE})	—	46d	40d	37d	33d	32d	31d	30d	29d
	三级(l_{abE})		42d	37d	34d	30d	29d	28d	27d	26d
	四级(l_{abE}) 非抗震(l_{ab})		40d	35d	32d	29d	28d	27d	26d	25d
HRB500 HRBF500	一、二级(l_{abE})	—	55d	49d	45d	41d	39d	37d	36d	35d
	三级(l_{abE})		50d	45d	41d	38d	36d	34d	33d	32d
	四级(l_{abE}) 非抗震(l_{ab})		48d	43d	39d	36d	34d	32d	31d	30d

表 10-6　受拉钢筋锚固长度 l_a、抗震锚固长度 l_{aE}

非抗震	抗震	备　注
$l_a = \zeta_a l_{ab}$	$l_{aE} = \zeta_{aE} l_a$	1. l_a 不应小于 200 mm 2. 锚固长度修正系数 ζ_a 按表 1.6 取用,当多于一项时,可按连乘计算,但不应小于 0.6 3. ζ_{aE} 为抗震锚固长度修正系数,对一、二级抗震等级取 1.15,对三级抗震等级取 1.05,对四级抗震等级取 1.00

表 10-7　受拉钢筋锚固长度修正系数 ζ_a

锚固条件		ζ_a	备　注
带肋钢筋的公称直径大于 25 mm		1.10	
环氧树脂涂层带肋钢筋		1.25	—
施工过程中易受扰动的钢筋		1.10	
锚固区保护层厚度	3d	0.80	中间值按内插法取值,d 为锚固钢筋直径
	5d	0.70	

4. 钢筋质量计算

1)钢筋理论质量计算公式:

$$钢筋理论质量＝钢筋长度×每米质量$$

式中　每米质量——每米钢筋的质量,kg/m;

　　　　d——以 mm 为单位的钢筋直径。

2)钢筋工程量计算公式:

$$钢筋工程量＝钢筋分规格长×分规格每米质量$$

5. 钢筋工程量计算实例

【示例】　某建筑工程用 $\phi 6$ 螺距为 150mm 的螺旋形钢筋作为圆柱箍筋,此工程的设计圆柱的直径为 900mm,高 1m,共有 18 根,试计算此 18 根箍筋的总长度。

解:依据题意,设圆柱高为 H,直径为 D,螺距为 b,则:

$$
\begin{aligned}
L_{箍筋} &= H \times \sqrt{1 + [\pi(D-0.05)/b]^2} \\
&= 10 \times \sqrt{1 + [3.14 \times (0.9-0.05)/0.15]^2} \\
&= 10 \times 17.821 = 178.2(\text{m})
\end{aligned}
$$

18 根箍筋长度为:178.2m×18＝3207.85m

6. 平法钢筋工程量计算

(1)梁构件

1)在平法楼层框架梁中常见的钢筋形状如图 10-28 所示。

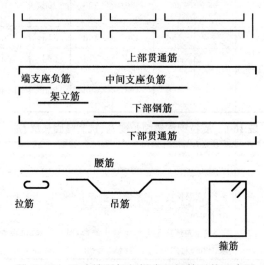

上部贯通筋

端支座负筋　　中间支座负筋

架立筋　　　　下部钢筋

下部贯通筋

腰筋

拉筋　　　　吊筋　　　　箍筋

图 10-28　平法楼层框架梁常见钢筋形状示意图

2)钢筋长度计算法。平法楼层框架梁常见的钢筋计算方法有以下几种:

①上部贯通筋(图 10-29)。

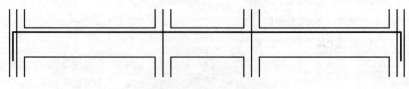

图 10-29　上部贯通筋

上部贯通筋长 $L=$ 各跨长之和－左支座内侧宽－右支座内侧宽＋锚固长度＋搭接长度

锚固长度取值：

当(支座宽度－保护层)$\geqslant L_{aE}$且$\geqslant 0.5h_c+5d$ 时,锚固长度$=\max(L_{aE},0.5h_c+5d)$；

当(支座宽度－保护层)$<L_{aE}$时,锚固长度＝支座宽度－保护层＋$15d$。

其中,h_c为柱宽,d为钢筋直径。

②端支座负筋(图 10-30)。

$$上排钢筋长 L=L_{ni}/3+锚固长度$$
$$下排钢筋长 L=L_{ni}/4+锚固长度$$

式中　$L_{ni}(i=1,2,3,\cdots)$——梁净跨长,锚固长度同上部贯通筋。

③中间支座负筋(图 10-31)。

$$上排钢筋长 L=2\times(L_{ni}/3)+支座宽度$$
$$下排钢筋长 L=2\times(L_{ni}/4)+支座宽度$$

式中　跨度值L_n——左跨L_{ni}和右跨L_{ni+1}的较大值,其中$i=1,2,3\cdots$

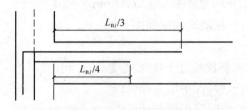

图 10-30　端支座负筋示意图

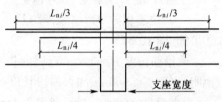

图 10-31　中间支座负筋示意图

④架立筋(图 10-32)。

架立筋 $L=$ 本跨净跨长－左侧负筋伸出长度－右侧负筋伸出长度＋$2\times$搭接长度

搭接长度可按 150mm 计算。

⑤下部钢筋(图 10-33)。

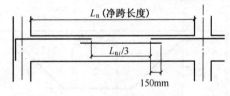

图 10-32　架立筋示意图

$$下部钢筋长 =\sum_{i=1}^{n}[L_n+2\times锚固长度(或0.5h_c+5d)]_i$$

⑥下部贯通筋(图 10-34)。

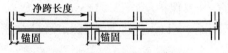

图 10-33　框架梁下部钢筋示意图

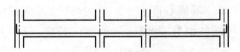

图 10-34　框架梁下部贯通筋示意图

下部贯通筋长 $L=$ 各跨长之和－左支座内侧宽－右支座内侧宽＋锚固长度＋搭接长度

式中锚固长度同上部贯通筋。

⑦梁侧面钢筋(图 10-35)。

梁侧面钢筋长 $L=$ 各跨长之和－左支座内侧宽－右支座内侧宽＋锚固长度＋搭接长度

说明：当为侧面构造钢筋时,搭接与锚固长度为$15d$；当为侧面受扭纵向钢筋时,搭接长度为L_{lE}或L_l,其锚固长度为L_{aE}或L_a,锚固方式同框架梁下部纵筋。

⑧拉筋(图 10-36)。

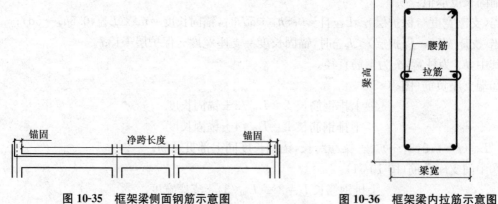

图 10-35　框架梁侧面钢筋示意图　　　　图 10-36　框架梁内拉筋示意图

当只勾住主筋时：

拉筋长度 $L=$ 梁宽$-2\times$保护层$+2\times1.9d+2\times\max(10d,75\text{mm})+2d$

拉筋根数 $n=[($梁净跨长$-2\times50)/($箍筋非加密间距$\times2)]+1$

⑨吊筋(图 10-37)。

吊筋长度 $L=2\times20d($锚固长度$)+2\times$斜段长度$+$次梁宽度$+2\times50$

说明：当梁高$\leqslant800\text{mm}$ 时，斜段长度$=($梁高$-2\times$保护层$)/\sin45°$；

当梁高$>800\text{mm}$ 时，斜段长度$=($梁高$-2\times$保护层$)/\sin60°$。

⑩箍筋(图 10-38)。

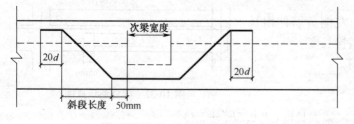

图 10-37　框架梁内吊筋示意图　　　　图 10-38　框架梁内
　　　　　　　　　　　　　　　　　　　　　　　　箍筋示意图

箍筋长度 $L=2\times($梁高$-2\times$保护层$+$梁宽$-2\times$保护层$)+2\times11.9d+4d$

箍筋根数 $n=2\times[($加密区长度$-50)/$加密区间距$]+11+[($非加密区长度$/$非加密区间距$)-1]$

说明：当为 1 级抗震时，箍筋加密区长度为 $\max(2\times$梁高$,500)$；

当为 2~4 级抗震时，箍筋加密区长度为 $\max(1.5\times$梁高$,500)$。

⑪屋面框架梁钢筋(图 10-39)。

屋面框架梁上部贯通筋和端支座负筋的锚固长度 $L=$ 柱宽$-$保护层$+$梁高$-$保护层

⑫悬臂梁钢筋(图 10-40)。

箍筋长度 $L=2\times[(H+H_b)/2-2\times$保护层$+$挑梁宽$-2\times$保护层$]+11.9d+4d$

箍筋根数 $n=(L-$次梁宽$-2\times50)/$箍筋间距$+1$

上部上排钢筋 $L=L_{ni}/3+$支座宽$+L-$保护层$+\max\{(H_b-2\times$保护层$),12d\}$

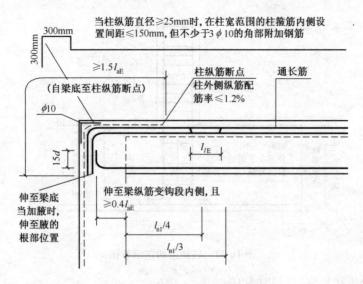

图 10-39 屋面框架梁钢筋示意图

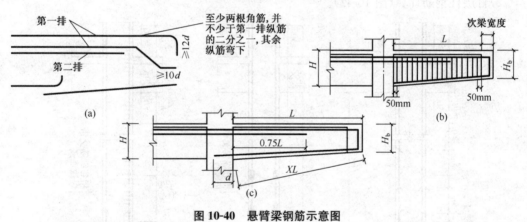

图 10-40 悬臂梁钢筋示意图

上部下排钢筋 $L = L_{ni}/4 + 支座宽 + 0.75L$

下部钢筋 $L = 15d + XL - 保护层$

说明:不考虑地震作用时,当纯悬挑梁的纵向钢筋直锚长度 $\geq l_a$ 且 $\geq 0.5h_c + 5d$ 时,可不必上下弯锚;当直锚伸至对边仍不足 l_a 时,则应按图示弯锚;当直锚伸至对边仍不足 $0.45l_a$ 时,则应采用较小直径的钢筋。

当悬挑梁由屋面框架梁延伸出来时,其配筋构造应由设计者补充;当梁的上部设有第 3 排钢筋时,其延伸长度应由设计者注明。

(2)柱构件

平法柱钢筋主要是纵筋和箍筋两种形式,不同的部位有不同的构造要求。每种类型的柱,其纵筋都会分为基础、首层、中间层和顶层四个部分来设置。

1)基础部位钢筋计算(图 10-41)。

柱纵筋长 $L = $ 本层层高 $-$ 下层柱钢筋外露长度 $\max(\geq H_n/6, \geq 500, \geq 柱截面长边尺寸)$ $+$ 本层柱钢筋外露长度 $\max(\geq H_n/6, \geq 500, \geq 柱截面长边尺寸)$ $+$ 搭接长度(对焊接时为 0)

基础插筋 $L = $ 基础高度 $-$ 保护层 $+$ 基础弯折 $a(\geq 150)$ $+$ 基础钢筋外露长度 $H_n/3$(H_n

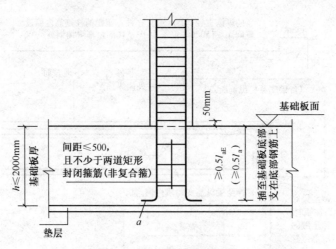

图 10-41　柱插筋构造示意图

指楼层净高)＋搭接长度(焊接时为 0)

2)首层柱钢筋计算(图 10-42)。

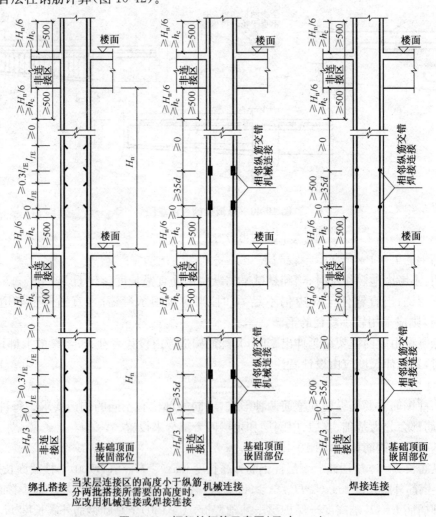

图 10-42　框架柱钢筋示意图(尺寸:mm)

柱纵筋长度＝首层层高－基础柱钢筋外露长度 $H_n/3$＋本层柱钢筋外露长度 max($\geqslant$ $H_n/6$,$\geqslant$500,$\geqslant$柱截面长边尺寸)＋搭接长度(焊接时为0)

3)中间柱钢筋计算。

柱纵筋长 L＝本层层高－下层柱钢筋外露长度 max($\geqslant H_n/6$,$\geqslant$500,$\geqslant$柱截面长边尺寸) ＋本层柱钢筋外露长度 max($\geqslant H_n/6$,$\geqslant$500,$\geqslant$柱截面长边尺寸)＋搭接长度(焊接时为0)

4)顶层柱钢筋计算(图10-43)。

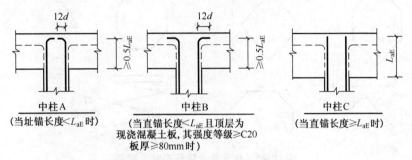

图 10-43　顶层柱钢筋示意图

柱纵筋长 L＝本层层高－下层柱钢筋外露长度 max($\geqslant H_n/6$,$\geqslant$500,$\geqslant$柱截面长边尺寸)－屋顶节点梁高＋锚固长度

锚固长度确定分为3种:

①当为中柱时,直锚长度$<L_{aE}$时,锚固长度＝梁高－保护层＋12d;当柱纵筋的直锚长度(即伸入梁内的长度)$\geqslant L_{aE}$时,锚固长度＝梁高－保护层。

②当为边柱时,边柱钢筋分一面外侧锚固和三面内侧锚固。外侧钢筋锚固$\geqslant$1.5L_{aE},内侧钢筋锚固同中柱纵筋锚固(图10-44)。

③当为角柱时,角柱钢筋分两面外侧和两面内侧锚固。

5)柱箍筋根数计算。

基础层柱箍筋根数 n＝在基础内布置间距不少于500且不少于两道矩形封闭非复合箍的数量:

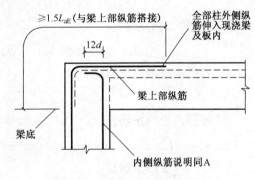

图 10-44　边柱、角柱钢筋示意图

底层柱箍筋根数 n＝(底层柱根部加密区高度/加密区间距)＋1＋(底层柱上部加密区高度/加密区间距)＋1＋(底层柱中间非加密区高度/非加密区间距)－1

楼底层柱箍筋根数 $n=\dfrac{\text{下部加密高度}＋\text{上部加密高度}}{\text{加密区间距}}＋2＋\dfrac{\text{柱中间非加密区高度}}{\text{非加密区间距}}－1$

6)柱非复合箍筋长度计算(图10-45)。

各种非复合箍筋长度计算如下(图中尺寸均已扣除保护层厚度):

①1号图矩形箍筋长:

$$L=2\times(a+b)+2\times\text{弯钩长}+4d$$

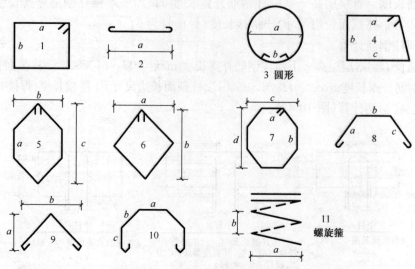

图 10-45　柱非复合箍筋形状示意图

②2 号图一字形箍筋长:

$$L = a + 2 \times \text{弯钩长} + d$$

③3 号图圆形箍筋长:

$$L = 3.1416 \times (a + d) + 2 \times \text{弯钩长} + \text{搭接长度}$$

④4 号图梯形箍筋长:

$$L = a + b + c + \sqrt{(c-a)^2 + b^2} + 2 \times \text{弯钩长} + 4d$$

⑤5 号图六边形箍筋长:

$$L = 2 \times a + 2 \times \sqrt{(c-a)^2 + b^2} + 2 \times \text{弯钩长} + 6d$$

⑥6 号图平行四边形箍筋长:

$$L = 2 \times \sqrt{a^2 + b^2} + 2 \times \text{弯钩长} + 4d$$

⑦7 号图八边形箍筋长:

$$L = 2 \times (a + b) + 2 \times \sqrt{(c-a)^2 + (d-b)^2} + 2 \times \text{弯钩长} + 8d$$

⑧8 号图八字形箍筋长:

$$L = a + b + c + 2 \times \text{弯钩长} + 3d$$

⑨9 号图转角形箍筋长:

$$L = 2 \times \sqrt{a^2 + b^2} + 2 \times \text{弯钩长} + 2d$$

⑩10 号图门字形箍筋长:

$$L = a + 2(b + c) + 2 \times \text{弯钩长} + 5d$$

⑪11 号图螺旋形箍筋长:

$$L = \sqrt{[3.14 \times (a+b)]^2 + b^2} + (\text{柱高} \div \text{螺距} b)$$

7)柱复合箍筋长度计算(图 10-46)。

①3×3 箍筋长:

外箍筋长 $L = 2 \times (b + h) - 8 \times \text{保护层} + 2 \times \text{弯钩长} + 4d$

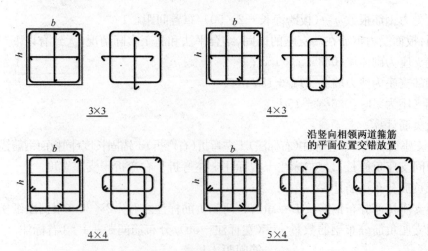

图 10-46　柱复合箍筋形状示意图

内一字箍筋长 $=(h-2\times$保护层$+2\times$弯钩长$+d)+(b-2\times$保护层$+2\times$弯钩长$+d)$

②$4\times3$ 箍筋长：

外箍筋长 $L=2\times(b+h)-8\times$保护层$+2\times$弯钩长$+4d$

内矩形箍筋长 $L=[(b-2\times$保护层$-D)/3+D]\times2+(h-2\times$保护层$)\times2+2\times$弯钩长$+4d$

式中　D——纵筋直径。

内一字箍筋长 $L=b-2\times$保护层$+2\times$弯钩长$+d$

③$4\times4$ 箍筋长：

外箍筋长 $L=2\times(b+h)-8\times$保护层$+2\times$弯钩长$+4d$

内矩形箍筋长 $L_1=[(b-2\times$保护层$-D)/3+D+d+h-2\times$保护层$+d]\times2+2\times$弯钩长

内矩形箍筋长 $L_2=[(h-2\times$保护层$-D)/3+D+d+b-2\times$保护层$+d]\times2+2\times$弯钩长

④$5\times4$ 箍筋长

外箍筋长 $L=2\times(b+h)-8\times$体护层$+2\times$弯钩长$+4d$

内矩形箍筋长 $L_1=[(b-2\times$保护层$-D)/4+D+d+h-2\times$保护层$+d]\times2+2\times$弯钩长

内矩形箍筋长 $L_2=[(h-2\times$保护层$-D)/3+D+d+b-2\times$保护层$+d]\times2+2\times$弯钩长

内一字箍筋长 $L=h-2\times$保护层$+2\times$弯钩长$+d$

（3）板构件

1）板中钢筋计算。

板底受力钢筋长 $L=$板跨净长$+$两端锚固$_{\max}$（1/2 梁宽，$5d$）（当为梁、剪力墙、圈梁时）；$\max(120,h$，墙厚 12）（当为砌体墙时）

板底受力钢筋根数 $n=$（板跨净长-2×50）/布置间距$+1$

板面受力钢筋长 $L=$板跨净长$+$两端锚固

板面受力钢筋根数 $n=$（板跨净长－2×50）/布置间距$+1$

说明：板面受力钢筋在端支座的锚固，结合平法和施工实际情况，大致有以下三种构造：

①端支座为砌体墙：$0.35l_{ab}+15d$；

②端部支座为剪力墙：$0.4l_{ab}+15d$；

③端支座为梁时：$0.6l_{ab}+15d$。

2）板负筋计算。

板边支座负筋长 $L=$左标注（右标注）$+$左弯折（右弯折）$+$锚固长度（同板面钢筋锚固取值）

板中间支座负筋长 $L=$左标注$+$右标注$+$左弯折$+$右弯折$+$支座宽度

3）板负筋分布钢筋计算。

中间支座负筋分布钢筋长 $L=$净跨－两侧负筋标注之和$+2\times300$（根据图纸实际情况）

中间支座负筋分布钢筋数量 $n=$（左标注-50）/分布筋间距$+1+$（右标注-50）/分布筋间距$+1$

四、混凝土模板

1. 现浇混凝土及钢筋混凝土模板工程量

1）现浇混凝土及钢筋混凝土模板工程量，除另有规定外，均应区别模板的不同材质，按混凝土与模板接触面积，以平方米计算。

说明：除了底面有垫层、构件（侧面有构件）及上表面不需支撑模板外，其余各个方向的面均应计算模板接触面积。

2）现浇钢筋混凝土柱、梁、板、墙的支模高度（即室外地坪至板底或板面至板底之间的高度）以 3.6m 以内为准，超过 3.6m 以上部分，另按超过部分计算增加支撑工程量（图 10-47）。

3）现浇钢筋混凝土墙、板上单孔面积在 0.3m² 以内的孔洞，不予扣除，洞侧壁模板亦不增加；单孔面积在 0.3m² 以外时，应予扣除，洞侧壁模板面积并入墙、板模板工程量内计算。

4）现浇钢筋混凝土框架的模板、分别按梁、板、柱、墙有关规定计算，附墙柱并入墙内工程量计算。

5）杯形基础杯口高度大于杯口大边长度的，套高杯基础模板定额项目（图 10-48）。

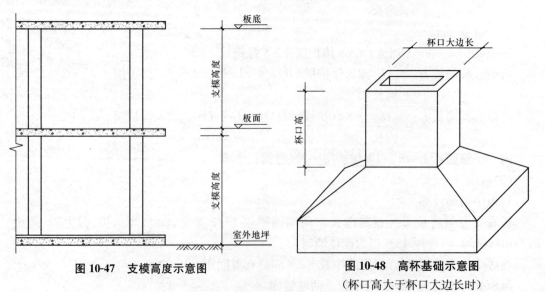

图 10-47　支模高度示意图　　　　图 10-48　高杯基础示意图

（杯口高大于杯口大边长时）

6)柱与梁、柱与墙、梁与梁等连接的重叠部分以及伸入墙内的梁头、板头部分,均不计算模板面积。

7)构造柱外露面均应按图示外露部分计算模板面积。构造柱与墙接触部分不计算模板面积(图10-49)。

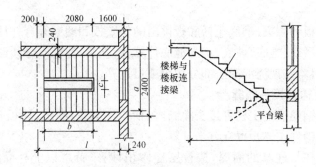

图10-49 构造柱外露宽需支模板示意图

8)现浇钢筋混凝土悬挑板(雨篷、阳台)按图示外挑部分尺寸的水平投影面积计算。挑出墙外的牛腿梁及板边模板不另计算。

说明:"挑出墙外的牛腿梁及板边模板"在实际施工时需支模板,为了简化工程量计算,在编制该项定额时已经将该因素考虑在定额消耗内,所以,工程量就不单独计算了。

9)现浇钢筋混凝土楼梯,以图示露明面尺寸的水平投影面积计算,不扣除小于500mm楼梯井所占面积。楼梯的踏步、踏步板、平台梁等侧面模板,不另计算。

10)混凝土台阶不包括梯带,按图示台阶尺寸的水平投影面积计算,台阶端头两侧不另计算模板面积。

11)现浇混凝土小型池槽按构件外围体积计算,池槽内、外侧及底部的模板不应另计算。

2. 预制钢筋混凝土构件模板

1)预制钢筋混凝土模板工程量,除另有规定者外,均按混凝土实体体积以立方米计算。

2)小型池槽按外形体积以立方米计算。

3)预制桩尖按虚体积(不扣除桩尖虚体积部分)计算。

3. 构筑物钢筋混凝土模板

1)构筑物工程的模板工程量,除另有规定者外,区别现浇、预制和构件类别,分别按有关规定计算。

2)大型池槽等分别按基础、墙、板、梁、柱等有关规定计算并套相应定额项目。

3)液压滑升钢模板施工的烟囱、水塔、身、储仓等,均按混凝土体积,以立方米计算。

4)预制倒圆锥形水塔罐壳模板按混凝土体积,以立方米计算。

5)预制倒圆锥形水塔罐壳组装、提升、就位,按不同容积以座计算。

五、其他工程

1. 固定用支架等

固定预埋螺栓、铁件的支架,固定双层钢筋的铁马凳、垫铁件,按审定的施工组织设计规定计算,套用相应定额项目。

2. 构筑物钢筋混凝土

1)一般规定。构筑物混凝土除另有规定者外,均按图示尺寸扣除门窗洞口及0.3m^{2}以外孔洞所占体积以实体体积计算。

2)水塔。

①筒身与槽底以槽底连接的圈梁底为界,以上为槽底,以下为筒身。

②筒式塔身及依附于筒身的过梁、雨篷、挑檐等,并入筒身体积内计算;柱式塔身,柱、梁合并计算。

③塔顶包括顶板和圈梁,槽底包括底板挑出的斜壁板和圈梁等合并计算。

3)储水池不分平底、锥底、坡底,均按池底计算;壁基梁、池壁不分圆形壁和矩形壁,均按池壁计算;其他项目均按现浇混凝土部分相应项目计算。

3. 钢筋混凝土构件接头灌缝

1)一般规定。钢筋混凝土构件接头灌缝,包括构件坐浆、灌缝、堵板孔、塞板梁缝等,均按预制钢筋混凝土构件实体积以立方米计算。

2)柱的灌缝。柱与柱基的灌缝,按首层柱体积计算;首层以上柱灌缝,按各层柱体积计算。

3)空心板堵孔。空心板堵孔的人工、材料,已包括在定额内;如不堵孔时,每 $10m^3$ 空心板体积应扣除 $0.23m^3$ 预制混凝土块和 2.2 个工日。

第二节　混凝土及钢筋混凝土工程工程量定额套用规定

一、混凝土及钢筋混凝土工程工程量定额说明

1. 混凝土部分

1)定额内混凝土搅拌项目包括筛砂子、筛洗石子、搅拌、前台运输上料等内容。混凝土浇筑项目包括润湿模板、浇灌、捣固、养护等内容。

2)定额中已列出常用混凝土强度等级,如与设计要求不同时可以换算。

3)定额混凝土工程量除另有规定者外,均按图示尺寸,以立方米计算。不扣除构件内钢筋、预埋件及墙、板中 $0.3m^2$ 以内的孔洞所占体积。

4)混凝土搅拌制作和泵送子目,按各混凝土构件的混凝土消耗量之和,以立方米计算,单独套用混凝土搅拌制作子目和泵送混凝土补充定额。

5)施工单位自行制作泵送混凝土,其泵送剂以及由于混凝土坍落度增大和使用水泥砂浆润滑输送管道而增加的水泥用量等内容,应执行补充子目。子目中的水泥强度等级、泵送剂的规格和用量,设计与定额不同时可以换算,其他不变。

6)施工单位自行泵送混凝土,其管道输送混凝土(输送高度 50m 以内),应执行相应补充子目。输送高度 100m 以内,其超过部分乘以系数 1.25;输送高度 150m 以内,其超过部分乘以系数 1.60。

7)预制混凝土构件定额内仅考虑现场预制的情况。混凝土构件安装项目中,凡注明现场预制的构件,其构件按混凝土构件制作有关子目计算;凡注明成品的构件,按其商品价格计入安装项目内。

8)定额规定安装高度为 20m 以内。预制混凝土构件安装子目中的安装高度是指建筑物的总高度。

9)定额中机械吊装是按单机作业编制的。

10)定额是按机械起吊中心回转半径15m以内的距离编制的。

11)定额中包括每一项工作循环中机械必要的位移。

12)定额安装项目是以轮胎式起重机、塔式起重机(塔式起重机台班消耗量包括在垂直运输机械项目内)分别列项编制的。预制混凝土构件安装子目中,机械栏列出轮胎式起重机台班消耗量的,为轮胎式起重机安装。其余的除定额注明者外,为塔式起重机安装。如使用汽车式起重机时,按轮胎式起重机相应定额项目乘以系数1.05。

13)预制混凝土构件的轮胎式起重机安装子目,定额按单机作业编制。双机作业时,轮胎式起重机台班数量乘以系数2;三机作业时,轮胎式起重机台班数量乘以系数3。

14)定额中不包括起重机械、运输机械行驶道路的修整、垫铺工作所消耗的人工、材料和机械。

15)预制混凝土构件安装子目中,未计入构件的操作损耗。施工单位报价时,可根据构件、现场等具体情况,自行确定构件损耗率。编制标底时,预制混凝土构件按相应规则计算的工程量,乘以表10-8规定的工程量系数。

表 10-8　预制混凝土构件安装操作损耗率表

定额内容 构件类别	运输	安装
预制加工厂预制	1.013	1.005
现场(非就地)预制	1.010	1.005
现场就地预制	—	1.005
成品构件	—	1.010

16)预制混凝土构件安装子目均不包括为安装工程所搭设的临时性脚手架及临时平台,发生时按有关规定另行计算。

17)预制混凝土构件必须在跨外安装就位时,按相应构件安装子目中的人工、机械台班乘以系数1.18。使用塔式起重机安装时,不再乘以系数。

18)预制混凝土(钢)构件安装机械的采用,编制标底时按下列规定执行:

①檐高20m以下的建筑物,除预制排架单层厂房、预制框架多层厂房执行轮胎式起重机安装子目外,其他结构执行塔式起重机安装子目。

②檐高20m以上的建筑物,预制框(排)架结构可执行轮胎式起重机安装子目,其他结构执行塔式起重机安装子目。

2. 垫层与填料加固

1)垫层定额按地面垫层编制。若为基础垫层,人工、机械分别乘以下列系数:条形基础1.05;独立基础1.10;满堂基础1.00。

2)填料加固定额用于软弱地基挖土后的换填材料加固工程。

垫层与填料加固的不同之处在于:垫层平面尺寸比基础略大(一般≤200mm),总是伴随着基础的发生,总体厚度较填料加固小(一般≤500mm),垫层与槽(坑)边有一定的间距(不呈满填状态)。填料加固用于软弱地基整体或局部大开挖后的换填,其平面尺寸由建筑物地基的整体或局部尺寸,以及地基的承载能力决定,总体厚度较大(一般＞500mm),一般呈满填状态。灰土垫层及填料加固夯填灰土就地取土时,应扣除灰土配合比中的黏土。

3. 毛石混凝土

毛石混凝土系按毛石占混凝土总体积20%计算的。如设计要求不同时,可以换算。

4. 钢筋混凝土柱、轻型框剪墙及剪力墙的区别

附墙轻型框架结构中,各构件的区别主要是截面尺寸:

柱:$L/B<5$(单肢);

异形柱:$L/B<5$(一般柱肢数$\geqslant2$);

轻型框剪墙:$5\leqslant L/B\leqslant8$;

剪力墙:$L/B>8$。

T形、L形、匚形、十形等计算墙肢截面长度与厚度之比以最长的肢为准。墙肢截面长度(L)指墙肢截面长边(或称墙肢高度),墙肢厚度(B)指墙肢截面短边。

5. 后浇带

现浇钢筋混凝土柱、墙、后浇带定额项目,定额综合了底部灌注1∶2水泥砂浆的用量。

6. 小型混凝土构件

小型混凝土构件系指单件体积在0.05m³以内的定额未列项目。其他预制构件定额内仅考虑现场预制的情况。

7. 构筑物其他工程

1)构筑物其他工程包括单项及综合项目定额。综合项目是按国标、省标的标准做法编制,使用时对应标准图号直接套用,不再调整。设计文件与标准图做法不同时,套用单项定额。

2)构筑物其他工程定额不包括土石方内容,发生时按土(石)方相应定额执行。

3)烟囱内衬项目也适用于烟道内衬。

4)室外排水管道的试水所需工料已包括在定额内,不得另行计算。

5)室外排水管道定额,其沟深是按2m以内(平均自然地坪至垫层上表面)考虑的。当沟深在2~3m时,综合工日乘以系数1.11;3m以外者,综合工日乘系数1.18。此条指的是陶土管和混凝土管的铺设项目。排水管道混凝土基础、砂基础及砂石基础不考虑沟深。排水管道砂基础90°、120°、180°是指砂基础表面与管道的两个接触点的中心角的大小,如180°是指砂垫层埋半个管子的深度。

6)室外排水管道无论人工或机械铺设,均执行定额,不得调整。

7)毛石混凝土系按毛石占混凝土体积20%计算的。如设计要求不同时,可以换算。其中毛石损耗率为2%,混凝土损耗率为1.5%。

8)排水管道砂石基础中砂与石子比例按1∶2考虑。如设计要求不同时,可以换算材料单价,定额消耗量不变。

9)化粪池、水表池、沉砂池、检查井等室外给水排水小型构筑物,实际工程中,常依据省标图集LS设计和施工。凡依据省标准图集LS设计和施工的室外给水排水小型构筑物,均执行室外给水排水小型构筑物补充定额,不作调整。

10)构筑物综合项目中的散水及坡道子目,按相应省份建筑标准设计图集编制。

8. 配套定额关于钢筋的相关说明

1)定额按钢筋的不同品种、规格,并按现浇构件钢筋、预制构件钢筋、预应力钢筋及箍筋分别列项。

2)预应力构件中非预应力钢筋按预捆钢筋相应项目计算。

3)设计规定钢筋搭接的,按规定搭接长度计算;设计未规定的钢筋铺固、定尺长度的钢筋连接等结构性搭接,按施工规范规定计算;设计、施工规范均未规定的,已包括在钢筋损耗率内,不另计算。

4)绑扎低碳钢丝、成型点焊和接头焊接用的电焊条已综合在定额项目内,不另行计算。

5)非预应力钢筋不包括冷加工,如设计要求冷加工时,另行计算。

6)预应力钢筋如设计要求人工时效处理时,另行计算。

7)后张法钢筋的锚固是按钢筋帮条焊、U形插垫编制的。如采用其他方法锚固时,可另行计算。

8)拱梯形屋架、托架梁、小型构件(或小型池槽)、构筑物,其钢筋可按表10-9内系数调整人工、机械用量。

表 10-9　人工、机械调整系数

项目	预制构件钢筋		现浇构件钢筋	
系数范围	拱梯形屋架	托架梁	小型构件(或小型池槽)	构筑物
人工、机械调整系数	1.16	1.05	2	1.25

9)现浇构件箍筋采用 HRB400 级钢时,执行现浇构件 HPB235 级钢箍筋子目,换算钢筋种类,机械乘以系数1.25。

10)砌体加固筋,定额按焊接连接编制。实际采用非焊接方式连接,不得调整。

11)HPB235 级钢筋电渣压力焊接头,执行 HRB335 级钢筋电渣压力焊接头子目。换算钢筋种类,其他不变。

二、混凝土及钢筋混凝土工程工程量定额计算规则

1. 垫层

(1)地面垫层

地面垫层按室内主墙间净面积乘以设计厚发,以立方米计算。计算时应扣除凸出地面的构筑物、设备基础、室内铁道、地沟以及单个面积在 0.3m² 以上的孔洞、独立柱等所占体积;不扣除间壁墙、附墙烟囱、墙垛以及单个面积在 0.3m² 以内的孔洞等所占体积,门洞、空圈、散热器壁龛等开口部分也不增加。

(2)基础垫层

1)条形基础层,外墙按外墙中心线长度、内端按其设计净长度乘以垫层平均断面面积计算。柱间条形基础垫层,按柱基础(含垫层)之间的设计净长度计算。

2)独立基础垫层和满堂基础垫层。按设计图示尺寸乘以平均厚度计算。

3)爆破岩石增加垫层的工程量,按现场实测结果计算。

2. 现浇混凝土基础

1)带形基础,外墙按设计外墙中心线长度、内墙按设计内墙基础图示长度乘设计断面计算。

带形基础工程量=外墙中心线长度×设计断面+设计内墙基础图示长度×设计断面

2)有肋(梁)带形混凝土基础,其肋高与肋宽之比在 4∶1 以内的,按有梁式带形基础计算。超过 4∶1 时,起肋部分按墙计算,肋以下按无梁式带形基础计算。

3)箱式满堂基础分别按无梁式满堂基础、柱、墙、梁、板有关规定计算,套用相应定额子目;有梁式满堂基础,肋高大于 0.4m 时,套用有梁式满堂基础定额项目;肋高小于 0.4m 或设有暗梁、下翻梁时,套用无梁式满堂基础项目。

4)独立基础包括各种形式的独立基础及柱墩,其工程量按图示尺寸,以立方米计算。柱与柱基的划分以柱基的扩大顶面为分界线。

5)桩承台是钢筋混凝土桩顶部承受柱或墙身荷载的基础构件,有独立桩承台和带形桩承台两种。带形桩承台按带形基础的计算规则计算,独立桩承台按独立基础的计算规则计算。

6)设备基础:除块体基础外,分别按基础、柱、梁、板、墙等有关规定计算,套用相应定额子目。楼层上的钢筋混凝土设备基础按有梁板项目计算。

3. 现浇混凝土柱

1)现浇混凝土柱工程量按图示断面尺寸乘以柱高,以立方米计算。

2)柱高按下列规定计算:

①有梁板的柱高,自柱基上表面(或楼板上表面)至上一层楼板上表面之间的高度计算。

②无梁板的柱高,自柱基上表面(或楼板上表面)至柱帽下表面之间的高度计算。

③框架柱的柱高,自柱基上表面至柱顶高度计算。

④构造柱按设计高度计算,构造柱与墙嵌接部分(马牙槎)的体积,按构造柱出槎长度的一半(有槎与无槎的平均值)乘以出槎宽度,再乘以构造柱柱高,并入构造柱体积内计算。

⑤依附柱上的牛腿、升板的柱帽,并入柱体积内计算。

⑥薄壁柱也称隐壁柱。在框剪结构中,隐藏在墙体中的钢筋混凝土柱,抹灰后不再有柱的痕迹。薄壁柱按钢筋混凝土墙计算。

4. 现浇混凝土梁

1)现浇混凝土梁工程量按图示断面尺寸乘以梁长,以立方米计算。

2)梁长及梁高按下列规定计算:

①梁与柱连接时,梁长算至柱侧面。圈梁与构造柱连接时,圈梁长度算至构造柱侧面。构造柱有马牙槎时,圈梁长度算至构造柱主断面(不包括马牙槎)的侧面。

②主梁与次梁连接时,次梁长算至主梁侧面。伸入墙体内的梁头、梁垫体积并入梁体积内计算。

③圈梁与过梁连接时,分别套用圈梁、过梁定额。过梁长度按设计规定计算。设计无规定时,按门窗洞口宽度两端各加 250mm 计算。房间与阳台连通,洞口上坪与圈梁连成一体的混凝土梁,按过梁的计算规则计算工程量,执行单梁子目。基础圈梁,按圈梁计算。

④圈梁与梁连接时,圈梁体积应扣除伸入圈梁内的梁体积。

⑤在圈梁部位挑出外墙的混凝土梁,以外墙外边线为界限,挑出部分按图示尺寸,以立方米计算,套用单梁、连续梁项目。

3)梁(单梁、框架梁、圈梁、过梁)与板整体现浇时,梁高计算至板底。

5. 现浇混凝土墙

1)现浇混凝土墙与基础的划分,以基础扩大面的顶面为分界线,以下为基础,以上为墙身。梁、墙连接时,墙高算至梁底。墙、墙相交时,外墙按外墙中心线长度计算,内墙按墙间净长度计算。柱、墙与板相交时,柱和外墙的高度算至板上坪;内墙的高度算至板底。

2)混凝土墙按图示中心线长度尺寸乘以设计高度及墙体厚度,以立方米计算。扣除门窗洞口及单个面积在0.3m²以上孔洞的体积,墙垛、附墙柱及突出部分并入墙体积内计算。混凝土墙中的暗柱、暗梁并入相应墙体积内,不单独计算。电梯井壁工程量计算执行外墙的相应规定。

6. 现浇混凝土板

1)现浇混凝土板工程量按图示面积乘以板厚,以立方米计算。柱、墙与板相交时,板的宽度按外墙间净宽度(无外墙时,按板边缘之间的宽度)计算,不扣除柱、垛所占板的面积。

2)各种板按以下规定计算。

①有梁板是指由一个方向或两个方向的梁(主梁、次梁)与板连成一体的板。有梁板包括主、次梁及板,工程量按梁、板体积之和计算。

②无梁板是指无梁且直接用柱子支撑的楼板。无梁板按板和柱帽体积之和计算。

③平板是指直接支撑在墙上的现浇楼板。平板按板图示体积计算,伸入墙内的板头、平板边沿的翻檐,均并入平板体积内计算。

④斜屋面板是指斜屋面铺瓦用的钢筋混凝土基层板。斜屋面按板断面积乘以斜长。有梁时,梁板合并计算。屋脊处八字脚的加厚混凝土(素混凝土)已包括在消耗量内,不单独计算。若屋脊处八字脚的加厚混凝土配置钢筋作梁使用,应按设计尺寸并入斜板工程量内计算。

⑤圆弧形老虎窗顶板是指坡屋面阁楼部分为了采光而设计的圆弧形老虎窗的钢筋混凝土顶板。圆弧形老虎窗顶板套用拱板子目。

⑥现浇挑檐与板(包括屋面板)连接时,以外墙外边线为界限;与圈梁(包括其他梁)连接时,以梁外边线为界限,外边线以外为挑檐。

7. 现浇混凝土阳台、雨篷

1)阳台、雨篷按伸出外墙的水平投影面积计算,伸出外墙的牛腿不另计算,其嵌入墙内的梁另按梁有关规定单独计算。混凝土挑檐、阳台、雨篷的翻檐,总高度在300mm以内时,按展开面积并入相应工程量内;高度超过300mm时,按栏板计算。井字梁雨篷按有梁板计算规则计算。

2)混凝土阳台(含板式和挑梁式)子目按阳台板厚100mm编制。混凝土雨篷子目按板式雨篷、板厚80mm编制。若阳台、雨篷板厚设计与宝宝不同时,按补充子目调整。三面梁式雨篷,按有梁式阳台计算。

8. 现浇混凝土栏板

1)现浇混凝土栏板,以立方米计算,伸入墙内的栏板合并计算。

2)飘窗左右混凝土立板,按混凝土栏板计算。飘窗上下混凝土挑板、空调机的混凝土搁板,按混凝土挑檐计算。

9. 现浇混凝土楼梯

1)现浇混凝土整体楼梯包括休息平台、平台梁、楼梯底板、斜梁及楼梯与楼板的连接梁,按水平投影面积计算,不扣除宽度小于500mm的楼梯井,伸入墙内部分不另增加。混凝土楼梯(含直形和旋转形)与楼板以楼梯顶部与楼板的连接梁为界,连接梁以外为楼板。楼梯基础按基础的相应规定计算。

2)混凝土楼梯子目,按踏步底板(不含踏步和踏步底板下的梁)和休息平台板厚均为

100mm 编制。若踏步底板、休息平台的板厚设计与定额不同时,按定额子目调整。踏步底板、休息平台的板厚不同时,应分别计算。踏步底板的水平投影面积包括底板和连接梁,休息平台的投影面积包括平台板和平台梁。

3)踏步旋转楼梯按其楼梯部分的水平投影面积乘以周数计算(不包括中心柱)。弧形楼梯按旋转楼梯计算。

10. 小型混凝土构件

以立方米计算。

11. 预制混凝土构件

1)预制混凝土板补现浇板缝。板底缝宽大于 40mm 时,按小型构件计算;板底缝宽大于 100mm 时,按平板计算。

2)预制混凝土柱工程量均按图示尺寸,以立方米计算,不扣除构件内钢筋、铁件等所占的体积。

3)预制混凝土框架柱的现浇接头(包括梁接头)按设计规定断面和长度,以立方米计算。

4)预制钢筋混凝土工字形柱、矩形柱、空腹柱、双肢柱、空心柱、管道支架等的安装,均按柱安装计算。

5)升板预制柱加固是指柱安装后至楼板提升完成前的预制混凝土柱的搭设加固。

6)预制钢筋混凝土多层柱安装,首层柱按柱安装计算,二层及二层以上按柱接柱计算。

7)升板预制柱加固子目,其工程量按提升混凝土板的体积,以立方米计算。

8)焊接成型的预制混凝土框架结构,其柱安装按框架柱计算。

9)预制混凝土梁工程量均按图示尺寸,以立方米计算;不扣除构件内钢筋、铁件、预应力钢筋预留孔洞等所占的体积。

10)焊接成型的预制混凝土框架结构,其梁安装按框架梁计算。

11)预制混凝土过梁,如需现场预制,执行预制小型构件子目。

12)预制混凝土屋架工程量均按图示尺寸,以立方米计算,不扣除构件内钢筋、铁件、预应力钢筋预留孔洞等所占的体积。

13)预制混凝土与钢杆件组合的屋架,混凝土部分按构件实体积,以立方米计算,钢构件部分按"t"计算,分别套用相应的定额项目。组合屋架安装,以混凝土部分的实体积计算,钢杆件部分不另计算。预制混凝土板工程量均按图示尺寸,以立方米计算,不扣除构件内钢筋、铁件、预应力钢筋预留孔洞及小于 300mm×300mm 以内孔洞所占的体积。

14)预制混凝土楼梯工程量均按图示尺寸,以立方米计算,不扣除构件内钢筋、铁件、预应力钢筋预留孔洞及小于 300mm×300mm 以内的孔洞所占的体积。

15)预制混凝土其他构件工程量均按图示尺寸,以立方米计算,不扣除构件内钢筋、铁件、预应力钢筋预留孔洞及小于 300mm×300mm 以内孔洞所占的体积。

16)预制混凝土与钢杆件组合的其他构件,混凝土部分按构件实体积,以立方米计算,钢构件部分按"t"计算,分别套用相应的定额项目。其他混凝土构件安装及灌缝子目,适用于单体体积在 0.1m³ 以内(人力安装)或 0.5m³(5t 汽车吊安装)以内定额未单独列项的小型构件。天窗架、天窗端壁、上下档、支撑、侧板及檩条的灌缝套用相应子目。

17)预制混凝土构件安装均按图示尺寸,以实体积计算。

12. 混凝土水塔

1)钢筋混凝土基础包括基础底板及筒座。工程量按设计图纸尺寸,以立方米计算。

2)筒身与槽底以槽底连接的圈梁底为界,以上为槽底,以下为筒身。

3)筒式塔身及依附于筒身的过梁、雨篷、挑檐等并入筒身体积内计算,柱式塔身、柱、梁合并计算。

4)塔顶包括顶板和圈梁,槽底包括底板挑出的斜壁板和圈梁等合并计算。

5)混凝土水塔按设计图示尺寸,以立方米计算工程量,分别套用相应定额项目。

6)倒锥壳水塔中的水箱,定额按地面上浇筑编制。水箱的提升另按定额措施项目的相应规定计算。倒锥壳水塔是指水箱呈倒锥形的一种新型水塔,具有结构紧凑、造型优美、机械化施工程度高等优点。定额中筒身施工采用滑升钢模板,筒身完工后,以筒身为基准,围绕筒身预制钢筋混凝土水箱。

13. 储水(油)池、储仓

1)储水(油)池、储仓,以立方米计算。

2)储水(油)池不分平底、锥底和坡底,均按池底计算。壁基梁、池壁不分圆形壁和矩形壁,均按池壁计算。

3)沉淀池水槽系指池壁上的环形溢水槽、纵横 U 形水槽,但不包括与水槽相连接的矩形梁。矩形梁按相应定额子目计算。沉淀池指水处理中澄清浑水用的水池。浑水缓慢流过或停留在池中时,悬浮物下沉至池底。

4)储仓不分矩形仓壁、圆形仓壁,均套用混凝土立壁定额。混凝土斜壁(漏斗)套用混凝土漏斗定额。立壁和斜壁以相互交点的水平线为界,壁上圈梁并入斜壁工程量内,仓顶板及其顶板梁合并计算,套用仓顶板定额。

5)储水(油)池、储仓、筒仓的基础、支撑柱及柱之间的连系梁,根据构成材料的体积计算。

14. 铸铁盖板

铸铁盖板(带座)安装以套计算。

15. 室外排水管道

1)室外排水管道与室内排水管道的分界,以室内至室外第一个排水检查井为界。检查井至室内一侧为室内排水管道,另一侧为室外排水(厂区、小区内)管道。

2)排水管道铺设以延长米计算,扣除其检查井所占的长度。

3)排水管道基础按不同管径及基础材料分别以延长米计算。

16. 场区道路

场区道路子目,按各省份建筑标准设计图集编制。场区道路子目中,已包括留设伸缩缝及嵌缝内容。场区道路垫层按设计图示尺寸,以立方米计算。道路面层工程量按设计图示尺寸以平方米计算。

17. 配套定额关于钢筋工程量的计算

1)钢筋工程应区别现浇、预制构件和不同钢种、规格。计算时分别按设计长度乘单位理论重量,以"t"计算。钢筋电渣压力焊接、套筒挤压等接头,以个计算。钢筋机械连接的接头,按设计规定计算。设计无规定时,按施工规范或施工组织设计规定的实际数量计算。

2)计算钢筋工程量时,钢筋保护层厚度按设计规定计算。设计无规定时,按施工规范规定计算。钢筋的弯钩增加长度和弯起增加长度按设计规定计算。已执行了钢筋接头子目的钢筋连接,其连接长度不另行计算。施工单位为了节约材料所发生的钢筋搭接,其连接长度或钢筋接头不另行计算。

3)先张法预应力钢筋按构件外形尺寸计算长度。后张法预应力钢筋按设计规定的预应力钢筋预留孔道长度,并区别不同的锚具类型,分别按下列规定计算。

①低合金钢筋两端采用螺杆锚具时,预应力钢筋按预留孔道长度减 0.35m,螺杆另行计算。

②低合金钢筋一端采用镦头插片,另一端为螺杆锚具时,预应力钢筋长度按预留孔道长度计算,螺杆另行计算。

③低合金钢筋一端采用镦头插片,另一端采用帮条锚具时,预应力钢筋长度增加 0.15m;两端均采用帮条锚具时,预应力钢筋长度共增加 0.3m。

④低合金钢筋采用后张混凝土自锚时,预应力钢筋长度增加 0.35m。

⑤低合金钢筋或钢绞线采用 JM、XM、QM 型锚具。孔道长度在 20m 以内时,预应力钢筋长度增加 1m;孔道长在 20m 以上时,预应力钢筋长度增加 1.8m。

⑥碳素钢丝采用锥形锚具。孔道长在 20m 以内时,预应力钢筋长度增加 1m;孔道长在 20m 以上时,预应力钢筋长度增加 1.8m。

⑦碳素钢丝两端采用镦粗头时,预应力钢丝长度增加 0.35m。

现行定额新增了无粘结预应力钢丝束和有粘结预应力钢绞线项目,其含义是:无粘结预应力钢丝束是指外表面刷涂料、包塑料管的钢丝束,直接预埋于混凝土中,待混凝土达到一定强度后,进行后张法施工。预应力钢丝束的张拉应力通过其两端的锚具传递给混凝土构件。由于钢丝束外表面的塑料管阻断了钢丝束与混凝土的接触,因此,钢丝束与混凝土之间不能形成粘结,故称无粘结。

有粘结预应力钢绞线是指浇筑混凝土时,用波纹管在混凝土中预留孔道,混凝土达到强度时,在波纹管中穿入钢质裸露的钢绞线,然后,进行后张法施工,最后在波纹管中加压浆,用锚具锚固钢筋。由于混凝土、波纹管、砂浆、钢绞线能够相互粘结成牢固的整体,故称有粘结。

4)其他。

①马凳是指用于支撑现浇混凝土板或现浇雨篷板中的上部钢筋的铁件。马凳钢筋质量,设计有规定的按设计规定计算。设计无规定时,马凳的规格应比底板钢筋降低一个规格。若底板钢筋规格不同时,按其中规格大的钢筋降低一个规格计算。长度按底板厚度的2 倍加 200mm 计算,每平方米 1 个,计入钢筋总量。

②墙体拉结 S 钩钢筋质量,设计有规定的按设计规定计算,设计无规定按 φ 钢筋,长度按墙厚加 150mm 计算,每平方米 3 个,计入钢筋总量。

③砌体加固钢筋按设计用量,以 t 计算。

④防护工程的钢筋锚杆、锚喷护壁钢筋、钢筋网按设计用量,以"t"计算,执行现浇构件钢筋子目。

⑤混凝土构件预埋铁件工程量,按金属结构制作工程量的规则,以"t"计算。

⑥冷扎扭钢筋执行冷扎带肋钢筋子目。

⑦设计采用 HRB400 级钢时,执行补充定额相应子目。

⑧预制混凝土构件中,不同直径的钢筋点焊成一体时,按各自的直径计算钢筋工程量,按不同直径钢筋的总工程量执行最小直径钢筋的点焊子目;如果最大与最小钢筋的直径比大于2时,最小直径钢筋点焊子目的人工乘以系数1.25。

18. 螺栓铁件、钢板计算

螺栓铁件按设计图示尺寸的钢材质量,以"t"计算。金属构件中所用钢板,设计为多边形者,按矩形计算,矩形的边长以设计构件尺寸的最大矩形面积计算。

第三节　混凝土及钢筋混凝土工程工程量
清单项目设置规则及说明

一、现浇混凝土基础

现浇混凝土基础工程量清单项目设置、项目特征描述的内容、计量单位及工程量计算规则应按表10-10的规定执行。

表 10-10　现浇混凝土基础(编号:010501)

项目编码	项目名称	项目特征	计量单位	工程量计算规则	工作内容
010501001	垫层				
010501002	带形基础				
010501003	独立基础	1. 混凝土种类 2. 混凝土强度等级	m³	按设计图示尺寸以体积计算。不扣除伸入承台基础的桩头所占体积	1. 模板及支撑制作、安装、拆除、堆放、运输及清理模内杂物、刷隔离剂等 2. 混凝土制作、运输、浇筑、振捣、养护
010501004	满堂基础				
010501005	桩承台基础				
010501006	设备基础	1. 混凝土种类 2. 混凝土强度等级 3. 灌浆材料及其强度等级			

注:①有肋带形基础、无肋带形基础应按本表中相关项目列项,并注明肋高。

②箱式满堂基础中柱、梁、墙、板按本章表10-11、表10-12、表10-13、表10-14相关项目分别编码列项;箱式满堂基础底板按本表的满堂基础项目列项。

③框架式设备基础中柱、梁、墙、板分别按章表10-11、表10-12、表10-13、表10-14相关项目编码列项;基础部分按本表相关项目编码列项。

④如为毛石混凝土基础,项目特征应描述毛石所占比例。

二、现浇混凝土柱

现浇混凝土柱工程量清单项目设置、项目特征描述的内容、计量单位及工程量计算规则应按表10-11的规定执行。

表 10-11　　现浇混凝土柱(编号:010502)

项目编码	项目名称	项目特征	计量单位	工程量计算规则	工作内容
010502001	矩形柱	1. 混凝土种类 2. 混凝土强度等级	m³	按设计图示尺寸以体积计算 柱高: 　1. 有梁板的柱高,应自柱基上表面(或楼板上表面)至上一层楼板上表面之间的高度计算 　2. 无梁板的柱高,应自柱基上表面(或楼板上表面)至柱帽下表面之间的高度计算 　3. 框架柱的柱高:应自柱基上表面至柱顶高度计算 　4. 构造柱按全高计算,嵌接墙体部分(马牙槎)并入柱身体积 　5. 依附柱上的牛腿和升板的柱帽,并入柱身体积计算	1. 模板及支架(撑)制作、安装、拆除、堆放、运输及清理模内杂物、刷隔离剂等 2. 混凝土制作、运输、浇筑、振捣、养护
010502002	构造柱				
010502003	异形柱	1. 柱形状 2. 混凝土种类 3. 混凝土强度等级			

注:混凝土种类:指清水混凝土、彩色混凝土等,如在同一地区既使用预拌(商品)混凝土,又允许现场搅拌混凝土时,也应注明(下同)。

三、现浇混凝土梁

现浇混凝土梁工程量清单项目设置、项目特征描述的内容、计量单位及工程量计算规则应按表 10-12 的规定执行。

表 10-12　　现浇混凝土梁(编号:010503)

项目编码	项目名称	项目特征	计量单位	工程量计算规则	工作内容
010503001	基础梁	1. 混凝土种类 2. 混凝土强度等级	m³	按设计图示尺寸以体积计算。伸入墙内的梁头、梁垫并入梁体积内 梁长: 　1. 梁与柱连接时,梁长算至柱侧面 　2. 主梁与次梁连接时,次梁长算至主梁侧面	1. 模板及支架(撑)制作、安装、拆除、堆放、运输及清理模内杂物、刷隔离剂等 2. 混凝土制作、运输、浇筑、振捣、养护
010503002	矩形梁				
010503003	异形梁				
010503004	圈梁				
010503005	过梁				
010503006	弧形、拱形梁	1. 混凝土种类 2. 混凝土强度等级	m³	按设计图示尺寸以体积计算。伸入墙内的梁头、梁垫并入梁体积内 梁长: 　1. 梁与柱连接时,梁长算至柱侧面 　2. 主梁与次梁连接时,次梁长算至主梁侧面	1. 模板及支架(撑)制作、安装、拆除、堆放、运输及清理模内杂物、刷隔离剂等 2. 混凝土制作、运输、浇筑、振捣、养护

四、现浇混凝土墙

现浇混凝土墙工程量清单项目设置、项目特征描述的内容、计量单位及工程量计算规则应按表 10-13 的规定执行。

表 10-13　现浇混凝土墙(编号:010504)

项目编码	项目名称	项目特征	计量单位	工程量计算规则	工作内容
010504001	直形墙	1. 混凝土种类 2. 混凝土强度等级	m³	按设计图示尺寸以体积计算 　扣除门窗洞口及单个面积＞0.3m² 的孔洞所占体积,墙垛及突出墙面部分并入墙体体积计算内	1. 模板及支架(撑)制作、安装、拆除、堆放、运输及清理模内杂物、刷隔离剂等 2. 混凝土制作、运输、浇筑、振捣、养护
010504002	弧形墙				
010504003	短肢剪力墙				
010504004	挡土墙				

注:短肢剪力墙是指截面厚度不大于 300mm、各肢截面高度与厚度之比的最大值大于 4 但不大于 8 的剪力墙;各肢截面高度与厚度之比的最大值不大于 4 的剪力墙按柱项目编码列项。

五、现浇混凝土板

现浇混凝土板工程量清单项目设置、项目特征描述的内容、计量单位及工程量计算规则应按表 10-14 的规定执行。

表 10-14　现浇混凝土板(编码:010505)

项目编码	项目名称	项目特征	计量单位	工程量计算规则	工作内容
010505001	有梁板	1. 混凝土种类 2. 混凝土强度等级	m³	按设计图示尺寸以体积计算,不扣除单个面积≤0.3m² 的柱、垛以及孔洞所占体积 　压形钢板混凝土楼板扣除构件内压形钢板所占体积 　有梁板(包括主、次梁与板)按梁、板体积之和计算,无梁板按板和柱帽体积之和计算,各类板伸入墙内的板头并入板体积内,薄壳板的肋、基梁并入薄壳体积内计算	1. 模板及支架(撑)制作、安装、拆除、堆放、运输及清理模内杂物、刷隔离剂等 2. 混凝土制作、运输、浇筑、振捣、养护
010505002	无梁板				
010505003	平板				
010505004	拱板				
010505005	薄壳板				
010505006	栏板				
010505007	天沟(檐沟)、挑檐板			按设计图示尺寸以体积计算	
010505008	雨篷、悬挑板、阳台板			按设计图示尺寸以墙外部分体积计算。包括伸出墙外的牛腿和雨篷反挑檐的体积	
010505009	空心板			按设计图示尺寸以体积计算。空心板(GBF 高强薄壁蜂集芯板等)应扣除空心部分体积	
010505010	其他板			按设计图示尺寸以体积计算	

注:现浇挑檐、天沟板、雨篷、阳台与板(包括屋面板、楼板)连接时,以外墙外边线为分界线;与圈梁(包括其他梁)连接时,以梁外边线为分界线。外边线以外为挑檐、天沟、雨篷或阳台。

六、现浇混凝土楼梯

现浇混凝土楼梯工程量清单项目设置、项目特征描述的内容、计量单位及工程量计算规则应按表 10-15 的规定执行。

表 10-15　现浇混凝土楼梯(编号：010506)

项目编码	项目名称	项目特征	计量单位	工程量计算规则	工作内容
010506001	直形楼梯	1. 混凝土种类 2. 混凝土强度等级	1. m² 2. m³	1. 以平方米计量，按设计图示尺寸以水平投影面积计算。不扣除宽度≤500mm 的楼梯井，伸入墙内部分不计算。 2. 以立方米计量，按设计图示尺寸以体积计算	1. 模板及支架(撑)制作、安装、拆除、堆放、运输及清理模内杂物、刷隔离剂等 2. 混凝土制作、运输、浇筑、振捣、养护
010506002	弧形楼梯				

注：整体楼梯(包括直形楼梯、弧形楼梯)水平投影面积包括休息平台、平台梁、斜梁和楼梯的连接梁。当整体楼梯与现浇楼板无梯梁连接时，以楼梯的最后一个踏步边缘加 300mm 为界。

七、现浇混凝土其他构件

现浇混凝土其他构件工程量清单项目设置、项目特征描述的内容、计量单位及工程量计算规则应按表 10-16 的规定执行。

表 10-16　现浇混凝土其他构件(编号：010507)

项目编码	项目名称	项目特征	计量单位	工程量计算规则	工作内容
010507001	散水、坡道	1. 垫层材料种类、厚度 2. 面层厚度 3. 混凝土种类 4. 混凝土强度等级 5. 变形缝填塞材料种类	m²	按设计图示尺寸以水平投影面积计算。不扣除单个≤0.3m² 的孔洞所占面积	1. 地基夯实 2. 铺设垫层 3. 模板及支撑制作、安装、拆除、堆放、运输及清理模内杂物、刷隔离剂等 4. 混凝土制作、运输、浇筑、振捣、养护 5. 变形缝填塞
010507002	室外地坪	1. 地坪厚度 2. 混凝土强度等级			
010507003	电缆沟、地沟	1. 土壤类别 2. 沟截面净空尺寸 3. 垫层材料种类、厚度 4. 混凝土种类 5. 混凝土强度等级 6. 防护材料种类	m	按设计图示以中心线长度计算	1. 挖填、运土石方 2. 铺设垫层 3. 模板及支撑制作、安装、拆除、堆放、运输及清理模内杂物、刷隔离剂等 4. 混凝土制作、运输、浇筑、振捣、养护 5. 刷防护材料

续表 10-16

项目编码	项目名称	项目特征	计量单位	工程量计算规则	工作内容
010507004	台阶	1. 踏步高、宽 2. 混凝土种类 3. 混凝土强度等级	1. m² 2. m³	1. 以平方米计量，按设计图示尺寸水平投影面积计算 2. 以立方米计量，按设计图示尺寸以体积计算	1. 模板及支撑制作、安装、拆除、堆放、运输及清理模内杂物、刷隔离剂等 2. 混凝土制作、运输、浇筑、振捣、养护
010507005	扶手、压顶	1. 断面尺寸 2. 混凝土种类 3. 混凝土强度等级	1. m 2. m³	1. 以米计量，按设计图示的中心线延长米计算 2. 以立方米计量，按设计图示尺寸以体积计算	1. 模板及支架（撑）制作、安装、拆除、堆放、运输及清理模内杂物、刷隔离剂等 2. 混凝土制作、运输、浇筑、振捣、养护
010507006	化粪池、检查井	1. 部位 2. 混凝土强度等级 3. 防水、抗渗要求	1. m³ 2. 座	1. 按设计图示尺寸以体积计算 2. 以座计量，按设计图示数量计算	
010507007	其他构件	1. 构件的类型 2. 构件规格 3. 部位 4. 混凝土种类 5. 混凝土强度等级	m³		

注：①现浇混凝土小型池槽、垫块、门框等，应按本表其他构件项目编码列项。

　　②架空式混凝土台阶，按现浇楼梯计算。

八、后浇带

后浇带工程量清单项目设置、项目特征描述的内容、计量单位及工程量计算规则应按表 10-17 的规定执行。

表 10-17　后浇带（编号：010508）

项目编码	项目名称	项目特征	计量单位	工程量计算规则	工作内容
010508001	后浇带	1. 混凝土种类 2. 混凝土强度等级	m³	按设计图示尺寸以体积计算	1. 模板及支架（撑）制作、安装、拆除、堆放、运输及清理模内杂物、刷隔离剂等 2. 混凝土制作、运输、浇筑、振捣、养护及混凝土交接面、钢筋等的清理

九、预制混凝土柱

预制混凝土柱工程量清单项目设置、项目特征描述的内容、计量单位及工程量计算规则应按表 10-18 的规定执行。

表 10-18　预制混凝土柱(编号:010509)

项目编码	项目名称	项目特征	计量单位	工程量计算规则	工作内容
010509001	矩形柱	1. 图代号 2. 单件体积 3. 安装高度 4. 混凝土强度等级 5. 砂浆(细石混凝土)强度等级、配合比	1. m³ 2. 根	1. 以立方米计量,按设计图示尺寸以体积计算 2. 以根计量,按设计图示尺寸以数量计算	1. 模板制作、安装、拆除、堆放、运输及清理模内杂物、刷隔离剂等 2. 混凝土制作、运输、浇筑、振捣、养护 3. 构件运输、安装 4. 砂浆制作、运输 5. 接头灌缝、养护
010509002	异形柱				

注:以根计量,必须描述单件体积。

十、预制混凝土梁

预制混凝土梁工程量清单项目设置、项目特征描述的内容、计量单位及工程量计算规则应按表 10-19 的规定执行。

表 10-19　预制混凝土梁(编号:010510)

项目编码	项目名称	项目特征	计量单位	工程量计算规则	工作内容
010510001	矩形梁	1. 图代号 2. 单件体积 3. 安装高度 4. 混凝土强度等级 5. 砂浆(细石混凝土)强度等级、配合比	1. m³ 2. 根	1. 以立方米计量,按设计图示尺寸以体积计算 2. 以根计量,按设计图示尺寸以数量计算	1. 模板制作、安装、拆除、堆放、运输及清理模内杂物、刷隔离剂等 2. 混凝土制作、运输、浇筑、振捣、养护 3. 构件运输、安装 4. 砂浆制作、运输 5. 接头灌缝、养护
010510002	异形梁				
010510003	过梁				
010510004	拱形梁				
010510005	鱼腹式吊车梁				
010510006	其他梁				

注:以根计量,必须描述单件体积。

十一、预制混凝土屋架

预制混凝土屋架工程量清单项目设置、项目特征描述的内容、计量单位及工程量计算规则应按表 10-20 的规定执行。

表 10-20　预制混凝土屋架(编号:010511)

项目编码	项目名称	项目特征	计量单位	工程量计算规则	工作内容
010511001	折线型	1. 图代号 2. 单件体积 3. 安装高度 4. 混凝土强度等级 5. 砂浆(细石混凝土)强度等级、配合比	1. m³ 2. 榀	1. 以立方米计量,按设计图示尺寸以体积计算 2. 以榀计量,按设计图示尺寸以数量计算	1. 模板制作、安装、拆除、堆放、运输及清理模内杂物、刷隔离剂等 2. 混凝土制作、运输、浇筑、振捣、养护 3. 构件运输、安装 4. 砂浆制作、运输 5. 接头灌缝、养护
010511002	组合				
010511003	薄腹				
010511004	门式刚架				
010511005	天窗架				

注:① 以榀计量,必须描述单件体积。
　　② 三角形屋架按本表中折线型屋架项目编码列项。

十二、预制混凝土板

预制混凝土板工程量清单项目设置、项目特征描述的内容、计量单位及工程量计算规则应按表 10-21 的规定执行。

表 10-21　预制混凝土板(编号:010512)

项目编码	项目名称	项目特征	计量单位	工程量计算规则	工作内容
010512001	平板	1. 图代号 2. 单件体积 3. 安装高度 4. 混凝土强度等级 5. 砂浆(细石混凝土)强度等级、配合比	1. m³ 2. 块	1. 以立方米计量,按设计图示尺寸以体积计算。不扣除单个面积 ≤ 300mm×300mm 的孔洞所占体积,扣除空心板空洞体积 2. 以块计量,按设计图示尺寸以数量计算	1. 模板制作、安装、拆除、堆放、运输及清理模内杂物、刷隔离剂等 2. 混凝土制作、运输、浇筑、振捣、养护 3. 构件运输、安装 4. 砂浆制作、运输 5. 接头灌缝、养护
010512002	空心板				
010512003	槽形板				
010512004	网架板				
010512005	折线板				
010512006	带肋板				
010512007	大型板				
010512008	沟盖板、井盖板、井圈	1. 单件体积 2. 安装高度 3. 混凝土强度等级 4. 砂浆强度等级、配合比	1. m³ 2. 块 (套)	1. 以立方米计量。按设计图示尺寸以体积计算 2. 以块计量,按设计图示尺寸以数量计算	

注:①以块、套计量,必须描述单件体积。
　　②不带肋的预制遮阳板、雨篷板、挑檐板、拦板等,应按本表平板项目编码列项。
　　③预制F形板、双T形板、单肋板和带反挑檐的雨篷板、挑檐板、遮阳板等,应按本表带肋板项目编码列项。
　　④预制大型墙板、大型楼板、大型屋面板等,按本表中大型板项目编码列项。

十三、预制混凝土楼梯

预制混凝土楼梯工程量清单项目设置、项目特征描述的内容、计量单位及工程量计算规则应按表 10-22 的规定执行。

表 10-22　预制混凝土楼梯(编号:010513)

项目编码	项目名称	项目特征	计量单位	工程量计算规则	工作内容
010513001	楼梯	1. 楼梯类型 2. 单件体积 3. 混凝土强度等级 4. 砂浆(细石混凝土)强度等级	1. m³ 2. 段	1. 以立方米计量,按设计图示尺寸以体积计算。扣除空心踏步板空洞体积 2. 以段计量,按设计图示数量计算	1. 模板制作、安装、拆除、堆放、运输及清理模内杂物、刷隔离剂等 2. 混凝土制作、运输、浇筑、振捣、养护 3. 构件运输、安装 4. 砂浆制作、运输 5. 接头灌缝、养护

注:以块计量,必须描述单件体积。

十四、其他预制构件

其他预制构件工程量清单项目设置、项目特征描述的内容、计量单位及工程量计算规则应按表 10-23 的规定执行。

表 10-23　其他预制构件(编号:010514)

项目编码	项目名称	项目特征	计量单位	工程量计算规则	工作内容
010514001	垃圾道、通风道、烟道	1. 单件体积 2. 混凝土强度等级 3. 砂浆强度等级	1. m³ 2. m² 3. 根(块、套)	1. 以立方米计量,按设计图示尺寸以体积计算。不扣除单个面积≤300mm×300mm的孔洞所占体积,扣除烟道、垃圾道、通风道的孔洞所占体积 2. 以平方米计量.按设计图示尺寸以面积计算。不扣除单个面积≤300mm×300mm的孔洞所占面积 3. 以根计量,按设计图示尺寸以数量计算	1. 模板制作、安装、拆除、堆放、运输及清理模内杂物、刷隔离剂等 2. 混凝土制作、运输、浇筑、振捣、养护 3. 构件运输、安装 4. 砂浆制作、运输 5. 接头灌缝、养护
010514002	其他构件	1. 单件体积 2. 构件的类型 3. 混凝土强度等级 4. 砂浆强度等级			

注:①以块、根计量,必须描述单件体积。
②预制钢筋混凝土小型池槽、压顶、扶手、垫块、隔热板、花格等,按本表中其他构件项目编码列项。

十五、钢筋工程

钢筋工程工程量清单项目设置、项目特征描述的内容、计量单位及工程量计算规则应按表 10-24 的规定执行。

表 10-24　钢筋工程(编号:010515)

项目编码	项目名称	项目特征	计量单位	工程量计算规则	工作内容
010515001	现浇构件钢筋	钢筋种类、规格		按设计图示钢筋(网)长度(面积)乘单位理论质量计算	1. 钢筋制作、运输 2. 钢筋安装 3. 焊接(绑扎)
010515002	预制构件钢筋				
010515003	钢筋网片				1. 钢筋网制作、运输 2. 钢筋网安装 3. 焊接(绑扎)
010515004	钢筋笼				1. 钢筋笼制作、运输 2. 钢筋笼安装 3. 焊接(绑扎)
010515005	先张法预应力钢筋	1. 钢筋种类、规格 2. 锚具种类	t	按设计图示钢筋长度乘单位理论质量计算	1. 钢筋制作、运输 2. 钢筋张拉
010515006	后张法预应力钢筋	1. 钢筋种类、规格 2. 钢丝种类、规格 3. 钢绞线种类、规格 4. 锚具种类 5. 砂浆强度等级		按设计图示钢筋(丝束、绞线)长度乘单位理论质量计算 1. 低合金钢筋两端均采用螺杆锚具时,钢筋长度按孔道长度减 0.35m 计算,螺杆另行计算 2. 低合金钢筋一端采用镦头插片,另一端采用螺杆锚具时,钢筋长度按孔道长度计算,螺杆另行计算 3. 低合金钢筋一端采用镦头插片,另一端采用帮条锚具时,钢筋增加 0.15m 计算;两端均采用帮条锚具时,钢筋长度按孔道长度增加 0.3m 计算 4. 低合金钢筋采用后张混凝土自锚时,钢筋长度按孔道长度增加 0.35m 计算 5. 低合金钢筋(钢绞线)采用 JM、XM、QM 型锚具,孔道长度≤20m 时,钢筋长度增加 1m 计算,孔道长度>20m 时,钢筋长度增加 1.8m 计算 6. 碳素钢丝采用锥形锚具,孔道长度≤20m 时,钢丝束长度按孔道长度增加 1m 计算,孔道长度>20m 时,钢丝束长度按孔道长度增加 1.8m 计算 7. 碳素钢丝采用镦头锚具时,钢丝束长度按孔道长度增加 0.35m 计算	1. 钢筋、钢丝、钢绞线制作、运输 2. 钢筋、钢丝、钢绞线安装 3. 预埋管孔道铺设 4. 锚具安装 5. 砂浆制作、运输 6. 孔道压浆、养护
010515007	预应力钢丝				
010515008	预应力钢绞线				

续表 10-24

项目编码	项目名称	项目特征	计量单位	工程量计算规则	工作内容
010515009	支撑钢筋 （铁马）	1. 钢筋种类 2. 规格	t	按钢筋长度乘单位理论质量计算	钢筋制作、焊接、安装
010515010	声测管	1. 材质 2. 规格型号		按设计图示尺寸以质量计算	1. 检测管截断、封头 2. 套管制作、焊接 3. 定位、固定

注：①现浇构件中伸出构件的锚固钢筋应并入钢筋工程量内。除设计（包括规范规定）标明的搭接外，其他施工搭接不计算工程量，在综合单价中综合考虑。

②现浇构件中固定位置的支撑钢筋、双层钢筋用的"铁马"在编制工程量清单时，如果设计未明确，其工程数量可为暂估量，结算时按现场签证数量计算。

十六、螺栓、铁件

螺栓、铁件工程量清单项目设置、项目特征描述的内容、计量单位及工程量计算规则应按表 10-25 的规定执行。

表 10-25　螺栓、铁件(编号：010516)

项目编码	项目名称	项目特征	计量单位	工程量计算规则	工作内容
010516001	螺栓	1. 螺栓种类 2. 规格	t	按设计图示尺寸以质量计算	1. 螺栓、铁件制作、运输 2. 螺栓、铁件安装
010516002	预埋铁件	1. 钢材种类 2 规格 3. 铁件尺寸			
010516003	机械连接	1. 连接方式 2. 螺纹套筒种类 3. 规格	个	按数量计算	1. 钢筋套丝 2. 套筒连接

注：编制工程量清单时，如果设计未明确，其工程数量可为暂估量，实际工程量按现场签证数量计算。

十七、混凝土及钢筋混凝土工程工程量计算示例

1) 预制混凝土构件或预制钢筋混凝土构件，如施工图设计标注做法见标准图集时，项目特征注明标准图集的编码、页号及节点大样即可。

2) 现浇或预制混凝土和钢筋混凝土构件，不扣除构件内钢筋、螺栓、预埋铁件、张拉孔道所占体积，但应扣除劲性骨架的型钢所占体积。

【示例】 ××工程基础面标高为 -1.2m，一层层高 3.9m，一层柱尺寸 300mm×400mm，共计 30 根，混凝土强度等级 C25，采用现场砾石混凝土浇捣。试编制柱的工程量清单及报价。

解：（1）工程量清单的编制

柱高为 3.9+1.2=5.1m

矩形柱清单工程量=0.3×0.4×5.1×30=18.36m³

编制工程量清单见表 10-26。

表 10-26 工程量清单表

序号	项目编码	项目名称	项目特征描述	计量单位	工程量	金额/元		其中：暂估价
						综合单价	合价	
1	010502001	矩形柱	(1)混凝土强度等级：C25 (2)柱高度：5.1m (3)混凝土拌和料要求：现场搅拌、使用砾石 (4)柱截面尺寸：300mm×400mm	m³	18.36			

（2）工程量清单计价单价分析

矩形柱项目发生的工程内容有：

柱混凝土制作、运输、浇筑、振捣、养护：工程量同清单 18.36m³

工程量清单计价单价分析见表 10-27。

表 10-27 工程量清单计价表

序号	项目编码	项目名称	计量单位	工程量	综合单价组成					综合单价	合计
					人工费	材料费	机械使用费	企业管理费	利润		
1	010502001	矩形柱	m³	18.36							
1.1	010502001001	C25柱混凝土（现场搅拌、使用砾石）	m³	18.36	92.05	231.42	6.25	19.66	6.99	356.37	6543
	合计										6543

（3）分部分项清单计价见表 10-28。

表 10-28 分部分项清单计价表

序号	项目编码	项目名称	项目特征描述	计量单位	工程量	金额/元		其中：暂估价
						综合单价	合价	
1	010502001	矩形柱	(1)混凝土强度等级：C25 (2)柱高度：5.1m (3)混凝土拌和料要求：现场搅拌、使用砾石 (4)柱截面尺寸：300mm×400mm	m³	18.36	356.37	6543	

【示例】 如图 10-50 所示，此预制水磨石台板所用混凝土强度等级为 C20，安装时，需进行酸洗、打蜡，安装高度为 20m 以内，试计算此预制水磨石台板 150 块的工程量。

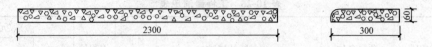

图 10-50 预制水磨石窗台板

解： 依据题意，预制水磨石窗台板安装套用基础定额 3-3-58，酸洗、打醋套用基础定额 9-1-161(台阶)，得：

$$V_{预制水磨石窗台板工程量} = 2.3 \times 0.3 \times 0.06 \times 150 = 6.21 m^3$$

该项目的工程内容：构件安装；砂浆制作、运输、接头灌缝养护、酸洗、打蜡。

预制水磨石窗台板工程量 $= 2.3 \times 0.3 \times 150 = 103.5 m^3$

预制水磨石窗台板安装费用应扣除成品材料费。

人工、材料、机械单价选用市场信息价。

【示例】 有一建筑标准层楼梯设计如图 10-51 所示，现浇 C25 混凝土(砾石)板式整体楼梯，梯板厚 120mm，楼梯踏步尺寸为 260mm×155mm，共 18 级。已知 $b = 260 \times 8 = 2080$mm，$c = 150$mm，休息平台宽为 1600mm，楼梯与楼板连接梁、平台梁断面尺寸均为 200mm×300mm，平台板厚 80mm。试编制一个标准层的楼梯工程量清单及报价。

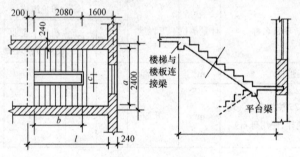

图 10-51 标准层楼梯图

解： (1)工程量清单的编制

清单项目为直形楼梯：

清单工程量为：(2.08+ [梯段] 0.2+ [楼梯与楼板连接梁休息平台] +1.6−0.12)×(2.4−0.24) [梯宽] =8.12m²

编制工程量清单见表 10-29。

表 10-29 工程量清单表

序号	项目编码	项目名称	项目特征描述	计量单位	工程量	金额(元)		
						综合单价	合价	其中：暂估价
4	010513001	直形楼梯	(1)混凝土强度等级：C25 (2)混凝土拌和料要求：现场搅拌、使用砾石	m²	8.12			

(2)工程量清单计价单价分析(表 10-30)

直形楼梯项目发生的工程内容有：

C25 板式整体楼梯混凝土：工程量同清单 8.12m²。

表 10-30　工程量清单计价分析表

序号	项目编码	项目名称	计量单位	工程量	综合单价组成					综合单价	合计
					人工费	材料费	机械使用费	企业管理费	利润		
4	010513001	直形楼梯	m²	8.12							
4.1	010513001001	C25 板式整体楼梯混凝土（现场搅拌、使用砾石）	m²	8.12	20.53	49.38	2.04	4.51	1.53	77.99	633
	合计										633

（3）工程量清单计价单价分析表（表 10-31）

表 10-31　工程量清单计价单价表

序号	项目编码	项目名称	项目特征描述	计量单位	工程量	金额(元)		
						综合单价	合价	其中：暂估价
4	010406001001	直形楼梯	(1)混凝土强度等级：C25 (2)混凝土拌和料要求：现场搅拌、使用砾石	m²	8.12	77.98	633	

第十一章 门窗及木结构工程工程量相关规定及计算

第一节 门窗及木结构工程工程量计算

一、一般规定

各类门、窗制作、安装工程量均按门、窗洞口面积计算。

1)门、窗盖口条、贴脸、披水条,按图示尺寸以延长米计算,执行木装修项目(图11-1)。

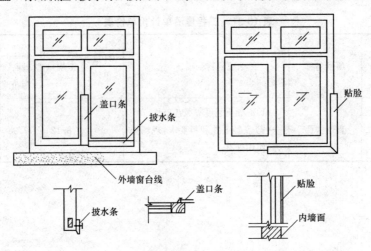

图11-1 门、窗盖口条、贴脸、披水条示意图

2)普通窗上部带有半圆窗的工程量,应分别按半圆窗和普通窗计算。其分界线以普通窗和半圆窗之间的横框上裁口线为分界线,如图11-2所示。

3)门窗扇包镀锌铁皮,按门、窗洞口面积以平方米计算如图11-3所示;门窗框包镀锌铁皮,钉橡皮条、钉毛毡按图示门窗洞口尺寸以延长米计算。

4)木材木种分类。全国统一建筑工程基础定额将木材分为以下四类:

一类:红松、水桐木、樟子松。

二类:白松(方杉、冷杉)、杉木、杨木、柳木、椴木。

三类:青松、黄花松、秋子木、马尾松、东北榆木、柏木、苦楝木、梓木、黄菠萝、椿木、楠木、柚木、樟木。

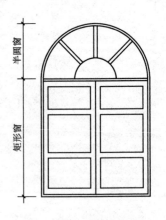

图11-2 带半圆窗示意图

四类:栎木(柞木)、檀木、色木、槐木、荔木、麻栗木(麻栎、青杠)、桦木、荷木、水曲柳、华北榆木。

5)板、枋材规格分类见表11-1。

图 11-3　各种门窗示意图

(a)门带窗　(b)固定百叶窗　(c)半截百叶门　(d)带亮子镶板门
(e)带观察窗胶合板门　(f)拼板门　(g)半玻门　(h)全玻门

表 11-1　板、枋材规格分类表

项目	按宽厚尺寸比例分类	按板材厚度、枋材宽与厚乘积分类			
板材	宽≥3×厚	名称	薄板	中板	厚度	特厚板
		厚度(mm)	<18	19~35	36~65	≥66
枋材	宽<3×厚	名称	小枋	中枋	大枋	特大枋
		宽×厚(cm²)	<54	55~100	101~225	≥226

二、门窗框扇断面

1. 框扇断面的确定

　　定额中所注明的木材断面或厚度均以毛料为准。如设计图纸注明的断面或厚度为净料时，应增加刨光损耗；板、枋材一面刨光增加 3mm；两面刨光增加 5mm。

【示例】　根据图 11-4 中门框断面的净尺寸计算含刨光损耗的毛断面。

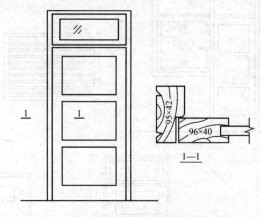

图 11-4　木门框扇断面示意图

解:门框毛断面 = (9.5+0.5)×(4.2+0.3)=45cm²

门扇毛断面 = (9.5+0.5)×(4.0+0.5)=45cm²

2. 框扇断面的换算

当图纸设计的木门窗框扇断面与定额规定不同时,应按比例换算。框断面以边框断面为准(框裁口如为钉条者加贴条的断面);扇断面以主梃断面为准。

框扇断面不同时的定额材积换算公式:

$$换算后材积 = \frac{设计断面(加刨光损耗)}{定额断面} × 定额材积$$

【示例】　某工程的单层镶板门框的设计断面为 60mm×115mm(净尺寸),查定额框断面 60mm×100mm(毛料),定额枋材料用量 2.037m³/100m²,试计算按图纸设计的门框枋材耗用量。

解:
$$换算后体积 = \frac{设计断面}{定额断面} × 定额材积$$
$$= \frac{63×120}{60×100} × 2.037$$
$$= 2.567 m³/100m²$$

三、铝合金门窗

铝合金门窗制作、安装,铝合金、不锈钢门窗、彩板组角钢门窗、塑料门窗、钢门窗安装,均按设计门窗洞口面积计算。

四、卷闸门

卷闸门安装按洞口高度增加 600mm 乘以门实际宽度以平方米计算。电动装置安装以套计算,小门安装以个计算。

【示例】　根据图 11-5 所示尺寸计算卷闸门工程量。

解:
$$S = 3.50×(3.60+0.60)$$
$$= 3.50×4.20$$
$$= 14.70 m²$$

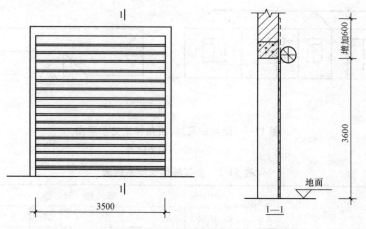

图 11-5　卷闸门示意图

【示例】　某办公楼需安装 11 樘铝合金卷闸门,预留孔高度为 30mm,实际卷闸门宽为 2500mm,试计算此卷闸门安装工程量。

解:　铝合金卷闸门工程量＝(预留孔高度＋0.6)×卷闸门宽×樘数×(3.0＋0.6)×
2.5×11＝99m²

五、门框、附框

彩板组角钢门窗附框安装工程量按延米计算。

【示例】　如图 11-6 所示,此木门的门框与洞口之间留有 20mm 的空隙,尺寸大小如图所示,试计算此木门制作安装工程量。

解:依据题意并套用基础定额 7-31、7-32 得:

此木门制作安装工程量为:3.5 × 3.5 ＝12.25m²

六、木屋架

1)木屋架制作安装均按设计断面竣工木料以立方米计算,其后备长度及配制损耗均不另行计算。

2)方木屋架一面刨光时增加 3mm,两面刨光时增加 5mm,圆木屋架按屋架刨光时木材体积每立方

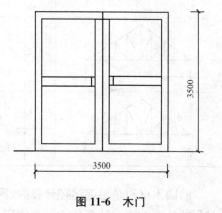

图 11-6　木门

米增加 0.05m³ 计算。附属于屋架的夹板、垫木等已并入相应的屋架制作项目中,不另计算;与屋架连接的挑檐木(附木)、支撑等,其工程量并入屋架竣工木料体积内计算。

3)屋架的制作安装应区别不同跨度,其跨度应以屋架上下弦杆的中心线交点之间的长度为准。带气楼的屋架并入所依附屋架的体积内计算。

4)屋架的马尾、折角和正交部分半屋架(图 11-7),应并入相连接屋架的体积内计算。

5)钢木屋架区分圆木、方木,按竣工木料以立方米计算。

6)圆木屋架连接的挑檐木、支撑等如为方木时,其方木部分应乘以系数 1.7 折合成圆木并入屋架竣工木料内;单独的方木挑檐,按矩形檩木计算。

7)屋架杆件长度系数表。木屋架各杆件长度可用屋架跨度乘以杆件长度系数计算。杆件长度系数见表 11-2。

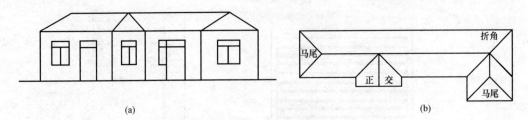

图 11-7　屋架的马尾、折角和正交示意图

(a)立面图　(b)平面图

表 11-2　屋架杆件长度系数表

屋 架 形 式	角度	杆 件 编 号										
		1	2	3	4	5	6	7	8	9	10	11
	26°34′	1	0.559	0.250	0.280	0.125						
	30°	1	0.577	0.289	0.289	0.144						
	26°34′	1	0.559	0.250	0.236	0.167	0.186	0.083				
	30°	1	0.577	0.289	0.254	0.192	0.192	0.096				
	26°34′	1	0.559	0.250	0.225	0.188	0.177	0.125	0.140	0.063		
	30°	1	0.577	0.289	0.250	0.217	0.191	0.144	0.144	0.072		
	26°34′	1	0.559	0.250	0.224	0.200	0.180	0.150	0.141	0.100	0.112	0.050
	30°	1	0.577	0.252	0.231	0.200	0.173	0.153	0.116	0.115	0.057	

8)圆木材积是根据尾径计算的,国家标准《原木材积表》(GB 4814—2013)规定了原木材积的计算方法和计算公式。在实际工作中,一般都采取查表的方式来确定圆木屋架的材积,见表 11-3 及表 11-4。

标准规定,检尺径自 4～12cm 的小径原木材积由公式

$$V = 0.7854L(D + 0.45L + 0.2)^2 \div 10000$$

确定。

检尺径自 14cm 以上原木材积由公式

$$V = 0.7854L[D + 0.5L + 0.005L^2 + 0.000125L(14 - L)^2(D - 10)]^2 \div 10000$$

确定。

式中　V——材积(m^3);

L——检尺长(m);

D——检尺径(cm)。

表 11-3　原 木 材 积 表(一)

检尺径 (cm)	检 尺 长 (m)														
	2.0	2.2	2.4	2.5	2.6	2.8	3.0	3.2	3.4	3.6	3.8	4.0	4.2	4.4	4.6
	材 积 (m³)														
8	0.013	0.015	0.016	0.017	0.018	0.020	0.021	0.023	0.025	0.027	0.029	0.031	0.034	0.036	0.038
10	0.019	0.022	0.024	0.025	0.026	0.029	0.031	0.034	0.037	0.040	0.042	0.045	0.048	0.051	0.054
12	0.027	0.030	0.033	0.035	0.037	0.040	0.043	0.047	0.050	0.054	0.058	0.062	0.065	0.069	0.074
14	0.036	0.040	0.045	0.047	0.049	0.054	0.058	0.063	0.068	0.073	0.078	0.083	0.089	0.094	0.100
16	0.047	0.052	0.058	0.060	0.063	0.069	0.075	0.081	0.087	0.093	0.100	0.106	0.113	0.120	0.126
18	0.059	0.065	0.072	0.076	0.079	0.086	0.093	0.101	0.108	0.116	0.124	0.132	0.140	0.148	0.156
20	0.072	0.080	0.088	0.092	0.097	0.105	0.114	0.123	0.132	0.141	0.151	0.160	0.170	0.180	0.190
22	0.086	0.096	0.106	0.111	0.116	0.126	0.137	0.147	0.158	0.169	0.180	0.191	0.203	0.214	0.226
24	0.102	0.114	0.125	0.131	0.137	0.149	0.161	0.174	0.186	0.199	0.212	0.225	0.239	0.252	0.266
26	0.120	0.133	0.146	0.153	0.160	0.174	0.188	0.203	0.217	0.232	0.247	0.262	0.277	0.293	0.308
28	0.138	0.154	0.169	0.177	0.185	0.201	0.217	0.234	0.250	0.267	0.284	0.302	0.319	0.339	0.354
30	0.158	0.176	0.193	0.202	0.211	0.230	0.248	0.267	0.286	0.305	0.324	0.344	0.364	0.383	0.404
32	0.180	0.199	0.219	0.230	0.240	0.260	0.281	0.302	0.324	0.345	0.367	0.389	0.411	0.433	0.456
34	0.202	0.224	0.247	0.258	0.270	0.293	0.316	0.340	0.364	0.388	0.412	0.437	0.461	0.486	0.511

表 11-4　原 木 材 积 表(二)

检尺径 (cm)	检 尺 长 (m)														
	4.8	5.0	5.2	5.4	5.6	5.8	6.0	6.2	6.4	6.6	6.8	7.0	7.2	7.4	7.6
	材 积 (m³)														
8	0.040	0.043	0.045	0.048	0.051	0.053	0.056	0.059	0.062	0.065	0.068	0.071	0.074	0.077	0.081
10	0.058	0.061	0.064	0.068	0.071	0.075	0.078	0.082	0.086	0.090	0.094	0.098	0.102	0.106	0.111
12	0.078	0.082	0.086	0.091	0.095	0.100	0.105	0.109	0.114	0.119	0.124	0.130	0.135	0.140	0.146
14	0.105	0.111	0.117	0.123	0.129	0.136	0.142	0.149	0.156	0.162	0.169	0.176	0.184	0.191	0.199
16	0.134	0.141	0.148	0.155	0.163	0.171	0.179	0.187	0.195	0.203	0.211	0.220	0.229	0.238	0.247
18	0.165	0.174	0.182	0.191	0.201	0.210	0.219	0.229	0.238	0.248	0.258	0.268	0.278	0.289	0.300
20	0.200	0.210	0.221	0.231	0.242	0.253	0.264	0.275	0.286	0.298	0.309	0.321	0.333	0.345	0.358
22	0.238	0.250	0.262	0.275	0.287	0.300	0.313	0.326	0.339	0.352	0.365	0.379	0.393	0.407	0.421
24	0.279	0.293	0.308	0.322	0.336	0.351	0.366	0.380	0.396	0.411	0.426	0.442	0.457	0.473	0.489
26	0.324	0.340	0.356	0.373	0.389	0.406	0.423	0.440	0.457	0.474	0.491	0.509	0.527	0.545	0.563
28	0.372	0.391	0.409	0.427	0.446	0.465	0.484	0.503	0.522	0.542	0.561	0.581	0.601	0.621	0.642
30	0.424	0.444	0.465	0.486	0.507	0.528	0.549	0.571	0.592	0.614	0.636	0.658	0.681	0.703	0.726
32	0.479	0.502	0.525	0.548	0.571	0.595	0.619	0.643	0.667	0.691	0.715	0.740	0.765	0.790	0.815
34	0.537	0.562	0.588	0.614	0.640	0.666	0.692	0.719	0.746	0.772	0.799	0.827	0.854	0.881	0.900

注:长度以20cm为增进单位,不足20cm,满10cm进位,不足10cm舍去;径级以2cm为增进单位,不足2cm时,满1cm的进位。不足1cm舍去。

【示例】　如图 11-8 所示,此木屋架采用现场制,不刨光,安装高度为 1.6m,其中,上弦杆长度为 3.40m,共 2 根,斜撑杆长度为 1.70m,若现有此木屋架 4 榀,试计算此木屋架工程量。

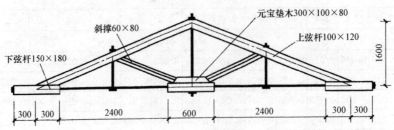

图 11-8　方木钢屋架

解:依据题意并套用基础定额 5—8—4 及定额 10—3—256,得:

此木屋架 $V_{下弦杆体积}$ ＝0.15×0.18×0.6×3×4＝0.194m³

$V_{上弦轩体积}$ ＝0.1×0.12×3.4×2×4＝0.3264m³

$V_{斜撑体积}$ ＝0.06×0.08×1.7×2×4＝0.065m³

$V_{元宝垫木体积}$ ＝0.3×0.1×0.08×4＝0.010m³

$V_{竣工木料工程量}$ ＝0.194＋0.3264＋0.065＋0.010＝0.595m³

人工、材料、机械单价选用市场信息价。

七、檩木

1)檩木按竣工木料以立方米计算。简支檩条长度按设计规定计算;如设计无规定者,按屋架或山墙中距增加 200mm 计算,如两端出山,檩条算至博风板。

2)连续檩条的长度按设计长度计算,其接头长度按全部连续檩木总体积的 5% 计算。檩条托木已计入相应的檩木制作安装项目中,不另计算。

3)简支檩条增加长度和连续檩条接头如图 11-9、图 11-10 所示。

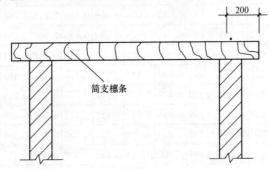

图 11-9　简支檩条增加长度示意图

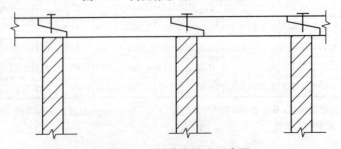

图 11-10　连续檩条接头示意图

八、屋面木基层

屋面木基层(图 11-11),按屋面的斜面积计算。天窗挑檐重叠部分按设计规定计算,屋面烟囱及斜沟部分所占面积不扣除。

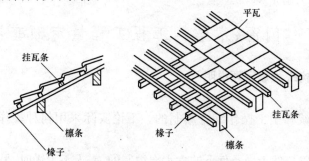

图 11-11　屋面木基层示意图

九、封檐板

封檐板按图示檐口外围长度计算,博风板按斜长计算,每个大刀头增加长度 500mm。挑檐木、封檐板、博风板、大刀头示意如图 11-12、图 11-13 所示。

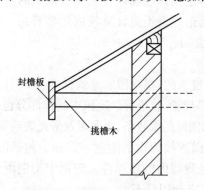

图 11-12　挑檐木、封檐板示意图

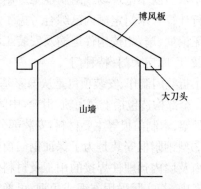

图 11-13　博风板、大刀头示意图

十、木楼梯

木楼梯按水平投影面积计算,不扣除宽度小于 300mm 的楼梯井,其踢脚板、平台和伸入墙内部分,不另计算。

【示例】　如图 11-14 所示,现有 3 跨 16 根直径为 $\phi10$ 的连续圆木檩条,试计算此木檩工程量。

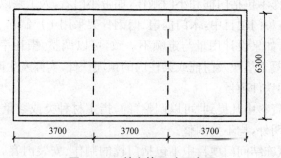

图 11-14　某木檩尺寸示意图

解:依据题意,并套用基础定额 7-338,得:

$$V_{连续檩条工程量}=\frac{\pi}{4}\times0.01^2\times3.7\times3\times(1+5\%)\times16$$

$$=0.015\mathrm{m}^3$$

第二节　门窗、木结构工程工程量定额套用规定

一、门窗、木结构工程量定额说明

(1)总说明

①定额是按机械和手工操作综合编制的。不论实际采用何种操作方法,均按本定额执行。

②定额中木材以自然干燥条件下的含水率编制的,需人工干燥时,另行计算。即定额中不包括木材的人工干燥费用,需要人工干燥时,其费用另计。干燥费用包括干燥时发生的人工费、燃料费、设备费及干燥损耗。其费用可列入木材价格内。

③成品门扇安装子目工作内容未包括刷油漆,油漆按相应章节规定计算。

④木门窗不论现场或附属加工厂制作,均执行本定额。现场以外至安装地点的水平运输另行计算。木门定额内已综合考虑了场内运输,无论远近不另计算场内运输费用。场外运输无论框、扇,均按构件运输及安装工程相应项目套用。

(2)厂库房大门、特种门

①折叠门制作、安装项目是从国家基础定额移植过来的,根据国家建筑标准 J623 计算编制的。全部构造包括上部吊轨、滑轮,中间折叠门,下部导槽、轨道等。定额中制作部分包括门扇钢骨架、木制门板等主要材料,安装部分包括连接和挡风的橡胶条、水龙带及采光玻璃等。

②型钢附框安装是为了保证钢门窗与轻质墙牢固连接而设的附框。定额中包括附框、钢门窗及墙内预埋件焊接的用工及材料,但不包括轻质墙内的预埋件。定额中型钢附框按槽钢考虑,若实际采用方钢或角钢,可换算钢材单价,定额用量不变。

③厂库房大门、特种门定额不包括固定铁件的混凝土垫块及门框或梁柱内的预埋铁件。

④平开钢木大门钢骨架用量如与设计不同,应按施工图调整,损耗率为 6%。

⑤特种门钢骨架为半成品,未包括电焊条、氧气、乙炔气及油漆材料;钢骨架用量与设计不同时,应按施工图调整,损耗率为 6%;保温材料不同时可换算。

⑥门扇包镀锌铁皮以双面包为准,如设计为单面包铁皮,则工程量乘以系数 0.67。

⑦全板钢大门制作不包括门框和小门制作,如带小门者,人工乘以系数 1.25。

⑧厂库房大门、特种门项目中,木门框扇、门钢骨架采用工厂制作、现场安装方式。钢骨架按半成品计入定额,如果设计用量与定额不一致,可以调整,损耗率按 6%考虑。项目内不包括固定铁件的混凝土垫块及门框或梁柱内的预埋铁件,实际发生时,混凝土垫块套用小型构件,预埋铁件套用铁件项目。

⑨定额中或交底资料中凡提到"可以调整"的,指主材种类或数量可以调整,人工、机械及其他辅材除特别注明外,均不另调整。

⑩冷藏库门、冷藏冻结间门项目中不包括门楹的制作、安装内容。需要时,可按照补充定额项目套用。

⑪由于定额脚手架工程量按外墙外边线乘以高度计算,故安装各部分不单独计算脚

手架。

⑫由于定额垂直运输按不同建筑物的结构以平方米计算,故各定额项目不单独计算垂直运输机械。

⑬各项目中均未包括面层的油漆或装饰,发生时按装饰工程有关项目套用。

（3）木屋架定额

①钢木层架定额单位 10m³ 指的是竣工木料的材积量。钢杆件用量已包括在定额内,若设计钢杆件用量与定额不同,可以调整,其他不变。

②屋架的制作安装应区别不同跨度,其跨度以屋架上下弦杆的中心线交点之间的长度为准。

③支撑屋架的混凝土垫块,按混凝土及钢筋混凝土中有关定额计算。

（4）木构件定额说明

①定额木结构中的木材消耗量均包括后备长度及刨光损耗,使用时不再调整。

②封檐板、博风板,定额按板厚 25mm（净料）编制,设计与定额不同木板材用量可以调整,其他不变。木板材的损耗率为 23%。

二、门窗、木结构工程工程量定额计算规则

1. 厂库房大门、特种门

1）厂库房大门、特种门、钢门制作兼安装项目均按门洞口面积计算。特种门包括冷藏库门、冷藏冻结间门、保温隔声门、变电室门、折叠门、防射线门、人防门、金库门等。

2）密闭钢门、厂库房钢大门、钢折叠门、射线防护门、变压器室门等安装项目均按扇外围面积计算。

2. 钢木屋架

1）钢木屋架按竣工木料以立方米计算。其后备长度及配置损耗已包括在定额内,不另计算。

2）钢木屋架按设计尺寸只计算木杆件的材积量。附属于屋架的垫木等已并入屋架子目内,不另计算;与屋架相连的挑檐木,另按木檩条子目的相应规定计算。钢杆件的用量已包括在子目内,设计与定额不同时可以调整,其他不变。钢杆件的损耗率为 6%。

3）带气楼屋架的气楼部分及马尾、折角和正交部分半屋架,并入相连接屋架的体积内计算。屋面为四坡水形式,两端坡水称为马尾,它由两个半屋架组成折角而成。此屋架体积与正屋架体积合并计算。

3. 木构件

1）封檐板按图示檐口外围长度计算,博风板按斜长度计算,每个大刀头增加长度 500mm。

2）木楼梯按水平投影面积计算,不扣除宽度小于 300mm 的楼梯井面积,踢脚板、平台和伸入墙内部分不另计算;栏杆、扶手按延长米计算,木柱、木梁按竣工体积,以立方米计算。

第三节　门窗及木结构工程工程量清单项目设置规则及说明

一、木门

木门工程量清单项目设置、项目特征描述、计量单位及工程量计算规则应按表 11-5 的规定执行。

表 11-5　木门(编码:010801)

项目编码	项目名称	项目特征	计量单位	工程量计算规则	工作内容
010801001	木质门	1. 门代号及洞口尺寸 2. 镶嵌玻璃品种、厚度	1. 樘 2. m²	1. 以樘计量,按设计图示数量计算 2. 以平方米计量,按设计图示洞口尺寸以面积计算	1. 门安装 2. 玻璃安装 3. 五金安装
010801002	木质门带套				
010801003	木质连窗门				
010801004	木质防火门				
010801005	木门框	1. 门代号及洞口尺寸 2. 框截面尺寸 3. 防护材料种类	1. 樘 2. m	1. 以樘计量,按设计图示数量计算 2. 以米计量,按设计图示框的中心线以延长米计算	1. 木门框制作、安装 2. 运输 3. 刷防护材料
010801006	门锁安装	1. 锁品种 2. 锁规格	个(套)	按设计图示数量计算	安装

注:①木质门应区分镶板木门、企口木板门、实木装饰门、胶合板门、夹板装饰门、木纱门、全玻门(带木质扇框)、木质半玻门(带木质扇框)等项目,分别编码列项。
②木门五金应包括:折页、插销、门碰珠、弓背拉手、搭机、木螺丝、弹簧折页(自动门)、管子拉手(自由门、地弹门)、地弹簧(地弹门)、角铁、门轨头(地弹门、自由门)等。
③木质门带套计量按洞口尺寸以面积计算,不包括门套的面积,但门套应计算在综合单价中。
④以樘计量,项目特征必须描述洞口尺寸;以平方米计量,项目特征可不描述洞口尺寸。
⑤单独制作安装木门框按木门框项目编码列项。

二、金属门

金属门工程量清单项目设置、项目特征描述、计量单位及工程量计算规则应按表 11-6 的规定执行。

表 11-6　金属门(编码:010802)

项目编码	项目名称	项目特征	计量单位	工程量计算规则	工作内容
010802001	金属(塑钢)门	1. 门代号及洞口尺寸 2. 门框或扇外围尺寸 3. 门框、扇材质 4. 玻璃品种、厚度	1. 樘 2. m²	1. 以樘计量,按设计图示数量计算 2. 以平方米计量,按设计图示洞口尺寸以面积计算	1. 门安装 2. 五金安装 3. 玻璃安装
010802002	彩板门	1. 门代号及洞口尺寸 2. 门框或扇外围尺寸			
010802003	钢质防火门	1. 门代号及洞口尺寸 2. 门框或扇外围尺寸			1. 门安装 2. 五金安装
010802004	防盗门	3. 门框、扇材质			

注:①金属门应区分金属平开门、金属推拉门、金属地弹门、全玻门(带金属扇框)、金属半玻门(带扇框)等项目,分别编码列项。
②铝合金门五金包括:地弹簧、门锁、拉手、门插、门铰、螺丝等。
③金属门五金包括 L 型执手插锁(双舌)、执手锁(单舌)、门轨头、地锁、防盗门机、门眼(猫眼)、门碰珠、电子锁(磁卡锁)、闭门器、装饰拉手等。
④以樘计量,项目特征必须描述洞口尺寸,没有洞口尺寸必须描述门框或扇外围尺寸,以平方米计量,项目特征可不描述洞口尺寸及框、扇的外围尺寸。
⑤以平方米计量,无设计图示洞口尺寸,按门框、扇外围以面积计算。

三、金属卷帘(闸)门

金属卷帘(闸)门工程量清单项目设置、项目特征描述、计量单位及工程量计算规则应按表 11-7 的规定执行。

表 11-7　金属卷帘(闸)门(编码:010803)

项目编码	项目名称	项目特征	计量单位	工程量计算规则	工作内容
010803001	金属卷帘 (闸)门	1. 门代号及洞口尺寸 2. 门材质 3. 启动装置品种、规格	1. 樘 2. m²	1. 以樘计量,按设计图示数量计算 2. 以平方米计量,按设计图示洞口尺寸以面积计算	1. 门运输、安装 2. 启动装置、活动小门、五金安装
010803002	防火卷帘 (闸)门				

注:以樘计量,项目特征必须描述洞口尺寸;以平方米计量,项目特征可不描述洞口尺寸。

四、厂库房大门、特种门

厂库房大门、特种门工程量清单项目设置、项目特征描述、计量单位及工程量计算规则应按表 11-8 的规定执行。

表 11-8　厂库房大门、特种门(编码:010804)

项目编码	项目名称	项目特征	计量单位	工程量计算规则	工作内容
010804001	木板大门	1. 门代号及洞口尺寸 2. 门框或扇外围尺寸 3. 门框、扇材质 4. 五金种类、规格 5. 防护材料种类	1. 樘 2. m²	1. 以樘计量,按设计图示数量计算 2. 以平方米计量,按设计图示洞口尺寸以面积计算	1. 门(骨架)制作、运输 2. 门、五金配件安装 3. 刷防护材料
010804002	钢木大门				
010804003	全钢板大门				
010804004	防护铁丝门			1. 以樘计量,按设计图示数量计算 2. 以平方米计量,按设计图示门框或扇以面积计算	
010804005	金属格栅门	1. 门代号及洞口尺寸 2. 门框或扇外围尺寸 3. 门框、扇材质 4. 启动装置的品种、规格		1. 以樘计量,按设计图示数量计算 2. 以平方米计量,按设计图示洞口尺寸以面积计算	1. 门安装 2. 启动装置、五金配件安装
010804006	钢质 花饰大门	1. 门代号及洞口尺寸 2. 门框或扇外围尺寸 3. 门框、扇材质		1. 以樘计量,按设计图示数量计算 2. 以平方米计量,按设计图示门框或扇以面积计算	1. 门安装 2. 五金配件安装
010804007	特种门			1. 以樘计量,按设计图示数量计算 2. 以平方米计量,按设计图示洞口尺寸以面积计算	

注:①特种门应区分冷藏门、冷冻间门、保温门、变电室门、隔音门、防射线门、人防门、金库门等项目,分别编码列项。

②以樘计量,项目特征必须描述洞口尺寸,没有洞口尺寸必须描述门框或扇外围尺寸;以平方米计量,项目特征可不描述洞口尺寸及框、扇的外围尺寸。

③以平方米计量,无设计图示洞口尺寸,按门框、扇外围以面积计算。

五、其他门

其他门工程量清单项目设置、项目特征描述、计量单位及工程量计算规则应按表 11-9 的规定执行。

表 11-9　其他门(编码:010805)

项目编码	项目名称	项目特征	计量单位	工程量计算规则	工作内容
010805001	电子感应门	1. 门代号及洞口尺寸 2. 门框或扇外围尺寸 3. 门框、扇材质 4. 玻璃品种、厚度 5. 启动装置的品种、规格 6. 电子配件品种、规格	1. 樘 2. m²	1. 以樘计量,按设计图示数量计算 2. 以平方米计量,按设计图示洞口尺寸以面积计算	1. 门安装 2. 启动装置、五金、电子配件安装
010805002	旋转门				
010805003	电子对讲门	1. 门代号及洞口尺寸 2. 门框或扇外围尺寸 3. 门材质 4. 玻璃品种、厚度 5. 启动装置的品种、规格 6. 电子配件品种、规格			
010805004	电动伸缩门				
010805005	全玻自由门	1. 门代号及洞口尺寸 2. 门框或扇外围尺寸 3. 框材质 4. 玻璃品种、厚度			1. 门安装 2. 五金安装
010805006	镜面不锈钢饰面门	1. 门代号及洞口尺寸 2. 门框或扇外围尺寸 3. 框、扇材质 4. 玻璃品种、厚度			
010805007	复合材料门				

注:①以樘计量,项目特征必须描述洞口尺寸,没有洞口尺寸必须描述门框或扇外围尺寸;以平方米计量,项目特征可不描述洞口尺寸及框、扇的外围尺寸。

②以平方米计量,无设计图示洞口尺寸,按门框、扇外围以面积计算。

六、木窗

木窗工程量清单项目设置、项目特征描述、计量单位及工程量计算规则应按表 11-10 的规定执行。

表 11-10　木窗(编码:010806)

项目编码	项目名称	项目特征	计量单位	工程量计算规则	工作内容
010806001	木质窗	1. 窗代号及洞口尺寸 2. 玻璃品种、厚度	1. 樘 2. m²	1. 以樘计量,按设计图示数量计算 2. 以平方米计量,按设计图示洞口尺寸以面积计算	1. 窗安装 2. 五金、玻璃安装
010806002	木飘(凸)窗	1. 窗代号 2. 框截面及外围展开面积 3. 玻璃品种、厚度 4. 防护材料种类		1. 以樘计量,按设计图示数量计算 2. 以平方米计量,按设计图示尺寸以框外围展开面积计算	1. 窗制作、运输、安装 2. 五金、玻璃安装 3. 刷防护材料
010806003	木橱窗				
010806004	木纱窗	1. 窗代号及框的外围尺寸 2. 窗纱材料品种、规格		1. 以樘计量,按设计图示数量计算 2. 以平方米计量,按框的外围尺寸以面积计算	1. 窗安装 2. 五金安装

注:①木质窗应区分木百叶窗、木组合窗、木天窗、木固定窗、木装饰空花窗等项目,分别编码列项。

②以樘计量,项目特征必须描述洞口尺寸,没有洞口尺寸必须描述窗框外围尺寸;以平方米计量,项目特征可不描述洞口尺寸及框的外围尺寸。

③以平方米计量,无设计图示洞口尺寸,按窗框外围以面积计算。

④木橱窗、木飘(凸)窗以樘计量,项目特征必须描述框截面及外围展开面积。

⑤木窗五金包括:折页、插销、风钩、木螺丝、滑轮滑轨(推拉窗)等。

七、金属窗

金属窗工程量清单项目设置、项目特征描述、计量单位及工程量计算规则应按表 11-11 的规定执行。

八、门窗套

门窗套工程量清单项目设置、项目特征描述、计量单位及工程量计算规则应按表 11-12 的规定执行。

九、窗台板

窗台板工程量清单项目设置、项目特征描述、计量单位及工程量计算规则应按表 11-13 的规定执行。

十、窗帘、窗帘盒、轨

窗帘、窗帘盒、轨工程量清单项目设置、项目特征描述、计量单位及工程量计算规则应按表 11-14 的规定执行。

表 11-11　金属窗(编码:010807)

项目编码	项目名称	项目特征	计量单位	工程量计算规则	工作内容
010807001	金属(塑钢、断桥)窗	1. 窗代号及洞口尺寸 2. 框、扇材质 3. 玻璃品种、厚度	1. 樘 2. m²	1. 以樘计量,按设计图示数量计算 2. 以平方米计量,按设计图示洞口尺寸以面积计算	1. 窗安装 2. 五金、玻璃安装
010807002	金属防火窗				
010807003	金属百叶窗	1. 窗代号及洞口尺寸 2. 框、扇材质 3. 玻璃品种、厚度		1. 以樘计量,按设计图示数量计算 2. 以平方米计量,按设计图示洞口尺寸以面积计算	
010807004	金属纱窗	1. 窗代号及框的外围尺寸 2. 框材质 3. 窗纱材料品种、规格		1. 以樘计量,按设计图示数量计算 2. 以平方米计量,按框的外围尺寸以面积计算	1. 窗安装 2. 五金安装
010807005	金属格栅窗	1. 窗代号及洞口尺寸 2. 框外围尺寸 3. 框、扇材质	1. 樘 2. m²	1. 以樘计量,按设计图示数量计算 2. 以平方米计量,按设计图示洞口尺寸以面积计算	
010807006	金属(塑钢、断桥)橱窗	1. 窗代号 2. 框外围展开面积 3. 框、扇材质 4. 玻璃品种、厚度 5. 防护材料种类		1. 以樘计量,按设计图示数量计算 2. 以平方米计量,按设计图示尺寸以框外围展开面积计算	1. 窗制作、运输、安装 2. 五金、玻璃安装 3. 刷防护材料
010807007	金属(塑钢、断桥)飘(凸)窗	1. 窗代号 2. 框外围展开面积 3. 框、扇材质 4. 玻璃品种、厚度			1. 窗安装 2. 五金、玻璃安装
010807008	彩板窗	1. 窗代号及洞口尺寸 2. 框外围尺寸 3. 框、扇材质 4. 玻璃品种、厚度		1. 以樘计量,按设计图示数量计算 2. 以平方米计量,按设计图示洞口尺寸或框外围以面积计算	
010807009	复合材料窗				

注:①金属窗应区分金属组合窗、防盗窗等项目,分别编码列项。
　②以樘计量,项目特征必须描述洞口尺寸,没有洞口尺寸必须描述窗框外围尺寸;以平方米计量,项目特征可不描述洞口尺寸及框的外围尺寸。
　③以平方米计量,无设计图示洞口尺寸,按窗框外围以面积计算。
　④金属橱窗、飘(凸)窗以樘计量,项目特征必须描述框外围展开面积。
　⑤金属窗五金包括:折页、螺丝、执手、卡锁、铰拉、风撑、滑轮、滑轨、拉把、拉手、角码、牛角制等。

表 11-12　门窗套(编码:010808)

项目编码	项目名称	项目特征	计量单位	工程量计算规则	工作内容
010808001	木门窗套	1. 窗代号及洞口尺寸 2. 门窗套展开宽度 3. 基层材料种类 4. 面层材料品种、规格 5. 线条品种、规格 6. 防护材料种类	1. 樘 2. m² 3. m	1. 以樘计量,按设计图示数量计算 2. 以平方米计量,按设计图示尺寸以展开面积计算 3. 以米计量,按设计图示中心以延长米计算	1. 清理基层 2. 立筋制作、安装 3. 基层板安装 4. 面层铺贴 5. 线条安装 6. 刷防护材料
010808002	木筒子板	1. 筒子板宽度 2. 基层材料种类 3. 面层材料品种、规格 4. 线条品种、规格 5. 防护材料种类			
010808003	饰面夹板筒子板				
010808004	金属门窗套	1. 窗代号及洞口尺寸 2. 门窗套展开宽度 3. 基层材料种类 4. 面层材料品种、规格 5. 防护材料种类			1. 清理基层 2. 立筋制作、安装 3. 基层板安装 4. 面层铺贴 5. 刷防护材料
010808005	石材门窗套	1. 窗代号及洞口尺寸 2. 门窗套展开宽度 3. 粘结层厚度、砂浆配合比 4. 面层材料品种、规格 5. 线条品种、规格			1. 清理基层 2. 立筋制作、安装 3. 基层抹灰 4. 面层铺贴 5. 线条安装
010808006	门窗木贴脸	1. 门窗代号及洞口尺寸 2. 贴脸板宽度 3. 防护材料种类	1. 樘 2. m	1. 以樘计量,按设计图示数量计算 2. 以米计量,按设计图示尺寸以延长米计算	安装
010808007	成品木门窗套	1. 门窗代号及洞口尺寸 2. 门窗套展开宽度 3. 门窗套材料品种、规格	1. 樘 2. m² 3. m	1. 以樘计量,按设计图示数量计算 2. 以平方米计量,按设计图示尺寸以展开面积计算 3. 以米计量,按设计图示中心以延长米计算	1. 清理基层 2. 立筋制作、安装 3. 板安装

注:①以樘计量,项目特征必须描述洞口尺寸、门窗套展开宽度。

②以平方米计量,项目特征可不描述洞口尺寸、门窗套展开宽度。

③以米计量,项目特征必须描述门窗套展开宽度、筒子板及贴脸宽度。

④木门窗套适用于单独门窗套的制作、安装。

表 11-13　窗台板(编码:010809)

项目编码	项目名称	项目特征	计量单位	工程量计算规则	工作内容
010809001	木窗台板	1. 基层材料种类 2. 窗台面板材质、规格、颜色 3. 防护材料种类	m²	按设计图示尺寸以展开面积计算	1. 基层清理 2. 基层制作、安装 3. 窗台板制作、安装 4. 刷防护材料
010809002	铝塑窗台板				
010809003	金属窗台板				
010809004	石材窗台板	1. 粘结层厚度、砂浆配合比 2. 窗台板材质、规格、颜色			1. 基层清理 2. 抹找平层 3. 窗台板制作、安装

表 11-14　窗帘、窗帘盒、轨(编码:010810)

项目编码	项目名称	项目特征	计量单位	工程量计算规则	工作内容
010810001	窗帘	1. 窗帘材质 2. 窗帘高度、宽度 3. 窗帘层数 4. 带幔要求	1. m 2. m²	1. 以米计量,按设计图示尺寸以成活后长度计算 2. 以平方米计量,按图示尺寸以成活后展开面积计算	1. 制作、运输 2. 安装
010810002	木窗帘盒	1. 窗帘盒材质、规格 2. 防护材料种类	m	按设计图示尺寸以长度计算	1. 制作、运输、安装 2. 刷防护材料
010810003	饰面夹板、塑料窗帘盒				
010810004	铝合金窗帘盒				
010810005	窗帘轨	1. 窗帘轨材质、规格 2. 轨的数量 3. 防护材料种类			

注:①窗帘若是双层,项目特征必须描述每层材质。
　　②窗帘以米计量,项目特征必须描述窗帘高度和宽。

十一、木屋架

木屋架工程量清单项目设置、项目特征描述、计量单位及工程量计算规则应按表 11-15 的规定执行。

十二、木构件

木构件工程量清单项目设置、项目特征描述、计量单位及工程量计算规则应按表 11-14 的规定执行。

十三、屋面木基层

屋面木基层工程量清单项目设置、项目特征描述、计量单位及工程量计算规则应按表 11-17 的规定执行。

表 11-15　木屋架(编码:010701)

项目编码	项目名称	项目特征	计量单位	工程量计算规则	工作内容
010701001	木屋架	1. 跨度 2. 材料品种、规格 3. 刨光要求 4. 拉杆及夹板种类 5. 防护材料种类	1. 榀 2. m³	1. 以榀计量,按设计图示数量计算 2. 以立方米计量,按设计图示的规格尺寸以体积计算	1. 制作 2. 运输 3. 安装 4. 刷防护材料
010701002	钢木屋架	1. 跨度 2. 木材品种、规格 3. 刨光要求 4. 钢材品种、规格 5. 防护材料种类	榀	以榀计量,按设计图示数量计算	

注:①屋架的跨度应以上、下弦中心线两交点之间的距离计算。
　　②带气楼的屋架和马尾、折角以及正交部分的半屋架,按相关屋架项目编码列项。
　　③以榀计量,按标准图设计的应注明标准图代号,按非标准图设计的项目特征必须按本表要求予以描述。

表 11-16　木构件(编码:010702)

项目编码	项目名称	项目特征	计量单位	工程量计算规则	工作内容
010702001	木柱	1. 构件规格尺寸 2. 木材种类 3. 刨光要求 4. 防护材料种类	m³	按设计图示尺寸以体积计算	1. 制作 2. 运输 3. 安装 4. 刷防护材料
010702002	木梁				
010702003	木檩		1. m³ 2. m	1. 以立方米计量,按设计图示尺寸以体积计算 2. 以米计量,按设计图示尺寸以长度计算	
010702004	木楼梯	1. 楼梯形式 2. 木材种类 3. 刨光要求 4. 防护材料种类	m²	按设计图示尺寸以水平投影面积计算。不扣除宽度≤300mm的楼梯井,伸入墙内部分不计算	1. 制作 2. 运输 3. 安装 4. 刷防护材料
010702005	其他木构件	1. 构件名称 2. 构件规格尺寸 3. 木材种类 4. 刨光要求 5. 防护材料种类	1. m³ 2. m	1. 以立方米计量,按设计图示尺寸以体积计算 2. 以米计量,按设计图示尺寸以长度计算	

注:①木楼梯的栏杆(栏板)、扶手,应按相关项目编码列项。
　　②以米计量,项目特征必须描述构件规格尺寸。

表 11-17　屋面木基层(编码:010703)

项目编码	项目名称	项目特征	计量单位	工程量计算规则	工作内容
010703001	屋面木基层	1. 椽子断面尺寸及椽距 2. 望板材料种类、厚度 3. 防护材料种类	m²	按设计图示尺寸以斜面积计算 不扣除房上烟囱、风帽底座、风道、小气窗、斜沟等所占面积。小气窗的出檐部分不增加面积	1. 椽子制作、安装 2. 望板制作、安装 3. 顺水条和挂瓦条制作、安装 4. 刷防护材料

【示例】　如图 11-15 所示,此厂房大门为平开金钢板 3 樘大门,刷防锈漆 1 遍,试计算此厂房大门清单工程量。

解：　依据题意,并套用基础定额 5-4-18,5-4-19,5-9-26 得,

此全钢板大门工程量：$V_{全钢板大门工程量}=3.5\times3.6\times3$
$$=37.8m^2$$

此全钢板大门门扇制作安装工程量：$3.5\times3.6\times3=37.8m^2$

此全钢板大门门配件工程量：3 樘

【示例】特种门工程量计算。如图 11-16 所示,此度电室为 1 樘钢制半截百叶门,刷 2 遍防火涂料,重量为 200kg,试计算此特种门安装工程量。

解：　依据题意,套用基础定额 5-4-13,9-4-141,得：

此特种门工程量：$1.80\times2.20=3.96m^2$

此特种门门扇安装工程量：$1.80\times2.20=3.96m^2$

此特种门门配件工程量：1 樘

此特种门刷防护材料工程量：0.2t

人工、材料、机械单价选用市场信息价。

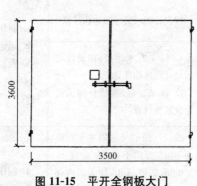

图 11-15　平开全钢板大门

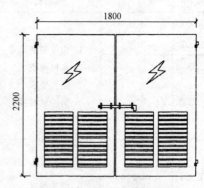

图 11-16　钢制半截百叶门

【示例】木门制作安装工程量计算。如图 11-17 所示,此木门的门框与洞口之间留有 20mm 的空隙,尺寸大小如图所示,试计算此木门制作安装工程量。

解：　依据题意并套用基础定额 7-31,7-32 得：

此木门制作安装工程量：$3.5\times3.5=12.25m^2$

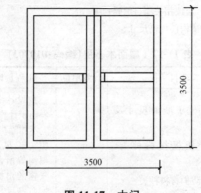

图 11-17　木门